普通高等教育实验实训系列教材

电路实验与仿真

（第二版）

主　编　郝　静

副主编　杨冬锋　李曙光

编　写　石　磊　李浩茹

主　审　刘耀年

中国电力出版社
CHINA ELECTRIC POWER PRESS

内 容 提 要

为了适应当前高等学校工科电类专业教学改革的需要，编者总结了近几年来电路实验教学改革的经验编写了这本电路实验教材。

全书共分三篇。第一篇介绍了电工测量的基础知识，误差分析，常用测量仪器和仪表。第二篇介绍了电工测量的方案设计及仪表选择的基本思想，常见故障的分析与排除；设计了 21 个典型电路实验，供教学选用。第三篇为电路仿真实验部分，介绍了 EWB 和 PSPICE 软件及其在电路实验仿真和设计中的应用。

本书叙述准确精练，实验部分内容丰富，目的性和可操作性很强。本书既可以作为工科院校电路课程的配套实验教材，也可以作为独立设课的"电工测量与电路实验"类课程的教学参考书。

本书具有基础性、通用性和很强的实用性，可作为大学本科、专科和职业技术教育的教学用书，也可作为从事电工教学的教师和从事电工技术方面工作的工程技术人员的参考用书。

图书在版编目（CIP）数据

电路实验与仿真/郝静主编 . —2 版 . —北京：中国电力出版社，2022.8
ISBN 978 - 7 - 5198 - 6525 - 2

Ⅰ.①电… Ⅱ.①郝… Ⅲ.①电路—实验—高等学校—教材②电子电路—计算机仿真—高等学校—教材 Ⅳ.①TM13 - 33②TN702.2

中国版本图书馆 CIP 数据核字（2022）第 026826 号

出版发行：中国电力出版社
地　　址：北京市东城区北京站西街 19 号（邮政编码 100005）
网　　址：http://www.cepp.sgcc.com.cn
责任编辑：乔　莉（010 - 63412535）
责任校对：黄　蓓　马　宁
装帧设计：王红柳
责任印制：吴　迪

印　　刷：北京天宇星印刷厂
版　　次：2006 年 9 月第一版　2022 年 8 月第二版
印　　次：2022 年 8 月北京第七次印刷
开　　本：787 毫米×1092 毫米　16 开本
印　　张：12.5
字　　数：306 千字
定　　价：30.00 元

前　言

　　本书是在刘耀年，蔡国伟主编的《电路实验与仿真》的基础上修订而成。随着电路实验设备的更新换代，教材内容已经无法满足学生电路实验的需求，因此重新编写了这本《电路实验与仿真》。

　　与原版本对比，修订本重新整合了教材内容，增加对 Fluke190‐102 型示波表和 Fluke F430‐Ⅱ型电能质量分析仪以及 XK‐DGSTH 型电工技术综合实验装置介绍，根据新的实验台和测量设备重新编写了第二篇第四章中所有实验。

　　参加本书修订工作的有郝静、杨冬锋、李曙光、石磊、李浩茹。

　　本书的修订工作得到了东北电力大学电气工程学院的大力支持，特别是刘耀年老师对本书的修订提出了许多宝贵的修改意见，在此，谨致以衷心的感谢。

　　本书虽然是在原版的基础上，根据各方面的读者提出的意见和建议做了一些修改，但疏漏之处在所难免，希望读者予以评判指正。

编者

2022 年 4 月

第一版前言

电路实验是实践教学中进行基本技能训练的重要环节，电工测量技术是电类专业学生必备的知识。本书按照教育部工科电工课程指导委员会关于电路课程及电路实验教学的基本要求编写而成。

全书分为三篇，第一篇介绍了电工测量的基础知识，包括基本测量方法、误差和误差分析以及系统误差的消除和计算；常用的测量仪器和仪表，包括机电式直读仪表、比较式仪表、常用的数字仪表以及电子仪器的基本工作原理、主要技术指标和使用方法。

第二篇介绍了电工测量的方案设计及仪表选择的基本思想，常见故障的分析与排除，设计了 21 个典型电路实验，供教学选用。实验内容涉及元件伏安特性的测量，戴维南定理，交流参数的测定，RLC 电路谐振，功率因数提高，交流电路中的互感，三相电路的电压、电流及功率，非正弦周期电流电路，二端口网络参数的测量，一阶电路的响应测量，二阶电路的响应与状态轨迹，负阻抗变换器及其应用，回转器等实验。

第三篇为电路的仿真实验，介绍了 EWB 和 PSPICE 软件及其在电路实验仿真和设计中的应用，使学生初步了解计算机辅助分析和设计的方法。为扩大学生的知识面，安排了一些在一般电路实验课程中没有的内容。

在本书的编写过程中，加入了作者近年来在电路实验教学改革方面的最新成果，吸取了其他院校的许多成功经验。本书具有以下几个特色：①为培养学生的创新能力，本书精心编制了设计性与综合性实验；利用电路理论、计算机仿真技术以及实验室的实验设备，学生自己设计实验方案并完成实验。②本书加入了计算机辅助电路分析的内容，介绍了电路仿真软件 EWB 和 PSPICE，并通过 12 个电路仿真实验，培养学生利用计算机仿真和电路分析的综合能力。③实验内容由验证性实验到综合、设计性实验，由操作性实验到仿真实验。既保证了实用性，又不超出电路课程所涉及的内容；既注重操作性实验，也注重与操作性实验的互补性。

本书的编写得到了东北电力大学电气工程学院的大力支持，学院老师提出了许多宝贵建议，提供了一些资料，也做了大量的工作。

祝洪博教授仔细审阅了本书书稿，并提出了许多宝贵意见，从而使本书的质量得以提高。许多同行也对本书的编写提出了宝贵建议。对上述同志的热情支持和帮助，在此一并致以衷心感谢！

本书在编写过程中借鉴了不少同行们编写的优秀教材，并从中受到了不少教益和启发，在此对各位作者表示衷心的感谢！

限于编者的水平，错误和欠妥之处在所难免，恳请读者和使用本书的同行批评指正。

最后，还要感谢为本书的出版付出了辛勤劳动的中国电力出版社的同志们！

编者
2006 年 5 月

目　　录

绪　　论

　　科学技术的发展与实验的发展是分不开的；自然界的规律是在找到能对实际的量进行探查和实验的方法和手段，并经过实验和逻辑推理才能被揭示出来，最终以定律的形式确定下来的。一个理论只有在不断被实验结果验证之后，才能被广泛接受。

　　通过实验可以发现新现象和新规律，反过来又可以推动实验技术的发展，并为其提供新的技术和手段。因此，可以认为实验对人类的发展起着重要的作用。

　　科学实验是人类认识自然、检验理论正确与否的重要手段。通过实验取得重大的成果在科学史上屡见不鲜。科学的实验与实践形成了丰富的电路理论，而这种理论又是电工、电子技术发展的重要基础。

　　自从 1785 年库仑用实验方法测定了静电作用和静磁相互作用，发表了库仑定律，为静电学奠定了科学基础以来，伏特、奥斯特、安培、欧姆、法拉第等通过实验研究提出了"连续电流""电动力""欧姆定律""电磁感应"等理论，极大地推动了对电磁现象的认识，特别是 1873 年麦克斯韦用数学方法创立了电磁场理论。

　　自然界的各种现象和规律都可作为实验的依据，但其中电磁现象及其规律不仅能为电与磁的测量提供多种多样的手段，而且其方法可扩展到几乎所有非电量的领域，这就使得电磁测量形成内容丰富、自成体系的专门知识。

　　20 世纪 50 年代初半导体晶体管的出现，60 年代半导体集成电路的出现，反映了微电子技术的飞跃发展。当今，电子技术不仅在计算机、通信、信号测量与变换等领域中占主导地位，而且在电力系统、工业控制系统中也得到广泛的应用。在电工电子技术的发展中，新概念、新理论的建立，新产品的研制开发，新技术的应用与推广，都不能离开实验与实践。

　　实验是通过具体操作将未知量与作为标准的量（标准量）相比较的认识过程。从狭义的角度来看，电工测量就是采用某种仪表和测量线路来具体实现这一过程。

　　测量误差产生的原因，除由于每一环节本身的不肯定和不完善等因素外，还由于各环节间的转换过程中受到干扰而引起。测量误差的研究是一项艰巨的工作，需要坚实的理论基础、细致的思考和深入分析的能力以及积累的实际经验。

　　从事实验工作就必须对测量误差在实验中所起的作用有较全面的认识；此外，误差在实验中也有其积极的一面。一方面为实验的圆满完成，误差可以作为选择适当测量方法和选择合适仪表的依据；另一方面，对测量误差来源的深入分析和研究又是技术革新和科学新发现的前导。许多科学技术成果就是通过不断减小测量误差，改进实验技术而取得的。

　　对误差的考虑不仅要贯串整个实验测试过程，甚至应始于具体进行实验测试之前，事先的细致考虑是影响实验任务能否顺利进行的重要因素。

　　具体一项实验任务的完整过程应包括：

　　（1）根据实验的目的和允许误差，选取适当的测量方式和方法。

　　（2）合理地选择仪表、标准量具，制定测量步骤并考虑各种防干扰、减小或消除误差的措施。

（3）精心进行实验测量，以获得所需的数据。

（4）进行实验数据处理，运用误差理论分析实验数据的误差范围；没有标明误差的实验数据将降低它在科学技术上的价值。

理论是实验工作的指导，为实验提供了科学依据，实验现象和结果需要从理论上加以分析提高。电路实验内容涉及电路的基本理论、工程实践等基础内容。通过实验与实践能力的训练，理论与实践相结合，巩固所学习的理论知识，同时，在实验的过程中，培养严肃认真的科学态度和细致踏实的作风及创新意识和能力。

为培养实事求是、一丝不苟的科学态度，提高独立分析问题和解决问题的能力，学生应注意以下几点要求。

一、实验前的预习

实验能否顺利进行和收到预期效果，很大程度上取决于实验前预习得是否充分，因此必须做到：

（1）认真阅读实验指导书，明确实验目的、实验任务、实验必备的理论知识和具体的实验电路，了解实验方法和步骤，实验中需要观察的现象，记录哪些数据，对实验可能出现的现象及结果等要有一个事先的分析和估计等。

（2）预先阅读实验仪器设备使用说明书，熟悉实验设备及其各旋钮、按键、开关的功能，熟悉它们的性能、使用方法和设备的额定值，以便实验时能顺利操作。

（3）写好实验预习报告，完成预先要求的理论计算内容，设计并画好实验测量数据记录表格，并将理论计算数据填入表格。

二、实验过程中的操作

（1）仪器设备要合理布局和准确接线，尽量做到相互间距离适当，跨线尽量短，便于操作和方便读数。仪器设备的接线应先接串联支路，后接并联支路，最后连接电源。

（2）实验线路接好后，需要在实际测量之前进行一下预测，此时不必仔细读取数据和记录，主要观察各个被测量的变化情况和出现的现象，了解被测量的变化范围，从而选择合适的仪表量程。

（3）准确地读取数据，记录所用仪表的倍率、单位，同时要根据所选用仪表量程和刻度实际情况，合理取舍读数的有效数字，不要随意修改原始数据。

（4）操作和故障处理时要注意安全。如果出现异常现象，应立即切断电源，保持现场，请示指导老师后再做故障处理、分析和排除故障，排除故障后方能继续进行实验操作。分析故障产生的原因，查找排除故障，有助于培养学生综合分析能力。

三、实验后的总结

（1）实验完成后，应先断开电源，待检查实验所得的数据没有遗漏和明显错误后再拆线。应该将所用的实验设备复归原位，导线整理成束，清理实验台，然后离开实验室。

（2）合理地处理实验数据，认真绘制曲线和图表，其中的公式、图表、曲线应有编号、名称等，以保证叙述条理的清晰。为了保证整理后的数据的可信度，必须保留原始数据。

（3）除了认真完成实验报告所要求的内容外，报告中还应包括实验中发现的问题、现象及事故的分析、实验收获及心得体会等。实验报告最重要的部分是实验结论，它是实验的成果，对此结论必须有科学的根据和来自理论及实验的分析。

第一篇　电路实验基础

第一章　电工测量的基础知识

电路实验是借助于仪表对电流、电压、功率等电量进行测量的过程，测量过程中还要进行数据的处理以及故障的分析与排除。本章简单介绍测量误差的基本概念和表示方式、有效数字的计算规则等内容。

第一节　电工测量基本概念

电工测量是以电工技术理论为依据，以电工电子测量仪器和设备为手段，对各种电量进行测量。电工测量是教学中基本技能训练的重要环节。

一、电工测量的主要内容

电工测量主要包括如下内容：

（1）电量的测量，包括电流、电压（电位）和功率等。

（2）电信号特性的测量，包括频率、周期、相位、幅度、逻辑状态等。

（3）电路元器件参数的测量，包括电阻、电感、电容、互感量、双口网络参数等。

（4）电路性能的测量，包括电压源、电流源的伏安特性，无源、有源单口网络的伏安特性、频率特性、电路响应等。

（5）电路定理的验证，包括欧姆定律、KVL、KCL、叠加原理、戴维南定理、诺顿定理等。

（6）电路分析方法的测量，包括节点电压法、网孔分析法、一阶电路三要素法、无源单口网络等效阻抗的测量等。

（7）各种非电量通过传感器转化为电量后的测量，包括温度、位移、压力、重量等。

二、电工测量的几个名词术语

1. 真值

真值是表征物理量与给定特定量的定义一致的量值，它是客观存在的，是不可测量的。随着科学技术的不断发展，量测水平的不断提高，测量结果的数值会不断接近真值。在实际的计量和测量工作中，经常会使用"约定真值"和"相对真值"的概念。约定真值是按照国际公认的单位定义，利用科学技术发展的最高水平所复现的单位基准，它常常是以法律形式规定或指定的。就给定目的而言，约定真值的误差是可以忽略的。相对真值也叫实际值，是在满足规定准确度时用来代替真值使用的值。

2. 测量值

测量值由测量仪器或设备给出的量测值，也称示值。

3. 准确度

准确度是测量结果中系统误差和随机误差的综合，表示测量结果与真值的一致程度。准确度涉及真值，由于真值的不可知性，所以它只是一个定性概念，而不能用于定量表达，定量表达应该用"测量不确定度"。

4. 重复性

在相同条件下，对同一被测量进行多次连续测量所得结果之间的一致性。所谓相同条件就是重复条件，它包括：

(1) 相同测量程序；

(2) 相同测量条件；

(3) 相同观测人员；

(4) 相同测量设备；

(5) 相同地点。

5. 误差公理

在实际测量中，由于测量设备不准确，测量方法不完善，测量程序不规范及测量环境因素的影响，都会导致测量结果或多或少地偏离被测量的真值。测量结果与被测量真值之差就是测量误差。测量误差的存在是不可避免的，也就是说"一切测量都具有误差，误差自始至终存在于所有科学实验的过程之中"，这就是误差公理。

三、测量及计量单位制

测量是指以获取被测对象量值为目的的全部操作。通过获得的测量值中的有用信息来认识事物、分析现象、解决问题、掌握事物发展变化的规律。

测量的实质是用实验的方法把被测量与标准的同类单位量进行比较，例如用电压表测量电压就是同类量的比较。被测量的量值一般由数值和相应的单位组成。例如，测得某元件流经的电流为 2.5A，则测量值的数值为 2.5，A（安）是它的计量单位。一般测量结果可以表示为

$$X = xk_0 \tag{1-1}$$

式中：X 为被测量；x 为测量得到的测量值（示值）；k_0 为计量单位（基准单位）。

式 (1-1) 通常被称为测量的基本方程式，式中的计量单位 k_0 不仅能反映被测量的性质，而且对同一个被测量来说，因所选用的计量单位不同，被测量的表达也不同。

我国法定的计量单位制是国际单位制（SI 制）。SI 制包括七个基本单位，两个辅助单位和其他导出单位。七个基本单位是 m（米）、kg（千克）、s（秒）、A（安［培］）、K（开［尔文］）、mol（摩尔）、cd（坎德拉）。两个辅助单位是 rad（弧度）和 sr（球面度）。

所有物理量的其他单位均可用七个基本单位导出，例如电磁量的单位可由前四个基本单位导出。常用的电磁学的单位有 N（牛［顿］）、J（焦［耳］）、W（瓦［特］）、C（库［仑］）、V（伏［特］）、F（法［拉］）、Ω（欧［姆］）、S（西［门子］）、Wb（韦［伯］）、H（亨［利］）、T（特［斯拉］）等。

四、测量的分类

（一）测量方法的分类

从如何获取测量值的角度分类，测量方法有两种。

1. 直读测量法

用直读式仪表直接读取被测量的值的方法称为直读测量法。直读式仪表可以是指示式仪表，也可以是数字式仪表。例如，用电压表测量电压，用电流表测量电流，用功率表测量功率等。直读测量法的特征是度量器（标准量）不直接参与测量过程。

直读测量法的优点是设备简单、迅速、操作简便等；缺点是测量的准确度不高。

2. 比较测量法

将被测量（未知量）与标准量（已知量）直接进行比较而获得测量结果的方法称为比较测量法。例如，用电桥测量电阻等。比较测量法测量的种类很多，有零值法、差值法、代替法、重合法等。该方法的特征是标准量（度量器）直接参与测量过程。

比较测量法具有测量准确、灵敏度高的优点，适合精密测量。但其缺点是测量操作过程较为麻烦，所用仪器设备的价格较高。

直读测量法在实际测量工作中应用较多，而比较测量法由于测量准确度高，所以常用于精密测量。

（二）测量方式的分类

从得到测量结果的方法进行分类，可以把测量分为直接测量、间接测量和组合测量三种。

1. 直接测量

在测量过程中，能够用测量仪器仪表直接测得被测量的数值，这种不必进行辅助计算即能直接得到被测量的量值的测量方式称为直接测量。直接测量时，测量结果直接由实验数据获得，被测对象与测量目的是一致的。直接测量的测量结果就是仪表上的读数，例如用直流电桥测量电阻，用电压表测量电压等均属于直接测量。

2. 间接测量

在这种测量中，若被测量与几个物理量存在某种函数关系，则可先通过直接测量得到这几个物理量的值，再由函数关系计算出被测量的数值，这种测量方式称为间接测量。间接测量时，被测对象与测量目的是不一致的。例如，欲测量电阻的电功率 P，可以通过直接测量电阻的电流 I 和电压 U，然后按式 $P=UI$ 计算 P。再如，测量电阻的阻值 R 时，可用电压表和电流表先测出该电阻两端的电压 U 及流过它的电流 I，然后根据欧姆定律 $R=U/I$，求出被测电阻的阻值 R。

3. 组合测量

当有多个被测量，且它们与几个可直接或间接测量的物理量之间满足某种函数关系时，可通过联立求解函数关系式的方程组获得被测量的数值，这种测量方式称为组合测量。

例如有源二端电阻网络与负载电阻 R_L 连接，电路如图 1-1 所示。在图示参考方向下，其端口的伏安关系式为 $u=u_{oc}-R_i i$。为了测量其开路电压 u_{oc} 和内阻 R_i，通过两次改变负载值 R_L，测取端口电压和电流值 u_1、i_1 和 u_2、i_2，并将它们代入到方程组

$$\begin{cases} u_1 = u_{oc} - R_i i_1 \\ u_2 = u_{oc} - R_i i_2 \end{cases}$$

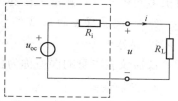

便可求得参数 u_{oc} 和 R_i。

图 1-1　有源二端电阻网络与负载连接

这里要注意测量方法和测量方式概念上的区别。例如

用功率表测量功率既是直接测量方式又属于直读测量法，而用电桥测量电阻则是直接测量方式，不属于直读测量法而属于比较测量法。

第二节　仪表误差与测量误差

在测量中，即使选用准确度最高的测量仪器仪表，而且没有人为的失误，要想测得真值也是不可能的。由于对客观事物认识的局限性，测量方法的不完善性以及测量工作中常有的各种失误等，不可避免地使测量结果与真值之间有差别，这种差别就称为测量误差。

对误差理论的研究，就是要根据测量误差的规律，在一定测量条件下尽力设法减小测量误差，并根据误差理论合理地设计和组织实验，正确地选用仪器、仪表和测量方法。

一、仪表误差

仪表误差是指仪表的测量值与被测量真值之间的差异。测量值与真值之间的差异越小，则测量值越准确，仪表的准确度就越高，它的误差就越小。无论仪表的设计和制造工艺及安装如何力求完善，仪表的误差总是无法完全消除的。

根据误差产生的原因将仪表误差分为基本误差和附加误差两类。

（一）基本误差

在规定的工作条件下，由于仪表本身的内部特性和质量方面的缺陷等所引起的误差，叫作基本误差。

引起基本误差的因素很多，属于基本误差的有摩擦误差、轴隙误差、不平衡误差，标度尺分度和装配不正确误差、游丝（张丝、吊丝）永久变形的误差、读数误差和内部电磁场误差等等。

指针式仪表的零点漂移、刻度误差以及非线性引起的误差，数字式仪表的量化误差，比较式仪器中标准量本身的误差均属于此类误差。

（二）附加误差

在实际使用仪表时，规定的工作条件经常得不到满足，例如仪表的工作位置倾斜，气温过高或过低，电流波形非正弦，频率偏离额定值，仪表周围存在外磁场或外电场的影响等，都会使仪表的量测值与被测量的真值之间产生附加的差异，这就是附加误差。也就是说，当仪表不是在规定的正常工作条件下使用时，仪表的总误差中除基本误差外，还包含有附加误差。

二、测量误差

测量误差在任何测量中总是存在的；对于不同的测量，对误差大小的要求也是不同的。对很多测量来说，测量工作的价值完全取决于测量的准确度。

（一）测量误差的来源

1. 仪器误差

仪器仪表本身的误差称为仪器误差，这是测量误差的主要来源之一。

2. 方法误差

由于测量方法不合理而造成的误差称为方法误差。例如，用普通万用表测量高内阻回路的电压是不合理的，由此引起的误差就是方法误差。

3. 理论误差

由于测量方法建立在近似公式或不完整的理论基础之上，或是用近似值来计算测量结果，则由此引起的误差称为理论误差。

4. 影响误差

由于环境因素与要求的条件不一致而造成的误差称为影响误差。影响误差也是测量误差的主要来源之一。例如，当环境温度、预热时间或电源电压等因素要求一不致时，就会产生影响误差。

5. 人身误差

由于测量者的分辨能力、疲劳程度、固有习惯或责任心等因素引起的误差称为人身误差。例如，对测量数据最后一位数的估读能力差，念错读数，习惯斜视等引起的误差均属于此类误差。

（二）测量误差的表示方法

从测量误差的性质和特点讨论，可以分为四类不同的误差。

1. 绝对误差

绝对误差定义为测量值与真值之差，也称为真误差。绝对误差用 Δx 表示，即

$$\Delta x = x - A \tag{1-2}$$

式中：x 为测量到的测量值；A 为被测量的真值；Δx 为绝对误差。

一般来说，除理论真值和计量学约定真值外，真值是无法精确得知的，只能使测量结果尽量地接近真值。因此，式（1-2）中的真值 A 通常用准确测量的实际值 x_0 来代替，即

$$\Delta x = x - x_0 \tag{1-3}$$

式中：x_0 为满足规定准确度，可由高一级标准测量仪器测量获得的实际值，用来近似代替真值。

绝对误差具有大小、正负和量纲。

在实际测量中，除了绝对误差外还经常用到修正值的概念。它的定义是与绝对误差等值但符号相反，即

$$C = -\Delta x = x_0 - x \tag{1-4}$$

知道了测量值 x 和修正值 C，由式（1-4）就可以求出被测量的实际值 x_0。

测量仪表的修正值一般是通过计量部门检定给出，从定义不难看出，仪表的测量值加上修正值就可获得相对真值，即实际值。实际值表示为

$$x_0 = x + C$$

【例1-1】　用某电流表测量电流时，其读数为 10mA，该表在检定时给出 10.00mA 刻度处的修正值为 +0.03mA，则被测电流的实际值应为

解：　　　　　$i_0 = i + C = 10.00 + 0.03 = 10.03$（mA）

2. 相对误差

绝对误差只能表示某个测量值的近似程度。对于两个大小不同的测量值，不能用绝对误差来反映测量的准确程度。例如测量两个电阻，其中电阻 $R_1 = 10\Omega$，绝对误差 $\Delta R_1 = 0.1\Omega$；电阻 $R_2 = 1000\Omega$，绝对误差 $\Delta R_2 = 1\Omega$。从例子中可以看到，尽管 ΔR_1 小于 ΔR_2，但不能由此得出测量电阻 R_1 较测量电阻 R_2 的准确度高的结论。因为 $\Delta R_1 = 0.1\Omega$ 相对于 10Ω 来讲为 1%，而 $\Delta R_2 = 1\Omega$ 相对于 1000Ω 来讲为 0.1%，即 R_2 的测量比 R_1 的测量更准确。

为了更加符合习惯地衡量测量值的准确程度，引入了相对误差的概念。

相对误差定义为绝对误差与真值之比，一般用百分数形式表示，即

$$\gamma_0 = \frac{\Delta x}{A} \times 100\% = \frac{x - A}{A} \times 100\%$$

式中：γ_0 为相对误差；Δx 为绝对误差；A 为被测量的真值。

这里的真值 A 也用约定真值或相对真值代替。但在约定真值和相对真值无法知道时，往往用测量值代替，即

$$\gamma = \frac{\Delta x}{x_0} \times 100\% \tag{1-5}$$

一般情况下，在误差比较小时，γ_0 和 γ 相差不大，无需区分，但在误差比较大时，两者相差悬殊，不能混淆。为了区分，通常把 γ_0 称为真值相对误差或实际值相对误差，而把 γ 称为（示值）测量值相对误差。

在测量实践中，测量结果准确度的评价常常使用相对误差，因为相对误差是单位测量值的绝对误差，与被测量的单位无关，它是一个纯数。由于相对误差符合人们对准确程度的描述习惯，也反映了误差的方向，因此，在衡量测量结果的误差程度或评价测量结果的准确程度时，一般都用相对误差来表示。

例如，对两个电压进行测量，其中一个电压为 $U_1 = 100\text{V}$，其绝对误差为 $\Delta U_1 = 1\text{V}$；另一个电压为 $U_2 = 200\text{V}$，其绝对误差为 $\Delta U_2 = 1.5\text{V}$。虽然 $\Delta U_2 > \Delta U_1$，但不能说 U_1 比 U_2 测量得更精确。应用相对误差的概念后，U_1 测量的相对误差 $\gamma_1 = 1\%$，U_2 测量的相对误差 $\gamma_2 = 0.75\%$，可见 U_2 的测量准确度高于 U_1 的测量准确度。

3. 引用误差

引用误差是为了评价测量仪表的准确度等级而引入的。

相对误差可以较好地反映某次测量的准确度。对于连续刻度的仪表，用相对误差来表示在整个量程内仪表的准确度，就不方便了。因为在仪表的量程内，被测量有不同值，若用式 (1-5) 来表示仪表的相对误差，随着被测量的不同，式中的分母也在变化；而在一个表的量程内绝对误差变化较小，则求得的相对误差将改变。因此，为计算和划分仪表准确度的方便，提出了引用误差的概念。

引用误差是简化的、实用的一种相对误差的表现形式，在多挡和连续刻度的仪表中应用。这类仪表的可测范围不是一个点，而是一个量程。为了计算和划分准确度等级的方便，通常取仪表量程中的测量上限值（满刻度值）作为分母，由此引出引用误差的概念。

引用误差定义为绝对误差与测量仪器量程（满刻度值）的百分比，即

$$\gamma_n = \frac{\Delta x}{x_m} \times 100\% \tag{1-6}$$

式中：γ_n 为引用误差；Δx 为绝对误差；x_m 为测量仪表量程的上限值。

测量仪表的准确度也称为最大引用误差，定义为仪表在全量程范围内可能产生的最大绝对误差 $|\Delta x_m|$ 与仪表的测量上限 x_m 的比值，即

$$\gamma_{\max} = \frac{|\Delta x_m|}{x_m} \times 100\% \tag{1-7}$$

式中：$\gamma_{\max}$ 为最大引用误差，也称为基本误差。

在国家标准 GB/T 7676—2017《直接作用模拟指示电测量仪表及其附件》中规定，电

工指示仪表的准确度分为 7 级，见表 1 - 1。它们的基本误差不能超过仪表准确度等级 K 的百分数，即

$$\gamma_{\max} \leqslant K\%$$

表 1 - 1 **常用电工指示仪表的准确度等级分类表**

准确度等级 K	0.1	0.2	0.5	1.0	1.5	2.5	5.0
误差范围/%	±0.1	±0.2	±0.5	±1.0	±1.5	±2.5	±5.0

如果已知某仪表的准确度等级为 K 级，它的量程上限值为 x_{m}，被测量的实际值为 x_0 时，则测量的绝对误差

$$|\Delta x_{\mathrm{m}}| \leqslant x_{\mathrm{m}} K\% \tag{1-8}$$

按照上面的规定，测量仪表在使用时，产生的最大可能误差可确定为

$$\begin{cases} \Delta x_{\mathrm{m}} = \pm x_{\mathrm{m}} K\% \\ \gamma = \pm \dfrac{x_{\mathrm{m}}}{x} K\% \end{cases} \tag{1-9}$$

由式（1-8）可见，当仪表的等级 K 选定后，测量中绝对误差的最大值与仪表的测量上限值 x_{m} 成正比。同样由式（1-9）可知，因为 $x_{\mathrm{m}} \geqslant x$，当仪表的 K 选定后，x 越接近 x_{m}，测量的相对误差的最大值就越小，测量越准确。因此，在选用电工仪表测量时，一般要使测量的数值尽可能在仪表测量上限值的 2/3 以上，不能小于仪表测量上限值的 1/3。

【例 1 - 2】 设有一待测电压为 100V，如果采用 0.5 级 0～300V 和 1.0 级 0～100V 的两个电压表分别测量，求测量的最大可能相对误差各为多少？

解：（1）用 0.5 级 0～300V 电压表测量时，可能出现的最大绝对误差为

$$\Delta x_{\mathrm{m1}} = \pm x_{\mathrm{m1}} K_1 \% = \pm 300 \times 0.5\% = \pm 1.5 \text{（V）}$$

最大可能的相对误差为

$$\gamma_1 = \pm \frac{x_{\mathrm{m1}}}{x_1} K_1 \% = \pm \frac{300}{100} \times 0.5\% = \pm 1.5\%$$

（2）用 1.0 级 0～100V 的电压表现量时，可能出现的最大绝对误差为

$$\Delta x_{\mathrm{m2}} = \pm x_{\mathrm{m2}} K_2 \% = \pm 100 \times 1.0\% = \pm 1.0 \text{（V）}$$

最大可能的相对误差为

$$\gamma_2 = \pm \frac{x_{\mathrm{m2}}}{x_2} K_2 \% = \pm \frac{100}{100} \times 1.0\% = \pm 1.0\%$$

从［例 1-2］中可以看出，如果量程选择得当，用 1.0 级仪表测量，反而比用 0.5 级仪表测量准确些。

【例 1 - 3】 用一个 0.5 级 0～10A 的电流表分别测量 2、5、8A 和 10A 电流，试计算测量时的最大可能相对误差。

解：电流表可能出现的最大绝对误差为

$$\Delta x_{\mathrm{m}} = \pm x_{\mathrm{m}} K\% = \pm 10 \times 0.5\% = \pm 0.05 \text{（A）}$$

测量 2A 时的最大可能相对误差为

$$\gamma_1 = \pm \frac{x_{\mathrm{m}}}{x_1} K\% = \pm \frac{10}{2} \times 0.5\% = \pm 2.5\%$$

测量 5A 时的最大可能相对误差为

$$\gamma_2 = \pm \frac{x_{\mathrm{m}}}{x_2} K\% = \pm \frac{10}{5} \times 0.5\% = \pm 1\%$$

测量 8A 时的最大可能相对误差为

$$\gamma_3 = \pm \frac{x_m}{x_3}K\% = \pm \frac{10}{8} \times 0.5\% = \pm 0.625\%$$

测量 10A 时的最大可能相对误差为

$$\gamma_4 = \pm \frac{x_m}{x_4}K\% = \pm \frac{10}{10} \times 0.5\% = \pm 0.5\%$$

此例说明只有仪表工作在满量程时，测量结果的准确度才等于仪表的准确度，切不要把仪表的准确度和测量结果的准确度混为一谈。选择仪表时不要单纯追求高准确度，应当根据测量准确度的要求合理选择仪表的准确度等级和仪表的测量上限值。为了充分利用仪表的准确度，被测量的值应大于仪表测量上限值的 $\frac{2}{3}$，这时仪表可能出现的最大相对误差为

$$\gamma_{max} = \pm \frac{x_m}{x_m \frac{2}{3}}K\% = \pm 1.5K\%$$

即测量误差不会超过仪表准确度等级数值百分数的 1.5 倍。

根据同样道理，当用高准确度等级的指示仪表检验低准确度等级的指示仪表时，两种仪表的测量上限值应选择得尽可能一致。

【例 1-4】　用一个量程为 0～30.0mA、准确度为 0.5 级的直流电流表，测得某电路中的电流为 25.0mA。试求测量结果的最大绝对误差和最大相对误差。

解：由式（1-9），测量值的最大绝对误差为

$$\Delta x_m = \pm x_m K\% = \pm 30.0 \times 0.5\% = \pm 0.15(mA)$$

可能出现的最大相对误差为

$$\gamma = \pm \frac{x_m}{x}K\% = \pm \frac{30.0}{25.0} \times 0.5\% = \pm 0.6\%$$

4. 容许误差

容许误差是指测量在使用条件下可能产生的最大误差范围，是衡量测量仪表的最重要的指标。测量仪表的准确度、稳定度等指标都可用容许误差来表征。容许误差可用工作误差、固定误差、影响误差、稳定性误差来描述。

（1）工作误差。工作误差是在额定工作条件下仪器误差的极限值，即来自仪表外部的各种影响量和仪表内部的影响特性为任意可能的组合时，仪表误差的最大极限值。这种表示方式的优点是使用方便，即可利用工作误差直接估计测量结果误差的最大范围。不足的是，由于工作误差是在最不利组合下给出的，而在实际测量中最不利组合的可能性极小，所以由工作误差估计的测量误差一般偏大。

（2）固有误差。固有误差是当仪表的各种影响量和影响特性处于基准条件下仪表所具有的误差。由于基准条件比较严格，所以固有误差可以比较准确地反映仪表所固有的性能，便于在相同条件下对同类仪表进行比较和校准。

（3）影响误差。影响误差是当一个影响量处在额定使用范围内，而其他所有影响量处在基准条件时，仪表所具有的误差，如频率误差、温度误差等。

（4）稳定性误差。稳定性误差是在其他影响和影响特性保持不变的情况下，在规定的时间内，仪表输出的最大值或最小值与其标称值的偏差。

（三）测量误差的分类

测量误差按其性质和特点，可分为系统误差、随机误差和疏失误差三类。

1. 系统误差

在相同的测量条件下，多次测量同一个量时，误差的绝对值和符号保持不变或按某种确定性规律变化的误差称为系统误差。

设对某被测量进行了相同准确度的 n 次独立测量，测得 $x_1, x_2, \cdots, x_n$，则测量值的算术平均值为

$$\overline{x} = \frac{1}{n}(x_1 + x_2 + \cdots + x_n) = \frac{1}{n}\sum_{i=1}^{n} x_i$$

式中：$\overline{x}$ 为样本均值或称取样平均值。

当测量次数 n 趋于无穷时，则取样平均值的极限被定义为测量值的数学期望 α_x，即

$$\alpha_x = \lim_{n \to \infty} \frac{1}{n}\sum_{i=1}^{n} x_i$$

测量值的数学期望 α_x 与测量值的实际值（替代真值）x_0 之差，被定义为系统误差 ε，即

$$\varepsilon = \alpha_x - x_0 \tag{1-10}$$

产生系统误差的原因很多，常见有测量设备的缺陷、测量仪表不准确、仪表安装和使用不当等引起的误差；仪表使用时周围环境的温度和湿度、电源电压、磁场等发生变化；使用的测量方法不完善、理论依据不严密、采用了近似公式等。

系统误差的大小，可以衡量测量数据与真值的偏离程度，即测量的准确度。系统误差越小，测量的结果就越准确。

由于系统误差具有一定的规律性，因此可以根据误差产生的原因，采取一定的措施，设法消除或加以修正。

2. 随机误差

在相同条件下，多次测量同一量时，误差的绝对值和符号均发生变化，其值时大时小，符号时正时负，没有确定的变化规律，且不可以预测的误差称为随机误差。

在对某被测量进行的 n 次测量中，各次测量值 $x_i(i=1,2,\cdots,n)$ 与其数学期望 α_x 之差，被定义为随机误差 δ_i，即

$$\delta_i = x_i - \alpha_x (i = 1, 2, \cdots, n) \tag{1-11}$$

将式（1-10）和式（1-11）等号两边相加，得

$$\varepsilon + \delta_i = x_i - x_0 = \Delta x_i \tag{1-12}$$

即各次测量的系统误差和随机误差的代数和等于其绝对误差。

随机误差主要是由那些对测量值影响微小又互不相关的因素共同造成的。例如，电磁场的微变、温度的起伏、空气扰动、大地微震、测量人员的感觉器官无规律的微小变化等，这些互不相关的独立因素产生的原因和规律无法掌握。因此，即使在完全相同的条件下进行多次测量，实验结果也不可能完全相同。

随机误差的变化特点是具有对称性、有界性、抵偿性。因此，可以通过多次测量、计算平均值的办法来削弱随机误差对测量结果的影响。抵偿性是随机误差的重要特点，具有抵偿性的误差，一般可以按随机误差来处理。

大量测试结果表明，随机误差是服从统计规律的，即误差相对小的出现概率大，而误差相对大的出现概率小，而且大小相等的正负误差出现的概率也基本相等。显然，多次测量产生的随机误差服从统计规律，其概率分布大体上是正态分布。如果测量的次数足够多，随机

误差平均值的极限将趋于零。因此，如果想使测量结果有更大的可靠性，应把同一种测量重复做多次，取多次测量的平均值作为测量结果。

随机误差说明了测量数据本身的离散程度，可以反映测量的准确度。随机误差越小，测量的准确度就越高。

3. 疏失误差

由于测量者的疏忽过失而造成的误差称为疏失误差。

疏失误差是由实验者和测量条件两方面的原因产生的。测量过程中由于仪表读数的错误、记录或计算的差错、测量方法不合理、操作方法不正确、使用了有缺陷的仪器仪表等，使测量数据明显地超过正常条件下的系统误差和随机误差，导致了疏失误差的出现。

就测量数值而言，疏失误差一般都明显地超过正常情况下的系统误差和随机误差。

综上所述，测量误差可归纳为：

$$测量误差\begin{cases}系统误差\begin{cases}测量误差（仪器、仪表本身的误差）\\测量者误差（测量者不正确的测量习惯所引起的误差）\end{cases}\\随机误差（由互不相关的因素共同造成的，产生原因有时无法确定）\\疏失误差（由测量者的疏忽失误造成的测量误差）\end{cases}$$

在测量实践中，对于测量误差的划分是人为的、有条件的。在不同的场合、不同的测量条件下，误差之间是可以互相转化的。例如指示仪表的刻度误差，对于制造厂同型号的一批仪表来说具有随机性，属于随机误差；对于具体使用的特定一块表来说，该误差是固定不变的，故属系统误差。

三、测量误差的消除

任何一个测量过程，都应当根据测量要求，对测量仪器仪表和测试条件进行全面研究分析。首要的任务是发现系统误差，进行系统误差分析，以将系统误差消除或减小到与测量误差要求相适应的程度。

（一）系统误差的消除

系统误差将直接影响测量的准确性，通常采用下面方法减小或消除系统误差。

1. 消除由测量仪器仪表所引起的误差

用于测量的标准量具和仪器仪表，在制造过程中产生的误差是基本容许误差，属于系统误差，决定了仪表（包括量具）的准确度等级。在测量实践中要根据测量准确度的要求，选用不同准确度等级的仪器仪表。

仪表的使用条件偏离其出厂时规定的标准条件，还会产生附加误差。附加误差与仪表的安装、调整及使用环境有关，在测量前要进行认真的观察研究，针对具体问题予以解决或估量其影响的大小。

对仪表要定期进行检测，并确定校正值的大小，检查各种外界因素，如温度、湿度、气压、电场、磁场等对仪器指示的影响，并做出各种校正公式、校正曲线或图表，用它们对测量结果进行校正，以提高测量结果的准确度。例如，某个仪表如果已知绝对误差 Δx 等于测量值 x 与准确值 x_0 的差值，即 $\Delta x = x - x_0$，则准确值为

$$x_0 = x - \Delta x = x + C$$

式中：C 为修正值。

检查仪器仪表是否在检测周期之内也是一项重要工作，如超出检测周期则应该进行检测。

2. 消除由测量方法或理论分析所引起的误差

在测量前要充分考虑测量中一些可能导致误差的影响因素，以及采用了近似公式所引起的误差。影响因素主要有测量电路与被测对象之间的相互影响、测量线路中的漏电、引线及接触电阻、平衡电路中的示零指示器的误差等。这些情况应尽量设法避免，在不能完全消除时，应估计其影响程度。

3. 采用替代法测量

替代法被广泛应用在测量元件参数上，如用电桥法或谐振法测量电容器的电容量和线圈的电感量。这种方法的优点是可以消除对地电容、导线的分布电容、分布电感和电感线圈中的固有电容等影响。例如，用谐振法测量电容器的电容量 C_x 时，电路接线如图 1-2 所示，由于电感线圈 L_0 总是存在固有电容 C_s，所以测得的结果已不是真实的电容量 C_x，已被并联的 C_s 所偏离。为了消除后者的影响，可把谐振法和替代法结合起来进行测量。测量分两步进行，先将信号发生器频率调到回路 L_0、C_s、C_x 的谐振频率上，即

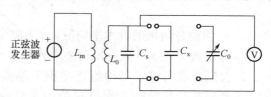

图 1-2　用替代法测量电容器的电容量的
电路接线图

$$f = \frac{1}{2\pi \sqrt{L_0(C_s + C_x)}} \tag{1-13}$$

然后用标准可变电容器 C_0 代替 C_x，调整 C_0 使 L_0、C_s、C_0 调谐到原来的谐振频率 f 上，则有

$$f = \frac{1}{2\pi \sqrt{L_0(C_s + C_0)}} \tag{1-14}$$

比较式（1-13）和式（1-14），得到 $C_x = C_0$。由此可知，标准可变电容器 C_0 的数值就是所要测定的电容器 C_x 的电容量。

4. 消除由测量人员所引起的误差

由实验者的反应速度和固有习惯等特点所引起的误差，属于人员误差。这些由实验者个人特点引起的系统误差，将反映到测量结果中去。例如，在记录数据时，观测者有超前或滞后读数的现象，必然导致误差；在使用带有耳机的交流电桥测量电路参数时，实验者听觉灵敏度不同，也会导致不同结果。随着数字化仪器和仪表应用的普及，由听觉、视觉差异引起的误差也会随之消失，但由于人的直接操作所带来的温度、静电等影响还会存在的。

5. 采取正负误差相消法

这种方法可以消除外磁场对仪表的影响。进行正反两次位置变换的测量，然后将测量结果取平均值。该方法也可用于消除某些直流仪器接头的热电动势的影响，其方法是改变原来的电流方向，然后取正、反两次数据的平均值。

6. 注意仪表量程的选择

在仪表准确度已确定的情况下，量程大就意味着仪表偏转很小，从而增大了相对误差。因此，合理地选择量程，并尽可能使仪表读数接近满量程的位置。

（二）随机误差的消除

由于仪器仪表读数装置的准确度不够，在一般测量中随机误差往往被系统误差淹没而不

易被发现，因此随机误差只是在进行准确测量时才被发现。

在精密测量中首先应消除系统误差，然后再做消除和减小随机误差的工作。随机误差是符合概率统计规律的，因此对它可采取一些方法消除。

1. 采用算术平均值计算

因为随机误差数值时大时小，时正时负，采用多次测量求算术平均值就可以有效地增多误差相互抵消的机会。若把测量次数 n 增加到足够多，则算术平均值就近似等于所求结果，即

$$\overline{x} = \frac{1}{n} \sum_{i=1}^{n} x_i \qquad (1 - 15)$$

式中：$\overline{x}$ 为测量结果的算术平均值；n 为测量次数；x_i 为第 i 次的测量值。

2. 采用均方根误差或标准偏差来计算

每次测量值与算术平均值之差称为偏差。用偏差的平均数来表示随机误差是一种方法，正负偏差的代数和在测量次数增大时趋向于零，为了避开偏差的正负符号，可将每次偏差平方后相加再除以测量次数 $(n-1)$ 得到平均偏差平方和，最后再开方得到均方根误差，即

$$\sigma = \pm \sqrt{\frac{\sum_{i=1}^{n} (x_i - \overline{x})^2}{n-1}} \qquad (1 - 16)$$

式中：σ 为均方根误差；n 为测量次数。

为了估计测量结果 $\overline{x}$ 的准确度，又常采用标准偏差这个概念，即

$$\sigma_{\mathrm{s}} = \pm \frac{\sigma}{\sqrt{n}} \qquad (1 - 17)$$

式中：σ_{s} 为标准偏差。

式（1-16）表明，测量次数 n 越大，则测量准确度越高。但 σ 与 n 的平方根成反比，因此准确度的提高随 n 的增大而减缓，故通常 n 取 20 就足够了。随机误差超过 3σ 的概率仅为 1% 以下，而小于 3σ 的概率占 99% 以上。对于标准偏差 σ 也是如此，最大值不宜超过 3σ。可以将测量结果考虑随机误差后写为

$$x = \overline{x} \pm 3\sigma \qquad (1 - 18)$$

第三节　工程上最大测量误差的估计

由于随机误差比较小，而且只能在精密的多次重复测量中才能观测到，因此工程测量中，经常忽略随机误差只考虑系统误差。

一、直接测量方式的最大误差

直接测量方式的误差，主要是测量仪表不完善所引起的误差。

（一）基本误差

这种误差可以根据仪器和标准量具的准确等级计算。如果测量中所使用的仪表的准确度为 K 级，仪表的量程上限为 x_{m}，测量读数为 x，根据仪表准确度等级的规定，测量结果可能出现的基本误差（最大绝对误差）为

$$\Delta x_{\mathrm{m}} = \pm x_{\mathrm{m}} K\%$$

可能出现的最大相对误差就是测量误差，即

$$\gamma_{\max} = \pm \frac{\Delta x_{\mathrm{m}}}{x} \times 100\% = \pm \frac{x_{\mathrm{m}}}{x} K\% \qquad (1-19)$$

【例 1-5】 某电压表的测量量程为 $0 \sim 300\mathrm{V}$，准确度等级为 1.0 级，现用此电压表测量电压，读数为 $200\mathrm{V}$，求可能出现的最大测量误差。

解：根据式（1-19），最大测量误差为

$$\gamma_{\max} = \pm \frac{300}{200} \times 1.0\% = \pm 1.5\%$$

（二）附加误差

由于外界因素发生变化会使仪表和标准量具产生附加误差，当这些因素在规定范围内变化时，所引起的附加误差的表示方法和基本误差表示方法相同。

在国家标准 GB/T 7676—2017《直接作用模拟指示电测量仪表及其附件》中对附加误差作了相应的规定。例如温度影响，当环境气温从额定温度改变至标准中规定的范围内时，温度每改变 $10\,^\circ\!\mathrm{C}$，仪表指示值的改变不应超过表 1-2 的规定值。又如外磁场影响，直流仪表如处在强度为 $400\mathrm{A/m}$ 的直流均匀外磁场且在最不利方向的情况下，交流仪表在同频率的强度为 $400\mathrm{A/m}$ 的正弦变化的交流均匀外磁场且在最不利方向和相位的情况下，仪表指示值的改变不应超过表 1-3 的规定值。

表 1-2 温度变化引起的附加误差

组别 \ 等级	允许的仪表指示值改变/%						
	0.1	0.2	0.5	1.0	1.5	2.5	5.0
A、A1 组	±0.1	±0.2	±0.5	±1.0	±1.5	±2.5	±5.0
B、B1 组	±0.1	±0.15	±0.4	±0.8	±1.2	±2.0	±4.0
C 组	—	±0.15	±0.3	±0.5	±0.8	±1.2	±2.5

［例 1-5］中的电压表属于 A1 组，测量电压时室内温度为 $30\,^\circ\!\mathrm{C}$，超出了规定的工作温度（$20 \pm 2\,^\circ\!\mathrm{C}$）$10\,^\circ\!\mathrm{C}$，查阅表 1-2 可知，A1 组 1.0 级仪表在温度变化 $10\,^\circ\!\mathrm{C}$ 时，仪表指示值允许改变 $\pm 1.0\%$，这也是引用误差。由于该附加误差值与基本误差值相同，因此，最大测量误差是基本误差与附加误差之和，即

$$\gamma = \pm (1.5\% + 1.5\%) = \pm 3.0\%$$

表 1-3 外磁场影响引起的附加误差

允许准确度等级	允许的仪表指示值改变/%			
	Ⅰ级	Ⅱ级	Ⅲ级	Ⅳ级
0.1；0.2；0.5	±0.5	±1.0	—	—
1.0；1.5	±0.5	±1.0	±2.5	—
2.5；5.0	±0.5	±1.0	±2.5	±5.0

二、间接测量方式的最大误差

（一）被测量为几个量的和

设被测量为 y，x_1、x_2、x_3 为与被测量有关的几个测量量，有

$$y = x_1 + x_2 + x_3 \tag{1-20}$$

当测量 x_1、x_2、x_3 时，可分别得出它们的绝对误差为 Δx_1、Δx_2、Δx_3，由它们引起的被测量 y 的绝对误差为 Δy，则有

$$y + \Delta y = (x_1 + \Delta x_1) + (x_2 + \Delta x_2) + (x_3 + \Delta x_3) \tag{1-21}$$

将式（1-21）与式（1-20）相减，得出被测量绝对误差为

$$\Delta y = \Delta x_1 + \Delta x_2 + \Delta x_3 \tag{1-22}$$

被测量的相对误差为

$$\frac{\Delta y}{y} = \frac{\Delta x_1}{y} + \frac{\Delta x_2}{y} + \frac{\Delta x_3}{y} \tag{1-23}$$

这里关心的是求得被测量的最大相对误差，显然它是出现在各个量的相对误差为同一符号的情况，用 $\gamma_{\mathrm{max},y}$ 表示最大相对误差，则

$$\gamma_{\mathrm{max},y} = \left| \frac{\Delta x_1}{y} \right| + \left| \frac{\Delta x_2}{y} \right| + \left| \frac{\Delta x_3}{y} \right| = \left| \frac{x_1}{y}\gamma_1 \right| + \left| \frac{x_2}{y}\gamma_2 \right| + \left| \frac{x_3}{y}\gamma_3 \right| \tag{1-24}$$

$$\gamma_1 = \Delta x_1 / x_1, \quad \gamma_2 = \Delta x_2 / x_2, \quad \gamma_3 = \Delta x_3 / x_3$$

式中：γ_1、γ_2、γ_3 分别表示测量量 x_1、x_2、x_3 的相对误差。

从式（1-24）可以看出，数值较大的量对和的相对误差的影响也较大。

【例 1-6】 图 1-3 所示电路中两个电流表分别测量两支路电流，其中电流表 PA1 量程为 0～20A，1.5 级，读数为 15A。电流表 PA2 量程为 0～50A，1.5 级，读数为 25A。求电路总电流 I 和可能的最大测量误差。

解：(1) 根据图 1-3 及 KCL 得出总电流的测量值为

$$I = I_1 + I_2 = 15 + 25 = 40(\mathrm{A})$$

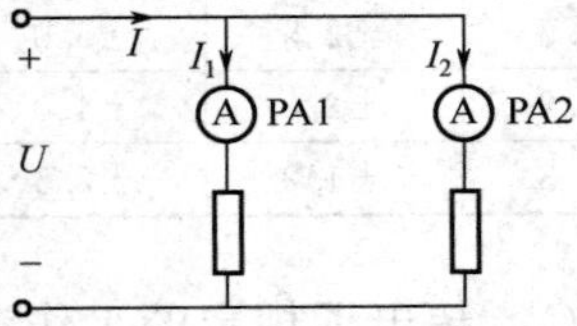

(2) 求 I_1 和 I_2 的测量误差 γ_1 和 γ_2 为

$$\gamma_1 = \pm \frac{I_{\mathrm{m1}}}{I_1} K_1 \% = \pm \frac{20}{15} \times 1.5\% = \pm 2\%$$

$$\gamma_2 = \pm \frac{I_{\mathrm{m2}}}{I_2} K_2 \% = \pm \frac{50}{25} \times 1.5\% = \pm 3\%$$

(3) 求总电流的可能最大测量误差，根据式（1-24）得

图 1-3　[例 1-6] 图

$$\gamma_{\mathrm{max},I} = \left| \frac{I_1}{I}\gamma_1 \right| + \left| \frac{I_2}{I}\gamma_2 \right| = \frac{15}{40} \times 2\% + \frac{25}{40} \times 3\% = 2.63\%$$

（二）被测量为两个量之差

设被测量为 y，x_1、x_2 为与被测量有关的两个测量量，有

$$y = x_1 - x_2 \tag{1-25}$$

当测量 x_1 和 x_2 的绝对误差为 Δx_1 和 Δx_2，由它们引起的被测量 y 的绝对误差为 Δy，则

$$y + \Delta y = (x_1 + \Delta x_1) - (x_2 + \Delta x_2) \tag{1-26}$$

考虑最不利情况是 Δx_1 和 Δx_2 取相反符号，所以

$$\Delta y = |\Delta x_1| + |\Delta x_2|$$

则最大相对误差为

$$\gamma_{\mathrm{max},y} = \frac{\Delta y}{y} = \left| \frac{\Delta x_1}{y} \right| + \left| \frac{\Delta x_2}{y} \right| = \left| \frac{x_1}{y}\gamma_1 \right| + \left| \frac{x_2}{y}\gamma_2 \right| \tag{1-27}$$

$$\gamma_1 = \Delta x_1 / x_1, \quad \gamma_2 = \Delta x_2 / x_2$$

式中：γ_1、γ_2 分别表示测量量 x_1、x_2 的相对误差。

由于 $y = x_1 - x_2$，代入式（1-27）得

$$\gamma_{\max, y} = \left| \frac{x_1}{x_1 - x_2} \gamma_1 \right| + \left| \frac{x_2}{x_1 - x_2} \gamma_2 \right| \tag{1-28}$$

从式（1-28）可见，当被测量为两个量之差时，可能的最大相对误差不仅与各个量的测量结果的相对误差 γ_1 和 γ_2 有关，而且与这两个量之差值有关。这两个量的差值大，被测量可能的最大相对误差就小；反之，两个量的差值小，则相对误差就大。因此，通过两个量之差求被测量的方法应尽量少用。

【例1-7】 图1-4所示电路中，利用电流表 PA 和 PA1 读数之差求 I_2，并求 I_2 的可能的最大相对误差。分为两种情况讨论：

（1）已知电流表 PA 读数为 $I = 30\text{A}$，测量误差 $\gamma = \pm 2\%$；电流表 PA1 读数为 $I_1 = 20\text{A}$，测量误差 $\gamma_1 = \pm 2\%$。

（2）已知电流表 PA 读数为 $I = 30\text{A}$，测量误差 $\gamma = \pm 2\%$；电流表 PA1 读数为 $I_1 = 5\text{A}$，测量误差 $\gamma_1 = \pm 2\%$。

解：（1）第一种情况

$$I_2 = I - I_1 = 30 - 20 = 10(\text{A})$$

$$\gamma_2 = \frac{30}{10} \times 2\% + \frac{20}{10} \times 2\% = 10\%$$

（2）第二种情况

$$I_2 = I - I_1 = 30 - 5 = 25(\text{A})$$

$$\gamma_2 = \frac{30}{25} \times 2\% + \frac{5}{25} \times 2\% = 2.8\%$$

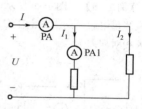

图1-4　［例1-7］电路图

【例1-8】 图1-5（a）为两互感线圈正向连接，等效电感为 L'，图1-5（b）为两互感线圈反向连接，等效电感为 L''，根据电路理论，两线圈间的互感为 $M = |(L' - L'')/4|$，现有两组互感线圈，分别测量后得到的测量结果及测量误差如下：

（1）第一组测量，得出 $L' = 1.20\text{mH}$，$L'' = 1.15\text{mH}$，测量误差都是 $\pm 0.5\%$；

（2）第二组测量，得出 $L' = 1.72\text{mH}$，$L'' = 0.12\text{mH}$，测量误差也是 $\pm 0.5\%$。

分析两组测量结果及测量误差。

解：（1）第一组测量

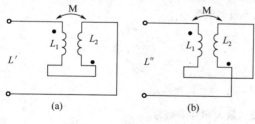

图1-5　［例1-8］图

（a）互感线圈正向连接；（b）互感线圈反向连接

$$M = \frac{1.20 - 1.15}{4} = \frac{0.05}{4} = 0.0125(\text{mH})$$

令 $y = M$，$x_1 = L'/4$，$x_2 = L''/4$，代入式（1-28），得

$$\gamma_{\max} = \left| \frac{L'}{4M} \gamma_L' \right| + \left| \frac{L''}{4M} \gamma_L'' \right| = \frac{1.20}{4 \times 0.0125} \times 0.5\% + \frac{1.15}{4 \times 0.0125} \times 0.5\% \approx 23.5\%$$

显然，这组的测量结果误差太大了。

（2）第二组测量

$$M = \frac{1.72 - 0.12}{4} = \frac{1.6}{4} = 0.40(\text{mH})$$

根据式（1-28），得

$$\gamma_{\max} = \left| \frac{L'}{4M} \gamma_L' \right| + \left| \frac{L''}{4M} \gamma_L'' \right| = \frac{1.72}{4 \times 0.4} \times 0.5\% + \frac{0.12}{4 \times 0.4} \times 0.5\% \approx 0.6\%$$

这组测量误差不大，在工程上是容许的。

（三）被测量为几个量的指数乘积

设被测量为 y，x_1、x_2、x_3 为直接测得的量，n、m、p 为 x_1、x_2、x_3 的指数，可以是整数、分数、正数或负数，则被测量 y 表示为

$$y = x_1^n x_2^m x_3^p \tag{1-29}$$

对式（1-29）两边取自然对数，则有

$$\ln y = n\ln x_1 + m\ln x_2 + p\ln x_3$$

两边微分

$$\frac{\mathrm{d}y}{y} = n\frac{\mathrm{d}x_1}{x_1} + m\frac{\mathrm{d}x_2}{x_2} + p\frac{\mathrm{d}x_3}{x_3}$$

式中：$\mathrm{d}y/y$、$\mathrm{d}x_1/x_1$、$\mathrm{d}x_2/x_2$、$\mathrm{d}x_3/x_3$ 分别为被测量 y 和各直接测量量的相对误差。

可能的最大相对误差就是各项误差均取正值，即

$$\gamma_y = |n\gamma_1| + |m\gamma_2| + |p\gamma_3| \tag{1-30}$$

【例1-9】　图1-6所示电路是用间接法测量振荡器的输出功率，即以标准电阻器 R 作为负载，用电压表测量电阻器两端的电压 U，然后用公式 $P=U^2/R$ 近似计算振荡器的输出功率。采用这种间接法测量的最大相对误差为

$$\gamma_P = |2\gamma_V| + |\gamma_R|$$

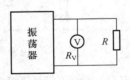

图1-6　［例1-9］电路图

式中：γ_V 为电压表测量时的最大相对误差；γ_R 为标准电阻器的最大相对误差。

现选用电压表准确度等级为 1.5 级，量程为 0～10V，测量读数 $U=8$V，电压表的内阻 $R_V=10000\Omega$；选用标准电阻器为 0.05 级、100Ω，计算产生的相对误差。

解：振荡器的输出功率近似值为

$$P = \frac{U^2}{R} = \frac{8^2}{100} = 0.64(\mathrm{W})$$

测量时电压表的基本误差按式（1-19）计算，则

$$\gamma_V = \pm\frac{x_m}{x}K\% = \pm\frac{10}{8}\times1.5\% = \pm1.88\%$$

标准电阻器的误差为 $\gamma_R = \pm0.05\%$，则振荡器输出功率值的最大相对误差为

$$\gamma_P = |\pm2\times1.88\%| + |\pm0.05\%| = 3.81\% \approx 3.8\%$$

必须指出的是，根据公式 $P=U^2/R$ 计算振荡器的输出功率时忽略了电压表本身的损耗，因此在测量结果中应加以校正，否则就要考虑因测量方法不完善所引起的误差。

电压表功率损耗 $P_V=U^2/R_V$，由测量方法所引起的方法误差为

$$\gamma_V = \frac{U^2/R_V}{U^2/R + U^2/R_V} = \frac{R}{R+R_V} = \frac{100}{10000+100} = 1.0\%$$

这样，总的最大相对误差为

$$\gamma = \gamma_P + \gamma_V = \pm(3.8+1.0)\% = \pm4.8\%$$

此外，若测量条件不正常，还必须考虑外界因素变化所引起的附加误差。

第四节　实验数据的正确读取和处理

电路实验要对所测量的量进行记录，取得实验数据，实验数据处理是电工测量中必不可少的工作。测量中如何从标度尺上正确读取数据、整理数据，并对数据进行分析和计算，按

照技术标准作出正确判断，这是测量人员必须掌握的基础知识。

一、测量数据的读取与记录

下面分别介绍指针式仪表和数字式仪表的测量数据的读取。

（一）指针式仪表测量数据的读取

指针式仪表的指示值称为直接读数，是指针所指出的标尺值，通常是用格数表示的。直接读取的指针式仪表的数值，一般不是被测量的测量值，需要换算才可得到测量结果。

使用仪表之前，应使仪表的指针指到零的位置，如果指针不在零的位置时，调节调零旋钮使指针指到零的位置。

指针式仪表在读数时，应使视线与仪表标尺平面垂直，如果表盘平面上带有平面镜，读数时应使指针与其镜像重合，并读取足够的位数，以减小和消除视觉误差，提高读数的准确性。为减少测量误差，一般应采取多次测量取平均值。

指针式仪表测量数据的读取要注意以下几个问题。

1. 读数的有效数字位数

测量时应首先记录仪表指针读数的格数。例如选用额定电压为 300V，额定电流为 1A，具有 150 分格的功率表测量功率，当指针指在 75～76 格之间时，选择读数为 75.5 格，有效数字位数分别为 3 位。

2. 仪表的仪表常数

指针式仪表的标度尺每分格所代表的被测量的大小称为仪表常数，也称为分格常数，用 C_α 表示，其计算式为

$$C_\alpha = x_m/\alpha_m$$

式中：x_m 为选择的仪表量程上限值；α_m 为指针式仪表满刻度格数。

对于同一仪表，选择的量程不同则分格常数也不同。

额定电压为 300V，额定电流为 1A，具有 150 分格的功率表的分格常数为

$$C_\alpha = \frac{300 \times 1}{150} = 2(\text{W/ 格})$$

3. 测量数据的示值

测量数据的示值是指仪表的读数对应的被测量的测量值，它可由下式计算得出

$$示值＝读数（格）×分格常数 C_\alpha$$

示值的有效数字的位数应与读数的有效数字的位数一致。上述的功率表的读数选择为 75.5 格，示值为

$$P = 75.5 \times 2 = 151(\text{W})$$

（二）数字式仪表测量数据的读取

数字式仪表的读出数值无需换算即可作为测量结果的读取数据。但是测量时，数字式仪表量程选择不当，会丢失有效数字，因此应注意合理地选择数字式仪表的量程。例如用某数字电压表测量 1.682V 的电压，在不同的量程时的显示值见表 1-4。

表 1-4 数字式仪表的有效数字

量程（V）	0～2	0～20	0～100
显示值	1.682	01.68	001.6
有效数字位数	4	3	2

　　因此，在实际测量时，应注意使被测量值小于但接近于所选择的量程上限值，而不可选择过大的量程。

　　（三）测量结果的正确记录

　　在电路实验时，最终的测量结果通常由测得值和仪表在相应量程时的最大绝对误差共同表示。例如在用电压表测量电压时，如果电压表的准确度等级为 0.3 级，则在 0～150V 量程时的最大绝对误差为

$$\Delta U_\mathrm{m} = \pm \alpha\% U_\mathrm{m} = \pm 0.3\% \times 150 = \pm 0.45(\mathrm{V})$$

　　实验测量中，采用的是进位方法，误差的有效数字一般只取一位，即只要有效数字后面应予舍弃的数字是 1～9 中的任何一个时都应进一位，这样 ΔU_m 应取为 ±0.5V。例如用具有 150 分格的电压表测量电压时，指针读数为 18.6 格，电压表的量程为 0～150V，分格常数为 1V，电压示值为

$$U = kC_a = 18.6 \times 1 = 18.6(\mathrm{V})$$

于是应记录的测量结果为

$$U = 18.6 \pm 0.5\mathrm{V}$$

　　注意，在测量结果的最后表示中，测得值的有效数字的位数取决于测量结果的误差，即测得值的有效数字的末位数与测量误差的末位数是同一个数位。

二、测量数据的整理

　　数据处理是将实验中获得的原始测量数据，通过运算、分析后进行处理得出结论，而不是根据需要的结论去处理数据。由于数据采集的方法、方式不同，运算方法和实验者的经验不同，数据处理的结果差别较大。因此，要针对不同情况并通过回忆操作现场的情况进行分析处理，做出合理的评估，给出切合实际的结论。

　　1. 数据的排列

　　为了便于分析、计算，通常将原始测量数据按一定的顺序排列，譬如将原始数据按从小到大或按照时间顺序进行排列等。当数据量较大时，这种排序工作最好由计算机完成。

　　2. 坏值的剔除

　　在测量数据中，有时会出现偏差较大的测量值，这种数据被称为离群值。离群值可分为两类：一类是因为随机误差过大而超过了给定的误差界限，属于坏值，应予以剔除；另一类也是因为产生的随机误差较大，但未超过规定的误差界限，这类测量值属于极值，应予保留。

　　在很多情况下，仅凭直观判断通常难于对坏值、极值和正常分布的较大误差作出正确判别，这时可采用统计检验的方法，比如利用拉依塔准则或格布罗斯准则等，来判别测量数据中的异常数据。

　　3. 数据的补充

　　在测量数据的处理过程中，有时会遇到缺损的数据，或者需要知道测量范围内未测出的中间数值，这时可采用线性插值法、一元拉格朗日插值法和牛顿插值法等方法来补充这些数据。

三、测量数据的表示方法

　　测量数据经过有效数字修约、运算处理后，可能仍得不到实验规律或结果，因此必须对这些实验数据进行整理和分析。常用下面的几种方法。

（一）列表法

列表法以其形式紧凑、便于数据的比较和检验，成为实验数据最基本和最常用的表示方法。列表法的使用要点如下：

（1）首先对原始测量数据进行整理，作有关数值的计算，剔除坏值等。

（2）确定表格的具体格式，合理安排表格中的自变量数据和因变量数据。一般将能直接测量的物理量选作自变量。

（3）在表头处给出表的编号和名称，在表尾处对有关情况予以说明，例如数据来源等。

（4）数据要有序排列，如按照实验的时间顺序排列等。表中数据应以有效数字的形式表示。

（5）表中的各项物理量要给出其单位，如电压 U/V、电流 I/A、功率 P/W 等。

（6）书写要整洁，将测量数据每列的小数点对齐，数据空缺处记为斜杠"/"等。另外要注意检查记录数据有无笔误。

表 1-5 给出了一个实验数据列表的示例。

表 1-5　　　　　　　　　　　　　**一端口伏安特性实验数据**

给定值	负载电阻 R_L/Ω		∞	2000	1500	1000	500	300	100	0
测量值	U	读数/格								
		示值/V								
	I	读数/格								
		示值/V								

注　电压表量程为 0～150V，分格常数为 1V/格。电流表量程为 0～1A，分格常数为 10mA/格。

（二）绘图表示法

测量数据的绘图表示法的优点是直观、形象，能清晰地反映出变量间的函数关系和变化规律。测量结果的绘图表示法通常分三步：首先，选择适当的坐标系和各坐标的分度单位，即坐标上每一格所代表的数值大小；其次，把测量后已经处理规范的数据分别标在图面中；最后，做出拟合曲线。

绘图时应注意下面的几个问题。

（1）绘图前为避免差错，应先将原始测量数据列成表格备查。

（2）常用的作图坐标有直角坐标、半对数坐标、对数坐标和极坐标等。当自变量变化的范围不大时，可以采用直角坐标，如函数 $y=f(x)$，一般就以自变量 x 作为横坐标即可。当自变量变化的范围较大时，为了观察曲线的全貌，一般采用半对数坐标，如函数 $y=f(x)$，这时是以自变量 x 的常用对数 $\lg x$ 作为横坐标。例如，测量网络的频率特性，自变量频率的变化范围一般很宽，若采用直角坐标，则低频部分的频率特性将被压缩，不能真实地反映曲线变化的特点；若采用半对数坐标，则在很宽的频率范围内，也可以将网络的频率特性的特点清晰地表示出来。

（3）测量数据点的选择应根据曲线的具体形状而定。为了便于作图，通常各数据点应大体上沿曲线均匀分布，因而数据点沿 x 轴或 y 轴的坐标分布就不一定是均匀的，如图 1-7 所示。此外，在曲线的曲率较大的区域，测量点应适当加密一些，在曲率较小的区域则可稀疏一些。例如在极值点附近，测量点应更加密集，尽可能测出真正的极值点，如图 1-8 中曲线所示。

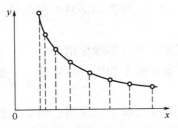

图 1-7　数据在坐标轴的非均匀分布

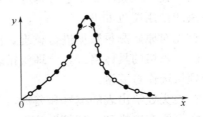

图 1-8　在极值点附近测量点应更加密集

（4）要合理恰当地选择坐标的分度单位及比例，一般应注意三点：

1）在直角坐标系中，普遍采用线性分度，分度单位的大小应与测量误差相一致。

例如某电压测量的绝对误差是 0.02V，绘图时电压坐标的最大分度值的选择不应超过 0.05V。表 1-6 是测得的某一元件伏安特性的数据，在选择坐标的分度值时，如果分度取得过大，例如将分度值取为 0.5V，在坐标上要读到 0.05V 就比较困难了。反之，若分度取值过小，则会"放大"原有的测量准确度。比如，若将最小分度值取为 0.001V，反而会造成电压测量的准确度高达 10^{-3}V 的错觉。由表 1-6 的数据所作图形如图 1-9 所示。

表 1-6　　　　　　　　　　　　测得的某元件伏安特性的数据

I/mA	0	0.5	1.0	1.5	2.0	2.5	3.0	3.3	3.5	3.7	4.0	4.5
U/V	0	0.22	0.43	0.60	0.76	0.89	0.98	0.99	0.97	0.93	0.85	0.67

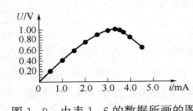

图 1-9　由表 1-6 的数据所画的图

2）横坐标和纵坐标的比例不一定要选取得相同，坐标的分度值也不一定都要从坐标原点"0"开始，而应根据具体问题适当选择，以方便读数、分析和使用为原则。在一组数据中，自变量和因变量均有最低值和最高值。可将低于最低值的某一整数作为起点，高于最高值的某一整数作为终点，以使所画的曲线占满坐标图面。

3）绘图时要将坐标轴的分度值明确地标记出来，这将有利于说明实验结果和方便使用。标记时，所用的有效数字的位数应与原始数据有效数字的位数相同。例如，原始数据为 3.38，则标记的分度值应为 3.30、3.40，而非 3.3、3.4。此外，各坐标轴必须标明所代表的物理量名称和单位。在图的下面，写明图的编号和所表示的内容。如果在一张图中画有两条（或两条以上）曲线时，一定要分别加以说明。

第五节　有效数字的计算规则和方法

在电路实验时，总是要对测量数据作记录和计算处理的，该用多少位数字来表示测量或计算结果是有一定规则的，这就涉及有效数字的表示及其运算规则问题。

一般认为，测量数据位取得越多，数据就会越准确，计算结果的准确度越高。在许多情况下，读取数据的位数过多，不但不能提高测量数据的准确度，反而使计算量大大增加；读取数据的位数过少，显然会增大误差。因此，需要掌握有效数字的运用。

一、有效数字的概念

在测量中读取测量数据时，除末位数字可疑欠准确外，其余各位数字都应是准确可靠的。末位数字是估计出来的，因而不准确。例如，用一块量程为 0～100V 的电压表测量电压时，指针指在 74V 和 75V 之间，可读数为 74.4V，其中数字 74 是准确可靠的，称为可靠数字，而最后一位 4 是估计出来的不可靠数字，称为欠准数字。准确数字加上欠准数字称为有效数字。对于 74.4 这个数，有效数字是三位。

由以上分析可见，测量数据最后一位数字必须是欠准数字。欠准数字为 0 时，也必须写出来。从测量数据的第一个非 0 数字到欠准数字的所有数字都是有效数字，有效数字的个数就是有效位数。通常说的某数有 n 位有效数字，指的就是有效位数为 n。

有效数字位数越多，测量准确度越高。上述的测量数据能够读成 74.40，就不应该记为74.4，否则降低了测量准确度。反过来，如果只能读作 74.4，就不应记为 74.40，实际上小数点后面第一位就是估计出来的欠准数字，因此第二位就没有意义了。

在读取和处理数据时，有效数字的位数要合理选择，使所取得的有效数字的位数与实际测量的准确度一致。

测量结果未标明测量误差时，一般认为其误差的绝对值不超过末位有效数字单位的1/2。例如，末位有效数字是个位，则包含的误差绝对值应不大于 0.5；末位数的有效数字是十位，则包含的误差绝对值应不大于 5。

二、有效数字的有效位数确定

1. 纯小数的有效数字及有效位数的确定

从纯小数左边第一个非 0 数字起到最右边那个数字都是有效数字，其个数就是纯小数的有效位数。例如，0.5、0.05、0.005 均有一位有效数字，即有效位数均为 1；而小数0.750、0.7500 则分别有三、四位有效数字。

2. 非纯小数的有效数字及有效位数的确定

从整数的最高位起到小数的最低位止，各位上的数字都是有效数字，整数位数与小数位数之和就是有效位数。例如，85.45、8.516、8.150 均有四位有效数字。

3. 右边含若干个 0 的整数的有效数字及有效位数的表示方法

在没有特别说明的情况下，各个数字均为有效数字，该整数的位数就等于有效位数。如果指明了有效位数，而有效位数又不等于原数的整数位数，就应采用科学记数法。科学记数法就是把数写成含一位整数的非纯小数乘以 10^n 的形式，此非纯小数的各个数字均为有效数字，有效数字的个数为有效位数。例如，将数 8500 分别表示成有效位数为 2、3、4、5 的数是 8.5×10^3、8.50×10^3、8.500×10^3、8.5000×10^3。

总结以上有效位数的确定原则，可以得出下面的结论：

（1）有效数字中，第一个不能是 0。

（2）有效位数确定后，小数右边有 0 时，不能随意删去 0，也不能在小数右边随便增添 0。

（3）右边含若干个 0 的整数可以用科学记数法表示为含不同有效位数的数。

三、有效数字的正确表示方法

（1）记录测量数值时，每一个测量数据都应保留一位欠准数字，即最后一位前的各位数字都必须是准确的。例如，电压表测得的电压是 42.3V，则该电压的读数是三位有效数字，前两位数字是准确的，最后一位数字 3 是欠准数字。

（2）应特别注意数字 0 的作用，数字 0 可能是有效数字，也可能不是有效数字。例如，0.0744kV 前面的两个 0 不是有效数字，因为它并未提供有关测量结果的任何信息，通过单位的换算可把它写成 74.4V，可见该电压值只有三位有效数字。又如，70.0 的有效数字是三位，后面的两个 0 都是有效数字。必须注意末位的 0 不能随意增减，它是由测量仪器的准确度来确定的。

一般有效数字定义为"从左边第一个非零的数字开始直到右边最后一个数字为止所包含的数字称为有效数字"。例如，105 这样的数字，中间的 0 自然是有效数字，因为它表示十位数字是零。还要注意的是，像 0.60A 这样的数字，最后一个 0 也是有效数字，它反映了测量结果的误差程度，表明包含的误差绝对值应不大于 0.005A，所以不能随意省去。若将 8.50A 改写成 8.5A，则后者包含的误差绝对值应不大于 0.05A，不经意中就使测量误差人为地扩大了 10 倍。

（3）大数值与小数值都要用幂的乘积的形式来表示。例如，测得某电阻的阻值为 15000Ω，若在百位数上就包含误差，即百位数是一个欠准数字时，它实际上只有 3 位有效数字，这时百位数上的 0 是有效数字，不能省去，但十位和个位数上的 0，虽然不是有效数字，可是它们都要用来表示数字的位数，也不能随意省去。为了区别上述数字中后面的 3 个 0，通常用有效数字乘上 10 的方幂的形式来表示。有效数字为三位时，则应记为 $15.0 \times 10^3 \Omega$ 或 $150 \times 10^2 \Omega$。不是数字的位数保留得越多越好，而是要按照有效数字的位数保留数字，这种处理数字的方式通常称为"修约"。

（4）在计算中，常数 π、e 等以及因子的有效数字的位数没有限制，可以认为它的有效数字的位数是无限多的，需要几位就取几位。例如，圆的直径 $D=2R$（R 为半径），其中 2 为常数，D 的有效数字的位数仅由 R 的有效数字的位数来确定。

（5）当有效数字位数确定以后，多余的位数应一律按四舍五入的规则舍去。

四、有效数字的修约规则

当有效位数确定后，可对有效位数右边的数字进行处理，即把多余位数上的数字全舍去，或舍去后再向有效位数的末位进一。这种处理方法叫作数的修约，它与传统的"四舍五入"方法略有不同。

如果取 N 位有效数字时，对超过 N 位的数字就都要进行修约。应用"四舍五入"规则，当第 $N+1$ 位数字大于 5 时，由于"只入不舍"，会产生较大的累计误差。因此，若要保留 N 位有效数字，对数字进行处理时，广泛采用如下的修约规则：

（1）若第 $N+1$ 位上的数字小于 5，则舍去，大于 5，则向第 N 位进 1。例如，若将 28.313 保留三位有效数字，为 28.3；将 84.1694 保留三位有效数字，为 84.2。

（2）若第 $N+1$ 位上的数字恰好为 5，而第 $N+1$ 位后面数字不全为零，则向第 N 位进 1。例如，将 13.45002 保留三位有效数字，为 13.5；将 8.05007 保留两位有效数字，为 8.1。

（3）若第 $N+1$ 位上的数字恰好为 5，而其后无数字或全部为 0，当第 N 位数字为奇数时，则向第 N 位数进 1，当第 N 位数字为偶数（包括 0）时，则舍去 5 不进位，即"奇进偶不进，N 位为偶数"。例如，将 25.25 保留三位有效数字，则为 25.2；将 25.15 保留三位有效数字，也是 25.2。

五、有效数字的运算规则

1. 加减运算

数据进行加减运算时，准确度最差的数就是小数点后面有效数字位数最少的。加减运算的规则与小数点的位置有关，其和的小数位数与标准数的小数位数相同。因此，若干个小数位数不同的有效位数相加时，以小数点后面有效数字位数最少的数据为准，把其余各数据的小数点后面的位数修约成比标准数的小数位数多一位小数，然后再进行运算。运算结果所保留的小数点后面的位数和准确度最差的数相等。

【例 1-10】　计算 $2.513+5.5214+1.02$。

解：因为 1.02 的小数位数最少，是 2 位小数；其余各加数取 3 位小数后再相加，其和再取 2 位小数。其运算过程为

$$原式 = 2.513 + 5.521 + 1.02 = 9.054 = 9.05$$

【例 1-11】　已知 $R_1 = 14.6\Omega$，$R_2 = 3.086\Omega$，$R_3 = 5.057\Omega$，求三个串联电阻的等效电阻 R。

解：首先对相加的各电阻值进行修约处理，把 R_2、R_3 的阻值修约到比小数点后位数最少的 R_1 的阻值多保留一位小数。因为 $R_1 = 14.6\Omega$，在小数点后只有一位数字，故将 R_2、R_3 分别修约为 $R_2 = 3.09\Omega$，$R_3 = 5.06\Omega$，进行加法运算得

$$R = R_1 + R_2 + R_3 = 14.6 + 3.09 + 5.06 = 22.75 \ (\Omega)$$

对于运算结果再进行修约，使其小数点后的位数与原各项中小数点位数最少的数相同。对于 22.75 这样的末位数字是 5 的数字，要特别注意其修约的规则是"奇进偶不进"，故 $R = 22.8\Omega$。

如果仅有两个数相加减，可以在运算前把小数点后位数多的数修约为与小数点后位数少的数相同即可。

【例 1-12】　已知 $I_1 = 16.05\text{mA}$，$I_2 = 14.5\text{mA}$，求 $I = I_1 + I_2$ 和 $I = I_1 - I_2$。

解：将 I_1 保留一位小数，即 $I_1 = 16.0\text{mA}$，则

$$I = I_1 + I_2 = 16.0 + 14.5 = 30.5 \ (\text{mA})$$
$$I = I_1 - I_2 = 16.0 - 14.5 = 1.5 \ (\text{mA})$$

可以看出，两个数中的有效数字最少为 3 位，而相减的结果却只有两位有效数字，致使测量准确度降低了。如若两个数字比较接近时，带来的相对误差将更大。因此在测量和计算中，尽量避免相近的两个数相减的情况。

2. 乘除运算

乘除运算时，各数及计算结果所保留的位数以百分误差最大或有效数字位数最少的项为准，不考虑小数点的位置。例如，0.12、1.057 和 23.41 三个数相乘，有效数字最少的是 0.12，则 $0.12 \times 1.1 \times 23 = 3.036$，其结果为 3.0。

3. 乘方及开方运算

乘方及开方运算的计算结果应比原始数据多保留一位有效数字。例如

$$(14.3)^3 = 2.924 \times 10^3, \quad \sqrt[3]{6.88} = 1.902, \quad \sqrt{0.5} = 0.71$$

4. 对数运算

取对数运算前后的有效数字位数应相等。例如

$$\lg 2.89 = 0.461, \quad \ln 203 = 5.31, \quad \ln 230 = 5.44$$

本　章　小　结

（1）从电工测量的结果分类，可分为直接测量法、间接测量法组合测量法；直接测量法

是指能直接得到被测量值的测量方法；间接测量法是指通过对与被测量成函数关系的其他量进行测量，取得被测量值的测量方法；组合测量法是指多个被测量，且它们与几个可直接或间接测量的物理量之间满足某种函数关系，通过联立求解函数关系式的方程组获得被测量的数值的方法。

（2）测量误差的来源有仪器误差、方法误差、理论误差、影响误差、人身误差五种。测量误差可表示为绝对误差、相对误差、引用误差和容许误差四种形式。测量误差一般按其性质分为系统误差、随机误差和疏失误差。上述三类误差在实际测量中，划分是人为的、有条件的，在不同的场合、不同的测量条件下，误差之间是可以互相转化的。

（3）系统误差的消除方法有下面三种：

1）从系统误差的来源上消除，是消除或减弱误差的最基本方法。

2）利用修正的方法是消除或减弱系统误差的常用方法。该方法就是测量前或测量过程中，求取某类系统误差的修正值，而在测量的数据处理过程中手动或自动地将测量读数或结果与修正值相加，就可从测量读数或结果中消除或减弱该类系统误差。

3）利用特殊的测量方法来消除，例如替代法、差值法、正负误差相消法等。

（4）有效数字的确定：所截取得到的近似数，其绝对误差（截取或舍入误差）的绝对值不超过近似数末位的半个单位，则该近似数从左边第一个非零数字到最末一位数字为止的全部数字，称为有效数字。

习　　　题

1-1　电工测量主要包括哪些内容？

1-2　什么叫真值？什么叫示值？什么叫标准值？

1-3　电工测量的基本方法有哪些？

1-4　试叙述测量误差的几种来源。

1-5　测量误差的表示方法有四种形式，分别说明这四种形式的定义。

1-6　利用替代法来消除测量误差，基本思想是什么？

1-7　试叙述利用正负误差相消法来消除测量误差的基本思想。

1-8　为什么要引入引用误差的概念？它与容许误差是什么样的关系？

1-9　指示仪表和标准量具的准确度等级是如何确定的？

1-10　若已知电阻的阻值 R，测得其通过的电流为 I，试求该电阻两端电压 U 的绝对误差和相对误差。

1-11　有一量程为 0～100V 的电压表，用标准电压表与之相比较，结果见表 1-7。试求该电压表的最大引用误差。

表 1-7　　　　　　　　　　　　测被校表最大引用误差的实验数据

被校表读数/V	0.0	20.0	40.0	60.0	80.0	100.0
标准表读数/V	0.0	19.0	40.5	58.0	79.0	101.0

1-12　某电流表的量程为 0～10mA，通过检测知其修正值为 −0.02mA。用该电流表测量某一电流，其示值为 6.78mA。试问被测电流的实际值和测量中存在的绝对误差各为多少？

1-13　某 1.0 级电压表，量程为 0～150V，当测量值分别为 $U_1=150V$，$U_2=100V$，$U_3=50V$ 时，试求这些测量值的绝对误差和示值相对误差。

1-14　系统误差的消除方法有哪些？分别说明这几类消除误差方法的基本内容。

1-15　试叙述数据舍入的规则。

1-16　数据舍入规则也被称为"四舍五入"，但与平时讲的四舍五入法有何区别？

1-17　什么叫有效数字？有效数字与准确度（或误差）有关吗？

1-18　将下列数值中的有效数字保留到小数后三位：928.3587，828.3540，728.7454，528.7359，105.3002。

1-19　假设测量数值分别为 4723.02958 和 7452.9750，已知测量误差为 0.05，试处理上述数字。

1-20　使用一只 0.2 级、量程为 0～10V 的电压表，测得某一电压为 5.0V。此时可能的误差为多少？分别用绝对误差和相对误差表示。

1-21　为测量稍低于 100V 的电压，现实验室中有 0.5 级 0～300V 和 1.0 级 0～100V 两只电压表，若使测量准确度高一些，你打算选用哪一只电压表？为什么？

1-22　用量程为 0～100mA、准确度为 0.5 级的电流表，分别测量 100mA 和 50mA 的两个电流。试求测量结果的最大相对误差各为多少？

1-23　检测 1 只 1.0 级电流表，其量程为 0～250mA，检测时发现在 200mA 处误差最大，为 -3mA。该电流表的此量程是否合格？

1-24　有一个量程为 0～100V 的 1.0 级电压表，用此表分别测量 10V 和 80V 电压时，可能产生的最大相对误差和绝对误差是多少？测量的结果将分别是多少？

1-25　欲测 90V 电压，用 0.5 级 0～300V 量程和用 1.0 级 0～100V 量程两种电压表测量，哪一个测量准确度更高一些？

1-26　若两个电阻并联，由其各自的准确度所决定的电阻的误差已知，试求并联后的相对误差和绝对误差。

1-27　若 $y = x_1^2 + x_2 x_3 - x_4 / x_3$，其中 $x_k (k=1, 2, 3, 4, 5)$ 可直接测量。试求 y 的相对误差和绝对误差。

1-28　将 34.485、2.0503、17.4425、8.05、5.15 分别修约为小数点后仅含一位数字的有效数字。

1-29　将 33345.85、8478.0、117.4、4050、550 分别化整为百位数的有效数字。

1-30　将下列测量值修约成含有 3 位数的有效数字：144500，0.0038282，22.71。

1-31　以下数值是用有效位数为 2 位的仪表测量得到的，其中哪些值的写法是正确的？并将写错的值改正。

82000Ω，3.3mA，0.04kV，0.007A，43.5V，0.0337W。

1-32　计算以下各式：11.785+0.02+0.634627，23×7654×801，lg7.86，3.38³，$\sqrt{456.7}$，ln18。

1-33　计算 12.34×2.45+48.5+1.24 的值。

第二章　电路实验仪表基础知识

本章主要介绍电路实验常用测量仪表的工作原理和使用方法，使用时可根据测量的需要合理选用仪表和仪器设备。

第一节　电测量指示仪表

用来测量电流、电压、相位、功率、电阻、电感和电容等电量的电工仪表，称为电测量仪表。电测量仪表不仅能测量各种电参量，它与各种变换器相结合，还可以用来测量非电量，例如与传感器结合可以测量压力、温度、速度和位移等。由于这类仪表具有制造简单、成本低廉、稳定性和可靠性高及使用维修方便等优点，所以被广泛应用于科学技术和工业过程的测量和监控中。因此，几乎所有科学和技术领域中都要应用各种不同的电测量仪表。

一、电测量仪表的分类

电测量仪表的种类很多，按所用测量方法的不同，以及结构、用途等方面的特性，通常分为以下几类。

1. 指示仪表

这类仪表的特点是把被测量转换为仪表可动部分的机械偏转角，然后通过指示器直接表示出被测量的大小。因此，指示仪表又称为电气机械式或直读式仪表。

电测量指示仪表的种类很多，分类的方法也很多，主要的分类方法如下：

（1）根据指示仪表测量机构的结构和工作原理，分为磁电式仪表、电磁式仪表、电动式仪表、静电式仪表、感应式仪表和整流式仪表等。

（2）根据被测对象的名称，分为电流表、电压表、功率表、电能表、相位表、频率计、欧姆表、磁通表以及具有多种功能的万用表等。

（3）根据仪表所测的电流种类，分为直流仪表、交流仪表和交直流两用表。

（4）按使用方法分为柜式仪表和便携式仪表。柜式仪表通常固定安装在开关柜上的某一位置，一般误差较大，适用于工业测量和发电厂、变电站的运行监视等。便携式仪表是可以携带和移动的仪表，误差较小，价格较高，广泛用于电气试验、精密测量及仪表检测中。

（5）按准确度等级分类，如机电式直读仪表的准确度分为 0.1、0.2、0.5、1.0、1.5、2.5、5.0 七个等级；数字式仪器仪表的准确度是按显示位数划分的；而电子仪器的准确度是按灵敏度来划分的。

此外，电测量指示仪表还可以按仪表对外电磁场的防御能力分为 Ⅰ、Ⅱ、Ⅲ、Ⅳ 四级；按仪表的使用场合条件分为 A、B、C 三组。

2. 比较仪表

这类仪表用于比较法测量中，包括直流比较仪表和交流比较仪表两种。属于直流仪表的有直流电桥、电位差计、标准电阻器和标准电池等；属于交流仪表的有交流电桥、标准电感器和标准电容器等。

3. 数字仪表和巡回检测装置

数字仪表是一种以逻辑控制实现自动测量，并以数码形式直接显示测量结果的仪表，如数字频率表、数字电压表等。数字仪表加上选测控制系统就构成了巡回检测装置，可以实现对多种对象的远距离测量。这类仪表在近年来得到了迅速的发展和应用。

4. 记录仪表和示波器

记录被测量对象随时间而变化情况的仪表，称为记录仪表。发电厂中常用的自动记录电压表和频率表以及自动记录功率表都属于这类仪表。

当被测量变化很快，来不及笔录时，常用示波器来观测。电工仪表中的电磁示波器和电子示波器不同，它是通过振动子在电量作用下的振动，经过特殊的光学系统来显示波形的。

5. 扩大量程装置和变换器

用以实现同一电量大小的变换，并能扩大仪表量程的装置，称为扩大量程装置，如分流器、附加电阻器、电流互感器、电压互感器等。用来实现不同电量之间的变换或将非电量转换为电量的装置，称为变换器。在各种非电量的电测量中，以及近年来发展的变换器式仪表中，变换器是必不可少的。

二、电测量指示仪表的组成

无论哪一类电测量指示仪表，它们的主要作用都是将被测电量转换成仪表的可动部分的偏转角位移。为了实现这一目的，通常它们都是由测量线路和测量机构两个基本部分组成，其结构框图如图 2-1 所示。

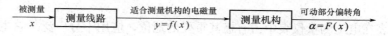

图 2-1　机电式直读仪表的基本结构

测量线路的作用是将被测量 x 转换成适合测量机构直接测量的电磁量 y，该电磁量作用在仪表的测量机构（即表头）上，使其转变成仪表的偏转角位移 α。测量机构是仪表的核心部分，它由固定和可动两大部分组成。固定部分通常包含有磁路系统或固定线圈、标度盘及轴承支架等；可动部分包含有可动线圈或可动铁片、指示器以及阻尼器等。可动部分与转轴相连，通过轴尖被支撑在轴承里，或利用张丝、悬丝作为支撑部件。仪表在被测量的作用下，可动部分的相应偏转就反映了被测量的大小。

三、仪表误差及其表达方式

根据误差产生的原因，仪表误差可分为两类。

1. 基本误差

仪表在规定温度、压力、放置方式等正常条件下使用时，由于结构和工艺等原因而产生的误差称为基本误差；基本误差是仪表本身固有的。

2. 附加误差

仪表偏离正常使用条件，如温度、湿度、波形、频率、放置方式及周围杂散电磁场等超出仪表允许的范围，这些均属于外界因素的影响，使仪表产生附加误差。

根据电工测量仪表基本误差的不同情况，国家标准规定了仪表的准确度等级 K，分为 0.1、0.2、0.5、1.0、1.5、2.5、5.0 七级。如果仪表为 K 级，说明该仪表的最大引用误差不超过 $K\%$，而不能认为它在各刻度点上的示值误差都具有 $K\%$ 的准确度。

假设某仪表的满刻度值为 x_m，测量点 x，则该仪表在 x 点邻近处的示值误差和相对误差为

$$\begin{cases} \Delta x_m = \pm x_m K\% \\ \gamma = \pm \dfrac{x_m}{x} K\% \end{cases}$$

一般 x 小于 x_m，故 x 越接近 x_m，其测量准确度越高。

例如，用满量程为 150V 的 0.5 级电压表测量 150V 时，测量误差（相对误差）为

$$\gamma_1 = \pm \frac{150}{150} \times 0.5\% = \pm 0.5\%$$

用它测量 110V 时，为

$$\gamma_1 = \pm \frac{150}{110} \times 0.5\% \approx \pm 0.7\%$$

用它测量 40V 时，为

$$\gamma_1 = \pm \frac{150}{40} \times 0.5\% \approx \pm 1.9\%$$

该算例验证了上述结论，为充分利用仪表测量的准确度，被测量的值应大于其测量仪表量程上限值的 2/3。

第二节 磁电式仪表

磁电式仪表在电工测量仪表中占有极其重要的地位，应用十分广泛。它主要用来测量直流电压和电流。若附加上整流器，则可测量交流电压和电流；若采用特殊结构，还可以制成检流计，用来测量可达到 10^{-10} A 的极其微小电流。因此，磁电式仪表具有灵敏度高、准确度高、刻度均匀、消耗功率小、应用广泛等优点。

一、结构和工作原理

磁电式仪表是由磁电式测量机构和分流或分压等测量变换器组成，其核心部分是测量机构（即表头）。这种机构动作是依据永久磁场对载流导体的作用力而工作的，其基本结构如图 2-2 所示。

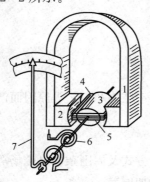

图 2-2 磁电式仪表的测量机构
1—永久磁铁；2—极掌；3—铁心；
4—铝框；5—可动线圈；
6—游丝；7—指针

磁电式仪表主要由永久磁铁 1、极掌 2、铁心 3、铝框 4、可动线圈 5、游丝 6 和指针 7 等组成。铁心是圆柱形的，它可在极掌与铁心之间的气隙中产生一个均匀磁场。可动线圈绕在铝框上，其两端各连接一个半轴，半轴轴尖支撑在轴承里，可以自由转动，指针被固定在半轴上。可动线圈上装有两个游丝，用来产生反作用力矩，同时还用作可动线圈电流的引线。铝框的作用是用来产生阻尼力矩。这一力矩的方向总是与可动线圈转动的方向相反，能够阻止可动线圈来回摆动，使与其相连的指针迅速地静止在某一位置上。但这种阻尼力矩只有可动线圈转动才产生，线圈静止时它也随之消失了，所以它对测量结果并无影响。

当可动线圈中通入电流 I 时，可动线圈与磁场方向垂直

的各边导线都会受到电磁力的作用，其一边受力的大小为

$$F = NBlI$$

式中：N 为可动线圈的匝数；B 为空气气隙中磁场的磁感应强度；l 为可动线圈与磁场方向垂直边的长度；I 为流过可动线圈的电流。

当可动线圈中有电流通过时，电流与气隙中磁场相互作用，产生了转动力矩 M，其转矩大小为

$$M = 2F\frac{b}{2} = Fb = NBlIb \qquad (2-1)$$

式中：b 为可动线圈的宽度，$lb = S$ 近似等于可动线圈的面积。

因为在永久磁铁的磁场中磁感应强度 B 和 N 是常数，所以转动力矩 M 与可动线圈中流过的电流 I 成正比。

对于仪表，由于 N、B、l、b 均已固定，故令 $NBlb = K_1$，所以有

$$M = K_1 I \qquad (2-2)$$

在这个转动力矩作用下，可动线圈将绕轴按一定的方向旋转，同时迫使与可动线圈固定在一起的游丝发生旋紧或放松游丝，发生变形而产生阻止可动线圈转动的阻转矩 M_a。设 M 与 M_a 平衡时指针的偏转角为 α，则游丝产生的阻转矩为

$$M_a = D\alpha \qquad (2-3)$$

式中：D 为游丝的弹性系数。

当转动力矩 M 与阻转矩 M_a 大小相等时，由式（2-1）和式（2-3）可得偏转角为

$$\alpha = \frac{NBS}{D}I = S_1 I \qquad (2-4)$$

式中：S_1 称为磁电式测量机构对电流的灵敏度，显然 S_1 是常数。

从式（2-4）可以看出仪表的可动线圈偏转角 α 与流经线圈的电流 I 成正比，因此，磁电式仪表的标尺刻度是均匀的。

二、技术特性及应用

磁电式仪表的特性：

（1）因为表头结构中的固定部分是永久磁铁，磁性很强，故抗磁性干扰能力强，并且线圈中流过很小电流便可偏转，所以灵敏度高。此结构可制成高准确度仪表，如 0.1 级。

（2）消耗功率小，应用时对被测电路的影响很小。

（3）刻度均匀。

（4）因游丝、可动线圈的导线很细，所以过载能力不强，容易损坏。

（5）只能测直流。

磁电式测量机构是直流系统中最广泛使用的一种表头。由于线圈、游丝等载流容量的限制，多数表头是微安或毫安级的。为了测量较大的电流，可以在线圈两端并联分流电阻。若测量较高的电压时，也可串联分压电阻。

磁电式表头不仅可以测量直流电流、电压，还可以测量电阻，加上整流元件后可以测量正弦交流电压及交流电流，也就是说，表头加上附件后可构成三用表。

图 2-3 所示的是用分流电阻来扩大电流量程的接线图；图 2-4 为构成多量程电流表的分流电阻的接线图，其中（a）为多量程开式分流器，（b）为多量程闭式分流器。两种分流

电路各有其优缺点。图2-5为构成多量程电压表的分压电阻的接线图。

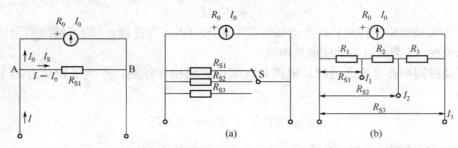

图2-3　用分流电阻扩大　　　图2-4　构成多量程电流表的分流电阻的接线方式
　　　电流量程的接线图　　　　　　（a）开式分流器；（b）闭式分流器

电阻表可作为磁电式表头应用于测电阻的另一典型实例。利用一个给定电动势的辅助电源和一个磁电式表头，根据欧姆定律就可构成测量电阻的电阻表。图2-6为电阻表的原理接线图。

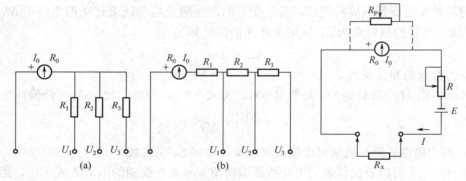

图2-5　构成多量程电压表的分压电阻的接线图　　　图2-6　电阻表的原理接线图
　　（a）并接分压电阻；（b）串接分压电阻

第三节　电磁式仪表

测量交流电流和电压最常用的是电磁式仪表，它的测量机构主要有吸引型和推斥型两种。

一、结构与工作原理

电磁式仪表的测量机构利用一个或几个载流线圈的磁场对一个或几个铁磁元件作用，吸引型和推斥型两种形式的结构原理都是利用磁化后的铁片被吸引或推斥而产生转动力矩的。

推斥型电磁式仪表的结构如图2-7所示。它由固定线圈1、线圈内壁的固定铁片2、可动铁片3、磁屏蔽4、阻尼片5以及游丝、指针、平衡锤等构成。

固定部分为一线圈，在线圈内壁有固定铁片。可动部分为固定在转轴上的可动铁片。当被测电流流入线圈

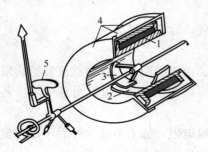

图2-7　电磁式测量机构
1—固定线圈；2—线圈内壁的固定铁片；
3—可动铁片；4—磁屏蔽；5—阻尼片

时，线圈中形成磁场，使固定铁片和可动铁片同时磁化，且两铁片的同侧是同性的，因而相互排斥，产生了转动力矩 M。当固定线圈的电流方向改变时，两铁片的磁化方向也同时改变，两铁片之间仍然是相互排斥的。可见，测量机构的可动部分的转动方向与固定线圈中电流方向无关，因此，电磁式测量机构既可测交流，也可测直流。

电磁式测量机构的工作原理是基于载流线圈的电磁能量，当电流 i 流过线圈时，其磁场能量与电流的平方成正比；当铁片没有饱和时，两铁片之间排斥力的大小也和线圈内的磁场成正比。因此，可动部分产生的瞬时转动力矩 m 与线圈内的瞬时电流 i 的平方成正比，即

$$m = ki^2 \tag{2-5}$$

由于转动部分有很大的转动惯性，其指针偏转来不及跟随瞬时转动力矩的变化，而是按转动力矩在一个周期内的平均值的平均转矩转动，平均转矩为

$$M = \frac{1}{T}\int_0^T m\mathrm{d}t = \frac{1}{T}\int_0^T ki^2\mathrm{d}t = \frac{k}{T}\int_0^T i^2\mathrm{d}t = kI^2 \tag{2-6}$$

式（2-6）表明平均转矩 M 与电流 i 的有效值 I 的平方成正比。又由于电磁式测量机构的阻转矩 M_a 是由游丝产生的，它与转动部分的偏转角 α 成正比，即

$$M_a = D\alpha \tag{2-7}$$

式中：D 为游丝的弹性系数。

当转动部分达到平衡时，即力矩平衡 $M = M_a$，指针停止转动时，偏转角 α 为

$$\alpha = \frac{k}{D}I^2 = K_a I^2 \tag{2-8}$$

式中：K_a 为与仪表结构有关的系数。

当 K_a 是常数时，偏转角 α 与电流 I^2 成正比，可见这种仪表的刻度将是很不均匀的。为了改善仪表的刻度特性，使 K_a 随 α 的增加而减少，从而使刻度尽量均匀。但是，这也只能使仪表刻度的后半段接近均匀。

二、技术特性及应用

（一）电磁式仪表的特性

（1）偏转角 α 与被测电流的有效值平方成正比，因而仪表的刻度是不均匀的。

（2）电磁式仪表既可测交流，也可测直流，常作为交直流两用表。这种仪表结构简单，成本低，应用较广。

（3）被测电流直接通入线圈，不经游丝或弹簧，所以过载能力较强。

（4）电磁式仪表的灵敏度不高，因为固定线圈必须通过足够大的电流时，所产生的磁场才能使铁片偏转，仪表本身的功率损耗也较大。

（5）由于采用了铁磁元件，受元件的磁滞、涡流的影响，频率误差较大。

（二）仪表的应用

与直流电压表的形成相同，电磁式电压表在电磁式测量机构上串接附加电阻构成。

电磁式测量机构可以直接制成电流表，将固定线圈直接串联在被测电路中，常用来测量交流电流。电磁式电流表多为双量程的，但不采用分流器，而是用两组规格和参数均相同的线圈（匝数分别为 N_1 和 N_2）串联或并联来改变量程，接线如图 2-8 所示。电流线圈可以用粗导线绕成，所以过载能力较强。

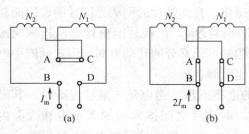

图 2-8　电磁式电流表改变量程的接线图
(a) 两线圈串联；(b) 两线圈并联

例如，双量程 0~1A 的电流表有四个接线柱如图 2-8 所示。当连接片把 A 与 C 连接在一起时，如图 2-8 (a) 所示，这时两线圈串联，此时流过表头的电流为 1 A；当连接片如图 2-8 (b) 所示连接使两线圈并联时，流过表头的电流量程上限值则扩大为 2 A。

有的电流表量程不是靠连接片来改变，而是通过面板上的量程插销及插头位置来改变线圈的串并联来实现的。

第四节　电动式仪表

电动式仪表准确度高，可以交、直流两用，用来测量功率、相位角、频率等，是应用广泛的一种仪表。

一、电动式仪表的测量机构与工作原理

电动式仪表的测量机构主要是利用两个载流线圈间有电动力作用的原理制成的，其仪表的测量机构如图 2-9 (a) 所示。

电动式仪表主要由固定线圈 1 和可动线圈 2 组成。固定线圈由粗导线绕成，用于产生磁场；可动线圈由细导线绕成，在电动力的作用下，可在固定线圈内绕转轴自由转动。可动线圈、指针、游丝、阻尼片均固定在可以转动的轴上。

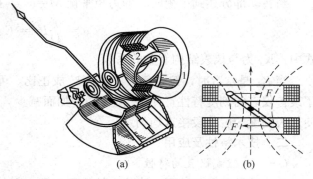

图 2-9　电动式仪表测量结构及作用原理
(a) 仪表的测量机构；(b) 仪表的作用原理
1—固定线圈；2—可动线圈

(一) 直流的情况

电动式仪表的工作原理如图 2-9 (b) 所示。当直流电流 I_1 流过固定线圈，直流电流 I_2 流过可动线圈时，则电流 I_1 在固定线圈间将产生磁场，可动线圈中的电流 I_2 受到磁场的作用力，形成转动力矩 M，它与两个线圈中的电流乘积成正比，即

$$M = kI_1I_2 \qquad (2-9)$$

当转动力矩 M 与游丝的反作用力矩 M_a 大小相等时，仪表的可动部分就停止在平衡位置上，这时有

$$M = M_a = D\alpha \qquad (2-10)$$

偏转角为

$$\alpha = \frac{k}{D}I_1I_2 \qquad (2-11)$$

当直流电流反方向流动时，I_1、I_2 也同时反向，转动力矩 M 的方向不变。所以，电动

系机构既可以测量直流，又可以测量交流。

（二）正弦交流的情况

当固定线圈中的电流为 i_1，可动线圈中的电流为 i_2，且两电流的瞬时表达式为

$$\begin{cases} i_1 = I_1\sqrt{2}\cos\omega t \\ i_2 = I_2\sqrt{2}\cos(\omega t + \varphi) \end{cases}$$

瞬时转矩为

$$m = ki_1 i_2 = 2kI_1 I_2\cos\omega t\cos(\omega t + \varphi) \tag{2-12}$$

瞬时转矩是随时间而变化的。由于可动部分具有很大的转动惯量，其偏转跟不上瞬时转矩的变化，因此按平均转矩转动，平均转矩 M 为

$$M = \frac{1}{T}\int_0^T m\,dt = \frac{1}{T}\int_0^T [2kI_1 I_2\cos\omega t\cos(\omega t + \varphi)]dt = kI_1 I_2\cos\varphi \tag{2-13}$$

式中：I_1、I_2 分别为固定线圈与可动线圈中电流的有效值。

在平均转矩 M 的作用下，可动部分的偏转使游丝扭紧，产生反作用力矩，形成阻转矩 M_a。同样，M_a 与偏转角 α 成正比。当平均转矩 M 与反作用力矩 M_a 平衡时，指针停止转动，即

$$M = M_a = D\alpha$$

偏转角为

$$\alpha = \frac{k}{D}I_1 I_2\cos\varphi \tag{2-14}$$

可见，电动式测量机构的偏转角 α 不仅与通过固定线圈和可动线圈中的电流有效值成正比，而且与两电流间相位差的余弦成正比。

电动式仪表可制成交直流的电流表、电压表和功率表。电流表、电压表主要作为交流标准表（0.2 级以上）使用，而电动式功率表则应用得极为普遍。

（三）电动式功率表

电动式功率表又称瓦特计，图 2-10 是电动式功率表测量负载功率时的接线。虚线框内表示瓦特计，其中，水平波折线表示固定线圈，垂直波折线表示可动线圈。显然，固定线圈与负载串联，负载电流全部通过固定线圈，所以又把它称为电流线圈。可动线圈与附加电阻 R 串联后与负载并联，共同承受整个负载电压，所以可动线圈又称为电压线圈。

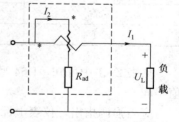

图 2-10 电动式功率表的测量接线

1. 直流的情况

固定线圈中的电流 I_1 就是负载电流 I_L，可动线圈中的电流 I_2 是负载电压 U_L 在可动线圈与附加电阻 R_{ad} 串联支路中产生的电流。设该支路的等效电阻为 R_2，则有

$$I_2 = U_L/R_2$$

由式（2-11），偏转角 α 为

$$\alpha = \frac{k}{D}I_1 I_2 = \frac{k}{DR_2}U_L I_L \tag{2-15}$$

即偏转角 α 与负载吸收的功率 $P_L = U_L I_L$ 成正比。

2. 正弦交流的情况

固定线圈中的电流有效值 I_1 就是负载电流有效值 I_L,可动线圈中的电流有效值 I_2 等于负载电压有效值 U_L 在可动线圈与附加电阻 R_{ad} 串联支路中产生的电流的有效值。设该支路的等效阻抗为 Z_2,Z_2 包括可动线圈与附加电阻 R_{ad} 串联支路中的等效电阻 R_2 和感抗 X_2 两部分。又 $|X_2|$ 与 R_2 相比实际是很小的,所以 $|Z_2| \approx R_2$,故有

$$I_2 = U_L / R_2$$

即 i_2 与 u_L 同相位。i_2 和 i_1 之间的相位差就等于 u_L 与 i_L 之间的相位差。

由式(2-14)可知,偏转角为

$$\alpha = \frac{k}{D} I_1 I_2 \cos\varphi = \frac{k}{D R_2} U_L I_L \cos\varphi \qquad (2\text{-}16)$$

即偏转角 α 与负载吸收的功率 $P_L = U_L I_L \cos\varphi$ 成正比。

（四）低功率因数功率表

普通功率表是按额定电压 U_N、额定电流 I_N 的量程和额定功率因数 $\cos\varphi_N = 1$ 的情况下设计刻度的。如果用普通功率表来测量低功率因数负载的交流功率时,只要 $\cos\varphi$ 很小,则即使负载的电压、电流都很大,相应的功率也很小,指针的偏转角也就很小,不便读数。因此,需要一种低功率因数功率表。

低功率因数功率表的测量接线和使用与普通功率表相同,但是,它是在额定电压 U_N、额定电流 I_N 的量程和额定功率因数 $\cos\varphi_N$ 的情况下设计刻度的,当被测电功率 $P = U_N I_N \cos\varphi_N$ 时,仪表指针将满刻度偏转,因此低功率因数功率表的分格常数 C_P 为

$$C_P = \frac{U_N I_N \cos\varphi_N}{\alpha_m} \quad (\text{W/ 格}) \qquad (2\text{-}17)$$

式中:α_m 表示功率表刻度尺的满刻度格数;$\cos\varphi_N$ 是低功率因数功率表的额定功率因数,它的数值在仪表的表盘上标明,例如 D64 型单相功率表的 $\cos\varphi_N = 0.2$。

表 2-1   D64 型单相功率表分格常数

电压量程/V 电流量程/A	0～75	0～150	0～300	0～450
0～0.5	0.05	0.1	0.2	0.3
0～1	0.1	0.2	0.4	0.6

从表 2-1 中可知,D64 型单相功率表对于不同的电压、电流量程,其分格常数 C_P 的数值不同。

应当强调指出,仪表上标明的额定功率因数 $\cos\varphi_N$ 并非被测负载的功率因数,而是制造该仪表的一个参数,即在该表设计刻度时,在额定电流、额定电压下使指针满刻度时的功率因数。

二、技术特性及应用

交直流两用是电动式仪表的优点,同时由于没有铁心,因而可以制成灵敏度和准确度均较高的仪表,它的准确度可达 0.1 级。电动式仪表的缺点是本身磁场弱,转矩小,易受外磁场影响,同时由于可动线圈和游丝截面都很小,过载能力较差。

（一）功率表的选择和使用

功率表一般为多量程的,通常有两个电流量程、多个电压量程。两个电流量程分别用两

个固定线圈串联或并联来实现,如果两个线圈串联时电流为 0.5A,并联就是 1A。两个固定线圈的四个端子,都安装在表的外壳上。改变电流线圈的量程就是选择两个固定线圈是串联还是并联连接。改变电压量程是通过在可动线圈上串联不同阻值的附加电阻来实现的,电压量程的公共端钮标有符号"*"。

1. 功率表量程的选择

功率表的量程是由电流量程和电压量程来决定的。如某一功率表的电流量程上限值为 0.5、1A,电压量程上限值为 150、300、600V,若被测交流负载的电压有效值是 220V,电流有效值为 0.4A,则应选功率表的电压量程上限值为 300V,电流量程上限值为 0.5A,功率的量程上限值等于电压量程上限值与电流量程上限值的乘积 300×0.5=150W,即功率表指针满刻度偏转时读数为 150W。在实际测量时,为保护功率表,一般要接入电压表和电流表,以监视电压和电流不超过功率表的电压和电流的量程上限值。

2. 功率表的测量接线

功率表的内部有两个独立支路,一个是电流支路,另一个是电压支路。当功率表接入电路时,必须使固定线圈和可动线圈中的电流遵循一定的方向,才能使功率表的指针往正方向偏转。为了使接线不发生错误,通常在电流支路和电压支路的一个端点上各标有同名端"*"的特殊标记。

因为电流线圈是串联接入电路的,其"*"号端和电源端连接,非"*"号端要接到负载端。对于电压线圈,其"*"号端可以接到电流线圈的任一端,非"*"号端必须跨接到负载的另一端,如图 2-11 所示。

图 2-11(a)为功率表电压线圈的同名端向前接到电流线圈的同名端,这种接线方法称为"前接法"。采用前接法时,电流线圈的电流与负载电流相等,电压线圈的电压包括电流线圈的电压和负载的电压,功率表的读数包含了电流线圈消耗的有功功率。

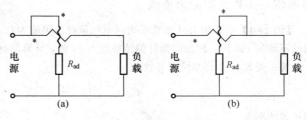

图 2-11 功率表的测量接线
(a)前接法;(b)后接法

图 2-11(b)则为功率表电压线圈的同名端向后接到电流线圈的非同名端上,这种接线方法称为"后接法"。采用后接法时,电压线圈的电压与负载端电压相等,电流线圈中的电流包括电压线圈的电流和负载的电流,功率表的读数包括电压线圈损耗的有功功率。

(二) 功率表测量接线引起的误差计算

实际测量时究竟采用哪种接法,应该根据功率表参数和负载电阻的大小来选择。基本原则是:功率表本身消耗的功率要尽量小,以减小仪表消耗对测量结果的影响;此外,应尽量使功率表消耗的功率在测量结果中可以修正,即可以在功率表的读数中减去功率表消耗的功率。

如果被测负载的电流总是变化的,而负载两端的电压 U 不变,应该采用后接法。这时电压线圈引起的功率测量误差 ΔP_V 可以计算出来,设电压线圈支路的等效电阻为 R_2,有

$$\Delta P_V = U^2 / R_2$$

显然，ΔP_V 是个常量，从每次功率读数中减去固定数 ΔP_V 就是负载吸收的功率。

反之，如果被测负载两端的电压总是变化的，而负载的电流 I 不变，应该采用前接法，此时电流线圈引起的功率测量误差 ΔP_A，用类似的方法也可以计算出来。

如果电压、电流都在变化，哪种接法引起的误差小，就用哪种接法。

（三）功率表的读数

功率表的刻度尺只标出分格数（如 150 个分格等）而不标出功率数值，这是因为在选用不同的电流量程和电压量程时，每分格代表的功率数值是不同的。每分格代表的功率数值称为功率表的分格常数。一般功率表都会附有表格说明，标明了功率表在不同电流、电压量程上的分格常数，供使用时查用。

功率表所测量的功率数值等于指针所指的分格数（刻度）乘以仪表的分格常数 C_P，即：实际功率数值＝C_P×指针刻度。普通功率表又称高功率因数功率表，因其 $\cos\varphi_N = 1$，功率表分格常数为

$$C_P = \frac{U_N I_N}{\alpha_m} \quad (\text{W/ 格})$$

式中：U_N 为功率表选用的电压量程上限值；I_N 为功率表选用的电流量程上限值；α_m 为仪表满偏格数。

功率表在正确接线时，如 φ 角大于 90°时，功率表的指针会反偏转，这表示功率本身是负值，负载不是吸收功率而是发出功率。这时只要把电流线圈两个端子交换一下就可以了，但读数应记为负值。如果功率表面板上装有倒向开关，只要改变一下倒向开关，指针也会正向偏转，读数也要记为负值。

【例 2 - 1】   选用 D64 型功率表的电压量程上限值为 $U_N = 150$V，电流量程上限值为 $I_N = 1$A，该表的满偏格数为 150 格，测量时指针偏转格数为 80 格，计算测得的负载功率是多少？

解：查表 2 - 1 得知仪表常数

$$C_P = \frac{U_N I_N \cos\varphi}{\alpha_m} = \frac{150 \times 1 \times 0.2}{150} = 0.2$$

则负载功率为

$$P = 0.2 \times 80 = 16(\text{W})$$

第五节 万 用 表

万用表是一种最常用的测量仪表，主要以测量交、直流电压、电流和电阻数值为主，有些万用表还可以测量电容及晶体管的直流电流放大倍数等。

万用表的种类很多，根据测量结果显示方式的不同，可分为模拟式（指针式）和数字式两大类，其结构特点是模拟式用表头、数字式用液晶显示器来指示读数，用转换器件、转换开关来实现各种不同测量目的的转换。

一、模拟式万用表

模拟式万用表主要由表头、转换装置和测量电路三部分组成。表头一般都采用灵敏度高的磁电式微安表。表头本身的准确度较高，一般都在 0.5 级以上。转换装置是用来选择测量项目和量程的，主要由转换开关、接线柱、旋钮、插孔等组成；测量电路是万用表的重要部分，有了它才使万用表成为多量程电流表、电压表和电阻表的组合体。测量电路主要由电

阻、电容、转换开关和表头等部件组成。在测量交流电量的电路中，使用了整流器件，将交流电变换成为脉动直流电，从而实现对交流电量的测量。

（一）工作原理

实用的万用表虽然结构各式各样，但它的基本原理是一样的，这里以目前使用最多的模拟式万用表为例介绍各种测量电路。

1. 测量直流电流的电路

万用表测量直流电流的电路实际上是一种多量程的直流电流表，其分流电阻用转换开关来改变。电路接法一般有两种形式：一种是开路置换式，如图 2-12 所示；另一种是闭路抽头式，如图 2-13 所示。前者换线方便，但转换开关接触不良时，容易烧毁表头，因此实际中采用后者较多。

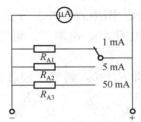 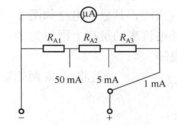

图 2-12　开路置换式电路　　　图 2-13　闭路抽头式电路

2. 测量直流电压的电路

万用表测量直流电压的电路是一种多量程的直流电压表。多量程电压表的倍率用转换开关来实现。电路接法有两种形式：一种是单个式倍率器，如图 2-14 所示；另一种是叠加式倍率器，如图 2-15 所示。

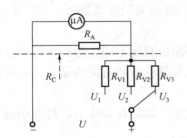 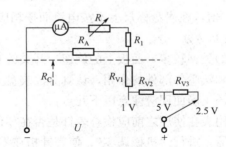

图 2-14　单个式倍率器　　　图 2-15　叠加式倍率器

3. 测量交流电压的电路

测量交流电压的电路是一种整流式电压表。它是磁电式仪表和整流器的组合。整流器的作用是将交流变为直流。整流电路有半波整流和全波整流两种，分别如图 2-16 和图 2-17 所示。由于流过仪表的直流是脉动的直流，故其所产生的转矩大小也是随时间变化的。由于仪表指针有惯性，它不能及时随电流及其产生的转矩而变化，因而指针的偏转角 α 将正比于转矩或整流电流在一个周期内的平均值，即 $\alpha \propto M$，$\alpha \propto I$。

实际上交流量的大小都用其有效值来表示，故仪表的标尺只能按有效值刻度，而不能按其平均值来刻度。整流式仪表的标尺是按正弦量有效值刻度的，其读数就是正弦量的有效值，因而它只能用来测量正弦交流电。若用它来测量非正弦交流电，则会产生很大的误差。

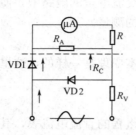

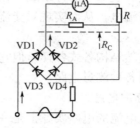

图 2-16　半波整流电路　　　　　　图 2-17　全波整流电路

4. 测量电阻的电路

万用表测量电阻的电路构成一个串联式电阻表。它由磁电测量机构根据欧姆定律的原理配以适当的电路构成的，其原理电路如图 2-18 所示。图中表头并联分流电阻 R_p 后即相当一个电流表，设此电流表的量程上限值为 I_0，被测电阻 R_x、电源 E、可变电阻 R 同电流表组成闭合的串联电路。

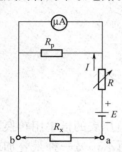

图 2-18　电阻表原理

若将 a、b 两端短接，即 $R_x = 0$，调节 R 使表针指示满偏转，即

$$I_0 = \frac{E}{R + R_{eq}}, \quad R_{eq} = \frac{R_p R_0}{R_p + R_0}$$

式中：R_{eq} 为电流表的等效电阻；R_0 为电流表内阻。

若在 a、b 间接入被测电阻 R_x，设此时电流表指示为 I，则电流 I 为

$$I = \frac{E}{R_x + R + R_{eq}}$$

式中，当 E、R、R_{eq} 一定时，电流 I 仅与 R_x 有关，可以根据 I 的大小决定 R_x 之值，在表盘标尺上不按电流而按相应的电阻值刻度读数时，变成了电阻表。

（二）使用方法

万用表的类型较多，面板上的旋钮、开关的布局也有所不同。所以在使用万用表之前必须仔细了解和熟悉各部件的作用，认真分清表盘上各条标度所对应的量，详细阅读使用说明书。万用表的正确使用应注意以下几点：

（1）万用表在使用之前应检查表针是否在零位上，如不在零位上，可用小螺丝刀调节表盖上的调零器，进行"机械调零"，使表针指在零位。

（2）万用表面板上的插孔都有极性标记，测直流时，要特别注意正负极性。用欧姆挡判别二极管极性时，注意"+"插孔表内电池的负极，而"-"插孔（有的标为"*"插孔）接表内电池正极。

（3）量程转换开关必须拨在需测挡位置，不能接错。如要测量电压量，误拨在电流或电阻挡，将会损坏表头。

（4）在表盘上有多条标度尺，要根据不同的被测量去读数。测量直流量时读"DC"或"-"标度尺；测交流量时读"AC"或"～"标度尺；标有"Ω"的标度尺是在测量电阻时使用的。

（5）测量电压或电流时，如果对被测量的电压或电流大小心中无数，应先拨到最大量程上试测，防止表针打坏；然后再拨到合适量程上测量，以减小测量误差。注意不可带电转换

量程开关。

（6）在测量直流电流或电压时，正负端应与被测的电压、电流的正负端相接。测电流时，要把电路断开，将表串接在电路中。

（7）测量交流电压、电流时，注意必须是正弦交流电压、电流。其频率不能超过说明书上的规定。

（8）测量电阻时，首先要选择适当的倍率挡，然后将表笔短路，调节"调零"旋钮，使表针指零，以确保测量的准确性。如果"调零"电位器不能将表针调到零位，说明电池电压不足，需要更换新电池，或者内部接触不良需修理。不能带电测电阻，以免损坏万用表。在测大阻值电阻时，不要用双手分别接触电阻两端，防止人体电阻并联上去造成误差。每换一次量程，都要重新调零。不能用欧姆挡直接测量微安表表头、检流计、标准电池等仪器仪表的内阻。

（9）测量高压或大电流时，要注意人身安全。测试笔要插在相应的插孔里，量程开关拨到相应的量程位置上。测量前还要将万用表架在绝缘支架上，使被测电路切断电源。电路中如有大电容应将电容短路放电，将表笔固定接好在被测电路上，然后再接通电源测量。注意不能带电拨动转换开关。

（10）每次测量完毕，将转换开关拨到交流电压最高挡，防止他人误用而损坏万用表；也可防止转换开关误拨在欧姆挡时，表笔短接而使表内电池长期耗电。万用表长期不用时，应取出电池，防止电池液腐蚀而损坏万用表内零件。

二、数字式万用表

数字式万用表采用了集成电路模/数（A/D）转换器和液晶显示器，将被测量的数值直接以数字形式显示出来。

（一）主要特点

（1）数字显示直观准确，无视觉误差，并具有极性自动显示功能。

（2）输入阻抗高，对被测电路影响小，测量准确度和分辨率都很高。

（3）测试、保护功能齐全，有过电压保护、过电流保护、过载保护和超输入显示功能。

（4）电路的集成度高，便于组装和维修，使数字万用表的使用更为可靠和耐用。

（5）功耗低，抗干扰能力强，在磁场环境下能正常工作。

（6）便于携带，使用方便。

（二）使用方法

以 UNI-T51 型数字万用表为例，其面板图如图 2-19所示。

（1）测直流电压。量程开关拨到"DCV"范围内的合适量程。红表笔接"V·Ω"孔；黑表笔接"COM"孔。当测量值显示前有"－"号时表示黑表笔测试端为高电位，红表笔测试端为低电位；反之，测量值显示前无"－"号。

（2）测交流电压。量程开关拨至"ACV"范围内的合适量程，表笔接法同上，但显示值前不会有"－"号。

（3）测直流电流。量程开关拨至"DCA"范围内的合适量程，黑表笔接"COM"孔。当测量值小于 2A 时，红表笔接

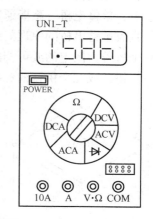

图 2-19　UNI-T51 型数字
万用表面板图

"A"孔；当测量值大于 2A，小于 10A 时，红表笔接"10A"孔。当测量值显示前有"一"号时表示电流方向是从黑表笔流进，红表笔流出。

（4）测交流电流。量程开关拨至"ACA"范围内的合适量程，表笔接法同（3）。

（5）测电阻。量程开关拨至"Ω"范围内的合适量程，红表笔接"V·Ω"孔，黑表笔接"COM"孔。如果被测电阻阻值较小，注意应把表笔导线本身的电阻减去。

（6）二极管检测。量程开关拨至"▸┤"位置，表笔接法同（5）。当红表笔接二极管正端，黑表笔接二极管负端时，二极管正向导通（注意与指针式万用表不同），显示值为二极管的正向压降；当二极管反接时则显示为量程"1"。

（7）用蜂鸣器作通路检查。量程开关拨至"·)))"位置，表笔接法同（5）。将表笔接至被检查的电路（被检电路断开电源）位置，如果所查电路的电阻在 20Ω 以下，表内蜂鸣器发声，表示电路导通。

（8）测量晶体管的电流放大倍数。根据晶体管是 NPN 或 PNP 型将量程开关拨至相应挡位，将晶体管直接插入 E、B、C 的各个相应插孔，即可直接读出其电流放大倍数。当测量值超过量程时，最高位显示"1"，而其他各位无显示。当显示器的最高位前显示"◄-"时，表示电池供电不足，需更换，否则测量值不准确。更换电池或使用完毕时，切记将电源开关拨在"OFF"位置。

第六节 电 桥

电桥属于比较式仪器，在电工测量中常用到，它的特点是灵敏度和准确度都较高。电桥分为直流电桥和交流电桥两大类。直流电桥主要用来测量电阻。

根据结构的不同，直流电桥又分为单臂电桥（惠斯通电桥）和双臂电桥（凯尔文电桥）两种。直流电阻可以用磁电式测量机构直接测量，但是准确度较低，特别是测量 1Ω 以下的低值电阻时，由于接触电阻和导线电阻的影响而使测量无法进行，采用双臂电桥就可以测量了。测量 $1 \sim 10^6\, \Omega$ 的中值电阻时可用单臂电桥，测量 $10^6\, \Omega$ 以上的高阻值电阻时可以采用高阻电桥。使用电桥可以比较准确地测量电阻。本节仅介绍直流电桥中的单臂电桥（惠斯通电桥）和交流电桥。

一、单臂电桥（惠斯通电桥）

直流单臂电桥的原理如图 2-20 所示。电阻 R_1、R_2、R_3 和 R_4 的四个支路称为桥臂，其中三个桥臂为固定的或可调的标准电阻，另一个桥臂接被测电阻（例如 R_1）。适当调节电桥中一个桥臂或几个桥臂的标准电阻，使流过检流计 G 的电流 $I_g = 0$ 时，电桥平衡。

电桥平衡时，cd 支路的电流为零，根据 KCL 有 $I_1 = I_2$，$I_3 = I_4$。由于 cd 支路的电流为零，认为 c、d 两节点等电位，故有

$$R_1 I_1 = R_3 I_3 \tag{2-18}$$

$$R_2 I_1 = R_4 I_3 \tag{2-19}$$

将式（2-18）与式（2-19）相除，有

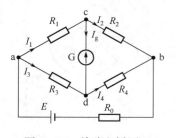

图 2-20 单臂电桥原理

$$\frac{R_1}{R_2} = \frac{R_3}{R_4} \qquad 或 \qquad R_1 R_4 = R_2 R_3$$

若 R_1 为待测电阻，用 R_x 表示，即有

$$R_x = R_1 = \frac{R_3}{R_4}R_2 = \frac{R_2}{R_4}R_3$$

待测电阻 R_x 可由 R_2 和 R_4 的比率与 R_3 的乘积来决定。

通常把比率所在的桥臂称为比率臂或称倍率臂，而把单独的一个桥臂称为测量臂。

图 2-21 是便携式 QJ-23 型电桥的内部电路，此电桥是把 R_2 和 R_4 做成定值，改变 R_3 使电桥达到平衡，改变 R_2/R_4 的值，可改变电桥测量范围，故 R_2/R_4 是比率臂，R_3 是测量臂。测量范围为 $1\sim9999000\Omega$。

QJ-23 型电桥的面板如图 2-22 所示。其中：右边四个旋钮是测量臂，各挡读数分别为×1000、×100、×10、×1，四个旋钮指示数的总和为测量臂的读数。比率臂旋钮从×0.001到×1000 共七挡，相当于 R_2/R_4，R_x 是被测电阻接线柱。左下方的 B、G 分别是接通电源和检流计的按钮，按下接通，弹起断开。表头上的旋钮是检流计的机械零点调节装置。左上角的 B 是外接工作电源的接线柱，如仪器已备有干电池供电，要外接电源 4.5V 时，必须取出内装的干电池。"内""外"是内接或外接检流计的接线柱，当使用仪器本身的检流计时，应用金属片将"外"短接。外接检流计时用金属片将"内"短接，仪器本身的检流计被短接。

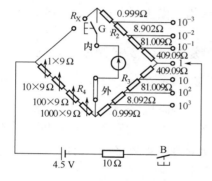

图 2-21　QJ-23 型电桥内部电路

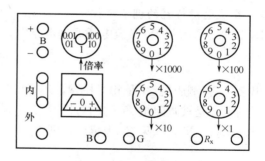

图 2-22　QJ-23 型电桥面板

使用电桥时应注意以下两点：

（1）将被测电阻接在 R_x 端，据被测电阻 R_x 的估计值，选择合适的倍率，尽量使测量臂的四挡旋钮都能用上，这样就能取得四位准确读数，使测量结果较准确。

（2）将测量臂调至被测电阻阻值，先按下 B 钮，再按下 G 钮，观察检流计指针偏转情况，若偏转很快，说明电桥还很不平衡，必须重新检查测量臂阻值或倍率值是否合适。相反，若偏转缓慢，说明电桥已接近平衡。调整时注意，当指针向"＋"偏转时，说明测量臂阻值应增加，反之应减少。

二、交流电桥

交流电桥与直流电桥的平衡原理相似，由于正弦交流电路的稳态分析应用"相量法"，因此，交流电桥的调节方法和平衡过程相对复杂些。

（一）交流电桥的平衡条件

交流电桥主要用来测量交流电路参数（电感、电容和介质常数等），常用的四臂交流电桥原理电路如图 2-23 所示。其中四个桥臂分别是阻抗 Z_1、Z_2、Z_3 和 Z_4，它们可由电阻、

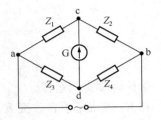

图 2-23　四臂交流电桥的
原理电路

电感或电容以及它们的组合来组成。c、d 之间接入的是交流检流计 G，可以是交流毫伏表、高阻耳机、振动式检流计，也可以用示波器。

当交流电桥平衡时，交流检流计的指示值为零，用与直流电桥相同的推导方法，得

$$Z_1 / Z_2 = Z_3 / Z_4$$

即

$$Z_1 Z_4 = Z_2 Z_3 \qquad (2-20)$$

这就是交流电桥平衡条件。复阻抗 Z 可以用直角坐标、极坐标或指数形式表示，将复阻抗 Z 的指数形式表达式代入式（2-20），根据复数运算法则分别得

$$|Z_1\|Z_4|\,e^{j(\varphi_1+\varphi_4)} = |Z_2\|Z_3|\,e^{j(\varphi_2+\varphi_3)} \qquad (2-21)$$

比较式（2-21）左右两边有

$$\begin{cases} |Z_1\|Z_4| = |Z_2\|Z_3| \\ \varphi_1 + \varphi_4 = \varphi_2 + \varphi_3 \end{cases} \qquad (2-22)$$

由式（2-22）可以清楚地看到，由于交流电桥的桥臂是复阻抗，被测的交流参数有两个待确定的数值，即复阻抗的实部 R 和虚部 X 或复阻抗的模 $|Z|$ 和角 φ。因此，在调节电桥平衡时，必须调节桥臂的两个参数。而在实际调节中，往往要对这两个参数反复调节，才能使电桥平衡。如果交流电桥的桥臂参数调节得不合理，电桥甚至不可能达到平衡。

（二）交流电桥桥臂的调节规律

在图 2-23 所示的四臂交流电桥原理电路中，设复阻抗 Z_1 为被测量 Z_x，则有

$$Z_x = Z_1 = \frac{Z_2 Z_3}{Z_4} = \frac{Z_3}{Z_4} Z_2 = \frac{Z_2}{Z_4} Z_3$$

可以看出 Z_4 与被测阻抗 Z_1 是相对桥臂，Z_2 和 Z_3 与被测阻抗 Z_1 是相邻桥臂。

若可调元件是被测阻抗 Z_1 的相对桥臂 Z_4，则当 Z_2 和 Z_3 的乘积是正实数时，Z_1 和 Z_4 必然为异性阻抗。即，如果 Z_1 为感性，则 Z_4 一定为容性；如果 Z_1 为容性，则 Z_4 一定为感性。

若可调元件是被测阻抗 Z_1 的相邻桥臂，则有两种可能的情况：

（1）可调元件是 Z_2，当 Z_3/Z_4 是正实数时，Z_1 和 Z_2 必然为同性阻抗。也就是说，如果 Z_1 为感性，Z_2 也一定为感性；如果 Z_1 为容性，Z_2 也一定为容性。

（2）可调元件是 Z_3，当 Z_2/Z_4 是正实数时，Z_1 和 Z_3 必然为同性阻抗，即都是感性阻抗或者都是容性阻抗。

（三）消除因频率变化引起的误差

因为交流电桥的电源为正弦交流电源，其电压不仅有大小的变化，还可能有频率的变化。在某一频率时，电桥可以达到平衡，但一旦频率改变了，电桥也可能失去平衡，电桥的平衡与电源的频率有关。

例如，图 2-24 所示的电桥，被测阻抗 Z_1 和可调元件 Z_3 都是容性阻抗，$Z_2/Z_4 = R_2/R_4$，满足合理搭配条件。其平衡条件为

$$\begin{cases} \omega^2 = \dfrac{1}{R_1 R_3 C_1 C_3} \\ \dfrac{R_2}{R_4} = \dfrac{R_1}{R_3} + \dfrac{C_3}{C_1} \end{cases}$$

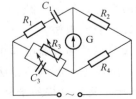

图 2-24　平衡条件与频率
有关的电桥

式中：ω 是电桥电源的角频率。

显然，当电源的频率发生变化，该电桥的平衡条件也将变化，必然造成测量误差。如果要求电源的频率非常稳定，又会有一定的难度。因此，要求电桥的平衡条件与电源的频率无关，这也是电桥参数合理搭配的一个条件。

为使电桥的平衡与电源的频率无关，电桥的各个桥臂除了要满足 $Z_1 Z_4 = Z_2 Z_3$ 的条件外，在桥臂的结构上还要满足以下要求：

（1）若可调元件是被测阻抗 Z_1（Z_x）的相对桥臂 Z_4，两者的结构必须是一个为串联，另一个为并联。例如，图 2-25（a）所示的电桥就满足要求，其平衡条件为

$$\begin{cases} R_x = \dfrac{R_2 R_3}{R_4} \\ L_x = R_2 R_3 C_4 \end{cases}$$

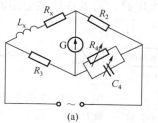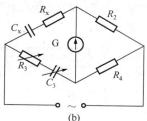

图 2-25　平衡条件与电源频率无关的电桥

（a）Z_x 串联，Z_4 并联的电路；（b）Z_x 串联，Z_3 也串联的电路

（2）若可调元件是被测阻抗 Z_1（Z_x）的相邻桥臂，两者的结构必须同是串联或同是并联。$Z_1(Z_x)$ 的相邻桥臂有 Z_2、Z_3 两种可能，这里仅举一例来说明，电路如图 2-25（b）所示。其平衡条件为

$$\begin{cases} R_x = \dfrac{R_4}{R_2} C_3 \\ C_x = \dfrac{R_2}{R_4} R_3 \end{cases}$$

第七节　晶体管毫伏表

晶体管毫伏表（又称为晶体毫伏表）是用来测量非工频交流电压大小的交流电子电压表，采用磁电式表头作为指示器，属于指针式仪表。

一、晶体管毫伏表的特点

（1）测量频率范围宽，被测频率范围为几赫兹到数百兆赫兹。

（2）输入阻抗高，一般输入电阻可达几百千欧甚至几兆欧，对被测电路的影响小。

（3）灵敏度高，反映了毫伏表测量微弱信号的能力，一般毫伏表最低电压可测到微伏级。

二、晶体管毫伏表的工作原理

（一）毫伏表的构成

毫伏表由检波电路、放大电路和指示电路三部分电路组成。

1. 放大电路

放大电路用于提高晶体管毫伏表的灵敏度，使得毫伏表能够测量微弱信号。晶体管毫伏表中所用到的放大电路有直流放大电路和交流放大电路两种，分别用于毫伏表的两种不同的电路结构中。

2. 检波电路

由于磁电式微安表头只能测量直流电流，因此在毫伏表中，必须通过各种形式的检波器，将被测交流信号变换成直流信号，让变换得到的直流信号通过表头，才能用微安表头测

量交流信号。

3．指示电路

由于磁电式电流表具有灵敏度高、准确度高、刻度呈线性、受外磁场及温度的影响小等优点。因此在晶体管毫伏表中，磁电式微安表头被用作指示器。

（二）毫伏表的结构

毫伏表的电路结构有检波—放大式和放大—检波式两种不同的结构。前者在检波电路和指示电路之间加设直流放大电路，后者在检波电路的前面加设交流放大电路。结构原理如图2-26所示。

图2-26　毫伏表原理框图

（a）检波—放大式毫伏表；（b）放大—检波式毫伏表

由图2-26（a）可见，检波—放大式毫伏表先将被测交流信号电压U_x经过检波电路检波，转换成相应大小的直流电压，再经过直流放大电路放大，使直流微安表头作出相应的偏转指示。由于放大电路放大的是直流信号，所以放大电路的频率特性不影响毫伏表的频率响应。采用普通的直流放大电路有零点漂移问题，所以这种毫伏表的灵敏度不高。如果采用斩波式直流放大器，可以把灵敏度提高到毫伏级，这种毫伏表常称为超高频毫伏表。

由图2-26（b）可见，放大—检波式毫伏表先将被测交流信号电压U_x经放大电路放大后，到检波电路上，由检波电路把放大后的被测交流信号，转换成相应大小的直流电压去推动直流微安表头，作出相应的偏转指示。由于放大电路放大的是交流信号，可以采用高增益放大器来提高毫伏表的灵敏度，因此这种毫伏表可做到毫伏级。但是被测电压的频率范围受放大电路频带宽度的限制，一般上限频率为几百千赫到兆赫，这种毫伏表也称为视频毫伏表。

三、晶体管毫伏表的使用方法

下面以SX2172型交流毫伏表为例说明晶体管毫伏表的使用方法。

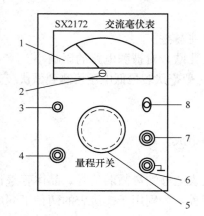

图2-27　SX2172型交流毫伏表

1—表头及刻度；2—机械零调节螺钉；

3—指示灯；4—输入插座；5—量程选择旋钮；

6—接地端；7—输出端；8—电源开关

（一）面板布置及功能说明

SX2172型交流毫伏表的面板布置如图2-27所示，其功能说明如下：

机械零调节螺钉：它用于机械调零，将两输入接线端短路，调节该螺钉使表头指示为零。

指示灯：当电源开关拨至"开"时，该指示灯亮。

输入插座：被测信号电压输入端，采用同轴电缆，其外层是接地线。

量程选择旋钮：该旋钮用以选择仪表的满刻度值，有12挡量程。各量程挡并列有附加分贝（dB）数，可用于电平测量。

输出端：SX2172型交流毫伏表不仅可以测量交流电压，还可以作为一个宽频带、低噪声、高增益的放大器。此时信号由输入插座输入，由输出端和接地端间输出。

（二）使用方法及注意事项

（1）毫伏表接通电源前，将其垂直放置在水平工作台上，检查指针是否在零点，若有偏差，则调节机械调零旋钮使指针指示为零。

（2）接通电源后，需进行电气调零。将输入线的两个接线端短接，并使量程开关处于合适挡位上，调节电气调零旋钮使表头指针指示为零，然后断开两接线端进行测量。在使用中，每改变一次量程都应重新进行电气调零。

（3）按被测电压的大小选择合适的量程，使仪表指针偏转至满刻度的1/3以上区域。如果事先不知被测电压的大致数值，应先将量程开关旋至大量程，然后再逐步减小量程。

（4）根据量程开关的位置，按对应的刻度线读数。凡量程上限值为 1×10^n 时，读数应从上往下数的第一根刻度线来读，凡量程上限值为 3×10^n 的读第二根刻度线。

（5）当仪表输入端连线开路时，由于毫伏表的灵敏度很高，输入端感应的信号可能使指针偏转超量程，而损坏表头。因此不用时应将量程置3V以上挡。测试过程中需要改换测试点时，也应先将量程置3V以上挡，然后移动红夹子，红夹子接好之后再选择合适的量程。使用完毕时，应将量程开关旋至最大量程后，再断开电源。

（6）毫伏表是不平衡式仪表，测试端的两个夹子是不同的，黑夹子必须接被测电路的公共地，红夹子接测试点。连接、拆除电路时注意顺序：测量时应先接黑夹子，后接红夹子；测量完毕后，先拆红夹子，后拆黑夹子。

（7）测电平时，测量值等于指针指示值加上所选量程挡的附加分贝值。

第八节　信　号　发　生　器

信号发生器，简称为信号源，它可产生不同波形、频率和幅度的信号，是为电子测量提供符合一定技术要求的电信号的设备。信号发生器是最基本、应用最广泛的电子测量仪器之一。

一、信号发生器的分类

信号发生器种类繁多，从不同角度可将信号发生器进行不同的分类。

1. 按用途分类

根据用途的不同，信号发生器可以分为通用信号发生器和专用信号发生器两类。专用信号发生器是为特定目的而专门设计的，只适用于某种特定的测量对象和测量条件。调频立体声信号发生器和电视信号发生器等都是常见的专用信号发生器。与此相反，通用信号发生器有较大的适用范围，一般是为测量各种基本的或常见的参量而设计的。低频信号发生器、高频信号发生器、脉冲信号发生器、函数信号发生器等都属于通用信号发生器。

2. 按频率范围分类

根据输出信号频率范围的不同，信号发生器可以分成六种不同的种类，见表2-2。

表2-2　　　　信号发生器按频率分类

类　型	频率范围	类　型	频率范围
超低频信号发生器	0.0001～1000Hz	高频信号发生器	100kHz～30MHz
低频信号发生器	1Hz～1MHz	甚高频信号发生器	30～300MHz
视频信号发生器	20Hz～10MHz	超高频信号发生器	300MHz 以上

3. 按输出信号波形分类

根据所输出信号波形的不同，信号发生器可分为正弦信号发生器、矩形信号发生器、脉冲信号发生器、三角波信号发生器、钟形脉冲信号发生器和噪声信号发生器等。实际应用中，正弦信号发生器应用最广泛。

4. 按调制方式分类

按调制方式的不同，信号发生器可分为调频、调幅和脉冲调制等类型。

二、函数信号发生器的工作原理

函数信号发生器是一种宽带频率可调的多波形信号发生器，可以产生正弦波、方波、三角波、锯齿波、正负尖脉冲及宽度和重复周期可调的矩形波等波形。新型的函数信号发生器一般具有调频、调幅等调制功能和电压控制振荡器特性。函数信号发生器广泛应用于生产测试、仪器维修和实验室。

函数信号发生器按其构成可分为三类：

（1）正弦式：先产生正弦波再得到方波和三角波。

（2）脉冲式：在触发脉冲的作用下，施密特触发器产生方波，然后经变换得到三角波和正弦波。

（3）合成式：利用数字合成技术产生所需的波形。

函数信号发生器的组成框图如图 2-28 所示。

图中方波由三角波通过方波变换电路而来，正弦波是三角波通过正弦波形成电路变换而来的，最后经放大电路放大后输出。直流偏置电路提供一个直流补偿调整，使函数信号发生器输出的直流分量可以进行调节。图 2-29 所示为具有不同直流分量的方波。

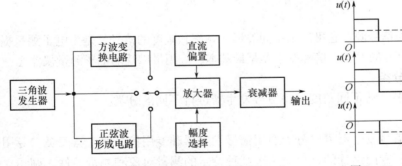

图 2-28　函数信号发生器的组成框图

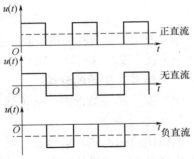

图 2-29　不同直流分量的方波

三、信号发生器的使用方法

信号发生器的种类很多，但它们的基本使用方法类似。这里以 EE1641D 型函数信号发生器的使用为例给予说明。

（一）函数信号发生器的面板

要能够正确使用仪器，在使用之前必须充分了解仪器面板上各个开关旋钮的功能及其使用方法。仪器面板上的开关旋钮通常按其功能分区布置，一般包括波形选择开关、输出频率调节部分、幅度调节旋钮、阻抗变换开关、指示电压表及其量程选择等。EE1641D 型函数信号发生器面板如图 2-30 所示。

频率显示窗口：LED 显示屏上数字显示输出信号的频率或外测信号的频率。

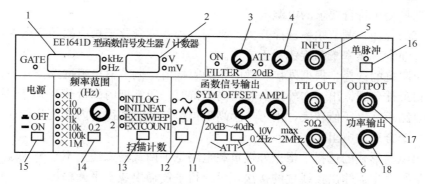

图 2-30 EE1641D 型函数信号发生器

1—频率显示窗口；2—幅度显示窗口；3—扫描宽度调节旋钮；4—速率调节旋钮；5—外部输入插座；
6—TTL 信号输出端；7—函数信号输出端；8—函数信号输出幅度调节旋钮；9—函数信号输出信号
直流电平预置调节旋钮；10—函数信号输出幅度调节旋钮；11—输出波形、对称性调节旋钮；
12—函数输出波形选择按钮；13—"扫描计数"按钮；14—频率范围选择按钮；
15—整机电源开关；16—单脉冲按键；17—单脉冲输出端；18—功率输出端

幅度显示窗口：显示函数输出信号的幅度。

扫描宽度调节旋钮：调节此电位器可以改变内扫的时间长短。

速率调节旋钮：调节此电位器可调节扫频输出的扫频范围。

外部输入插座：当"扫描计数键"选择在外扫描状态或外测频信号由此输入。

TTL 信号输出端：输出标准的 TTL 幅度的脉冲信号，输出阻抗为 600Ω。

函数信号输出端：输出多种波形的函数信号，输出幅度 $U_{P-P}=20V$（1MΩ 负载）；$U_{P-P}=10V$（50Ω 负载）。

函数信号输出幅度调节旋钮：调节范围 20dB。

函数信号输出信号直流电平预置调节旋钮：调节范围 $-5～+5V$（50Ω 负载）；当电位器处在中心位置时，则为 0 电平。

函数信号输出幅度衰减开关："20dB""40dB"键不按下，输出信号不经衰减，直接输出到插座口。"20dB""40dB"键分别按下时，则可选择 20dB 或 40dB 衰减。

输出波形、对称性调节旋钮：调节此旋钮可改变输出信号的对称性，当电位器处在中心位置时，则输出对称信号。

函数输出波形选择按钮：可选择正弦波、三角波、脉冲波输出。

"扫描计数"按钮：可选择多种扫描方式和外测频方式。

频率范围选择按钮：每按一次此按钮可改变输出频率的一个频段。

整机电源开关：此键按下时，机内电源接通，整机工作；此键释放为关掉整机电源。

单脉冲按键：控制单脉冲输出，每按下一次此按键，单脉冲输出电平翻转一次。

单脉冲输出端：单脉冲输出由此端口输出。

功率输出端：提供 4W 的正弦信号功率输出，此功能仅对×100、×1k、×10k 挡有效。

（二）正确的使用方法

信号发生器的使用步骤如下：

（1）准备工作。将输出调节旋钮置于最小起始位置开机预热，待仪器稳定工作后才可以投入使用，选择使用符合要求的电源电压。

（2）频率的选择。调节频率选择开关，将调节频率度盘置于相应的频率点上，选择需要的频率挡级。通常，频率微调旋钮置于零位。

（3）输出阻抗的选择。根据外接负载电路的阻抗值，调节输出阻抗选择开关置于相应挡级，从而获得最佳负载输出。在外接负载为高阻抗时，通常把内部负载开关打到接通的位置上，如果外电路所需电压值较大，则可选用高阻挡位，此时往往将内部负载断开，并在输出接线柱上接一个合适的电阻。

（4）输出电路形式的选择。根据外接负载电路是平衡式输入还是不平衡式输入，用输出短路片变换信号发生器输出接线柱的接法，可获得平衡输出或不平衡输出。

（5）输出电压的调节和测读。调节输出电压旋钮可以连续改变输出大小。为了测读出电压的大小，必须用导线连接电压表输入和信号发生器输出接线柱。在使用衰减器时，实际输出电压为电压表读数除以衰减倍数。当仪器输出为不平衡式时，电压表读数即为实际输出电压值；当仪器输出为平衡式输出时，电压表读数为实际输出电压的一半。

四、信号发生器的使用注意事项

（1）根据要求选择合适种类及型号的信号源。

（2）注意所使用信号发生器的电源电压和频率，接通电源，将仪器预热后方可使用。

（3）使用高频信号发生器还必须注意下面两点：

1）接收机的测试：测试接收机的性能，如选择性、灵敏度等指标，是高频信号发生器的典型应用。为了使接收机符合工作状态，必须在接收机与仪器间连接一个等效天线，等效天线接在电缆分压器的分压接线柱与接收机的天线接线柱之间。

2）阻抗匹配：信号发生器只有在阻抗匹配情况下才能正常工作。如果负载阻抗不等于信号发生器的内衰减器的特性阻抗，除引起衰减系数的误差外，还可能影响前级电路的工作，降低信号发生器的功率，在输出电路中出现驻波。因此，在失配的状态下，应在信号发生器的输出端与负载间加一个阻抗变换器。

（4）使用专用信号发生器必须注意下面三点：

1）连接音频信号的电缆线电容必须小于100pF。

2）调整导频信号的相位和电平时，必须反复核对，直至既符合比例又有最佳分离度。

3）测量中使用的示波器应有足够的频带宽度，并用方波对其相位进行调整。

第九节　示　波　器

示波器是波形测试中最常用的仪器，它能够借助阴极射线示波管的电子射线的偏转，快速地将人眼看不见的电信号转换成可见图像，显示在示波器的屏幕上。利用示波器除了能对电信号进行定性的观察外，还可以用来进行一些定量的测量，如电压、电流、频率、周期、相位差、幅度、脉冲宽度、上升及下降时间等的测量；若配以传感器，还能对压力、温度、声、光、磁效应等非电量进行测量。因此，示波器是一种应用非常广泛的测量仪器。

一、示波器的特点和分类

（一）示波器的特点

（1）具有良好的直观性，可直接显示信号波形，也可测量信号的瞬时值。

（2）波形显示速度快，工作频率范围宽、灵敏度高、失真小，对观测瞬变信号的细节带来了很大的便利。

（3）输入阻抗高，过载能力强。

（二）示波器的分类

1. 通用示波器

通用示波器按其功能分为单踪、双踪、多踪示波器。单踪示波器在屏幕上只能显示一个信号的波形，双踪示波器在屏幕上可以显示两个信号的波形，多踪示波器在屏幕上可以显示两个以上信号的波形。

2. 取样示波器

取样示波器根据取样原理将高频和超高频信号转换为较低频率信号，再应用基本原理显示波形的示波器。与通用示波器相比，取样示波器具有频带极宽的优点，适用于测量高频和超高频信号。

3. 记忆与存储示波器

记忆与存储示波器是具有存储被测信号功能的示波器，适于进行异地观测、异地分析测量。"记忆"功能采用记忆示波管来记忆信息，"存储"功能则采用数字存储器来存储信息。

4. 专用示波器

为满足特殊需要，专用示波器采用了微处理器，具有自动操作、数字化处理、存储及显示等功能。例如监测调试电视系统的电视示波器，用于调试彩色电视中有关色度信号幅度和相位的矢量示波器和用于观测调试计算机和数字系统的逻辑示波器等属于专用示波器。这些示波器是当前发展起来的新型示波器，也是示波器发展的方向。

借助于示波技术，结合特性曲线测试的具体要求和特点，设计制造了特性曲线测试仪。这类新型仪器自身可以提供测试时所需的信号源，并将测试结果以曲线形式显示在荧光屏上。目前用得较多的是频率特性测试仪和半导体特性图示仪。

二、示波器的基本组成

示波器通常由垂直偏转系统、水平偏转系统、Z 轴电路、示波管及电源五部分组成。其基本组成框图如图 2 - 31 所示。

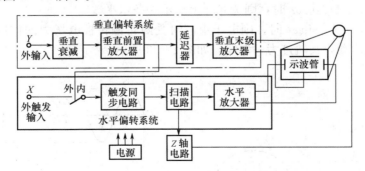

图 2 - 31　示波器的基本组成框图

1. 垂直偏转系统

Y 轴垂直偏转系统包括输入回路、垂直前置放大器、延迟器和垂直末级放大器。被测信号从输入端输入示波器，经垂直放大电路将被测信号放大后，送到示波管的垂直偏转板，使光点在垂直方向上随被测信号的变化而产生移动，形成光点运动轨迹。

2. 水平偏转系统

X 轴水平偏转系统包括触发同步电路、扫描电路和水平放大器。扫描电路产生锯齿波信号，经水平放大电路的放大后，送到示波管的水平偏转板，使光点在水平方向上随着时间线性偏移，形成时间基线。

3. Z 轴电路

为了在荧光屏上得到被测信号的波形，在示波管 X、Y 轴偏转板上分别加以扫描电压和被测信号电压。在扫描期间，当电子束产生自左至右的移动，称为"扫描正程"；当电子束产生自右至左的移动，称为"扫描逆程"或"扫描回程"。

Z 轴电路在扫描电路输出的扫描正程时间内产生增辉信号，并加到示波管的栅极上，其作用是在扫描正程加亮示波管荧光屏上的光迹，在扫描逆程消隐光迹。

4. 示波管

示波管是显示器件，是示波器的核心部件。示波管各级加上相应的控制电压，对阴极发射的电子束进行加速和聚焦，使高速而集中的电子束轰击荧光屏形成光点。当电子束随信号偏转时，光点移动的轨迹就形成信号的波形。

5. 电源部分

示波器电源的交流部分供电给示波管，其直流供电分为两部分，即直流低电压和直流高电压。直流低压供给各个单元电路的工作电源，直流高压供给示波管各级的控制电压。

三、示波器的波形显示原理

（一）电子束在偏转系统作用下的运动

电子束在荧光屏上的位置取决于同时加在垂直和水平偏转板上的电压 u_y 和 u_x。

（1）当示波管 Y、X 轴偏转板上不加任何信号（$u_x = u_y = 0$）时，即示波管未加偏转电压，电子束打在荧光屏中心位置上而产生亮点，设此亮点所处位置为起始点。当在示波管垂直偏转板和水平偏转板上都加直流电压时，此时的亮点也可以设其为起始点。

（2）当两对偏转板上分别加电压 $u_y = U_m \sin\omega t$ 和 $u_x = 0$ 时，则光点仅在垂直方向随 u_y 的变化而移动。光点的轨迹为一垂直线，其长度正比于 u_y 的峰—峰值，如图 2-32 所示。反之，$u_y = 0$ 和 $u_x = U_m \sin\omega t$ 时，则荧光屏上显示一条水平线。

（3）当 $u_x = u_y = U_m \sin\omega t$ 时，则电子束同时受两对偏转板电场力的作用，光点沿 X 轴和 Y 轴合成方向运动，其轨迹为一斜线，如图 2-33 所示。

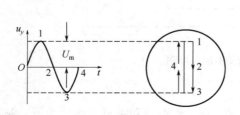

图 2-32 $u_y = U_m \sin\omega t$，$u_x = 0$ 时荧光屏显示图形

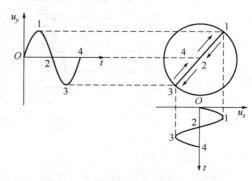

图 2-33 $u_x = u_y = U_m \sin\omega t$ 时显示的轨迹

（4）若 $u_y = U_m \sin\omega t$，而 u_x 是与 u_y 周期相同的锯齿波电压，在荧光屏上可真实地显示 u_y 的波形，如图 2-34 所示。

（二）同步的概念

前面讨论的是 u_x 与 u_y 是周期相同的锯齿波电压，即 $T_x = T_y$ 的情况。若当 $T_x = 2T_y$，则可以在荧光屏上观察到两个周期的信号电压波形，如图 2-35 所示。如果波形重复出现，而且完全重叠，就可以看到一个稳定的图像。

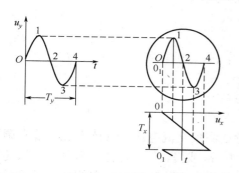

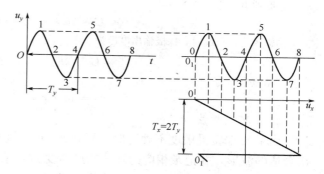

图 2-34　$u_y = U_m \sin\omega t$，u_x 为锯齿波时显示波形　　　　图 2-35　$T_x = 2T_y$ 时荧光屏上显示的波形

如果 T_x 与 T_y 不成整数倍关系，例如，$T_x = (3/4)T_y$ 时，荧光屏上显示的波形向右移动。同理，当 $T_x = (5/4)T_y$ 时，则波形向左移动。显然，此时显示的波形是不稳定的。为了在荧光屏上获得稳定的图像，必须保证 $T_x = nT_y$，即保证同步关系是非常重要的。示波器电路中都设有同步装置，其作用是迫使 T_x 与 T_y 始终保持整数倍关系。

四、示波器的使用

示波器是时域测量仪器，可以用来观测信号的波形，测量电压、频率、相位、时间、调制系数等物理量。

（一）测量电压

示波器可以测量直流电压，也可以通过测量瞬时电压来换算出交流电压的大小。交流电压表也可以测量交流电压的有效值，但不能测得瞬时电压的大小。示波器测量电压的方法分为直接测量法和比较测量法。

1. 直接测量法

将"偏转灵敏度微调"置于"校准"位置，选用合适的 Y 轴输入方式，调节有关的开关旋钮，使显示波形的幅度合适，宽度适宜，记录下"偏转灵敏度"挡位数值（设为 S，单位为 V/格）和波形峰—峰点之间的高度（设为 H，单位为 cm 或格），则有

$$U_{p-p} = SH$$
$$U = U_{p-p} / 2K_p$$

式中：U_{p-p} 为被测信号电压峰—峰值，V；U 为被测信号电压有效值，V；K_p 为被测信号的波峰因数。

这里，偏转因数微调旋钮置于"校准"位置；如果输入/输出的探极衰减系数不为 1∶1 时，其最后的结果还要乘以探极衰减系数；如果选用了"倍率"，最后的结果还要除以倍率值。在直接测量直流电压时，也要注意这一点。

【例 2-2】　用示波器测量正弦波电压，已知显示波形的垂直幅度（峰—峰点高度）为 4 格，偏转灵敏

度为 1V/格，探极衰减系数为 10：1，试求被测正弦波电压是多少？如果正弦波改为三角波，情况又是怎样的？

解：由题意得 $S=1V/$格，$H=4$ 格，探极衰减系数 $K=10$：1，所以

$$U_{p-p} = 4 格 \times 1V/ 格 = 4 (V)$$

当输入为正弦波时，探极输出电压为

$$U' = U_{p-p}/2K_p = 4/2\sqrt{2} \approx 1.41 (V)$$

正弦波电压为

$$U = 10 \times 1.41 = 14.1 (V)$$

当输入为三角波时，探极输出电压为

$$U' = U_{p-p}/2K_p = 4/2\sqrt{3} \approx 1.15 (V)$$

三角波电压为

$$U = 10 \times 1.15 = 11.5 (V)$$

2. 比较测量法

当 Y 轴偏转灵敏度不确定时，可以采用比较测量法测量交流电压。具体方法是首先调出合适的波形，并记录相应的峰—峰点高度 H，单位为 cm 或格，然后保持 Y 轴偏转灵敏度及其微调旋钮不变，加入大小（设峰—峰值为 U'_{p-p}，单位为 V）已知的标准信号显示波形的峰—峰高度 H'，则有

$$U_{p-p} = \frac{U'_{p-p}}{H'}H$$

计算出 U_{p-p} 后，即可利用式 $U=U_{p-p}/2K_p$ 计算出被测信号电压大小。

直流电压的测量方法与交流电压的测量方法相似，其区别是：应首先选用"GND"耦合方式，确定出零电平在荧光屏上的亮点或时基线在垂直方向上的位置，然后选用"DC"耦合，将被测直流电压加到示波器上，确定出亮点或时基线相对于零电平的垂直跳变高度 H，单位为 cm 或格，则有

$$U = SH$$

式中：U 为被测直流电压，V；S 为 Y 轴偏转灵敏度，V/cm 或 V/格。

根据亮点或时基线跳变的方向还可以确定出直流电压的极性。假设输入电压未被倒相，则向上跳变时为正，向下跳变时为负。

（二）测量时间

示波器测量时间的方法有多种，如直接测量法、比较测量法、时标法等，这里仅讨论直接测量法。

将"扫速微调"旋钮置于"校准"位置，选用合适的 Y 轴输入耦合方式，调节有关的开关旋钮，使显示波形的幅度合适、宽度适宜，记录下"时基因数（$t/$格）"挡位数值（设为 D_x，单位为 s/cm 或 s/格）和根据被测量的定义来确定具体的波形某两个点之间的水平距离（设为 L，单位为 cm 或格），则有

$$t = D_x L$$

式中：t 为被测时间量，s。

如果扫速扩展为 K' 时，时间实际测量值是 $t=D_x L$ 计算值的 $1/K'$。

在测量脉冲上升时间时，如果不满足示波器上升时间 $t_r \leqslant t_{ry}/3$，应加以修正

$$t_{rr} = \sqrt{t_{ry}^2 - t_r^2}$$

式中：t_{rr}为被测脉冲实际上升时间；t_{ry}为荧光屏上显示出的被测脉冲上升时间；t_r为示波器上升时间。

【例 2-3】　已知示波器时基因数为 10ms/cm，偏转灵敏度是 1V/cm，扫速扩展 K' 为 10，探极衰减系数 K 为 10∶1，荧光屏每格距离为 1cm，求如图 2-36 所示的被测信号的周期是多少？电压是多少？

解：据题意有 $D_x=10$ms/cm，$D_y=1$V/cm，$H=6$cm，一个周期的宽度 $L_{AB}=12$cm，扫速扩展 $K'=10$，探极衰减系数 $K=10∶1$，则：

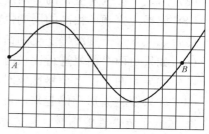

图 2-36　［例 2-3］的波形图

正弦波周期

$$T=D_x L_{AB}/K'=10\times12/10=12\,(\text{ms})$$

正弦波峰—峰值

$$U_{p-p}=D_y H=1\times6=6\,(\text{V})$$

正弦波电压

$$U=KU_{p-p}/2K_p=10\times6/2\sqrt{2}\approx21.2\,(\text{V})$$

被测正弦波的周期、电压分别为 12ms 和 21.2V。

（三）测量相位差

测量两个同频信号的相位差的方法有线性扫描法、椭圆法和圆扫描法等，这里仅讨论线性扫描法。

将两个信号分别接入双踪示波器 Y 通道的两个输入端，选择触发信号，采用"交替"或"断续"显示。采用"交替"显示时，应选用相位超前的信号作内触发信号源，适当调整"Y 轴移位"，使两个信号的水平中心轴重合，如图 2-37 所示，读出 AB、AC 的长度，计算相位差为

$$\Delta\varphi=\frac{AB}{AC}\times360°$$

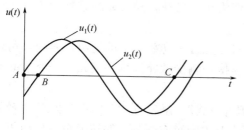

图 2-37　直线扫描法测量相位差

式中：AC 为被测信号一个周期在 X 轴上的长度，cm 或格；AB 为两个被测信号的时间间隔在 X 轴上的长度，cm 或格；$\Delta\varphi$ 为两个信号的相位差，（°）。

（四）测量频率

测量频率的方法有周期法、李沙育图形法和椭圆扫描法等，这里仅讨论周期法。

周期法根据周期、频率之间互为倒数关系，先测量出周期，然后再换算出被测信号的频率。为了减小测量误差，测量周期时，可采用测量多个周期求平均的方法。

五、示波器的选用及使用注意事项

（一）示波器的选用

示波器种类繁多，在使用方法上也有许多类似之处，但是在示波器的选用上应注意以下几点。

1. 根据被测信号特性选择合适的示波器

（1）定性观察频率不高的周期性信号，可选用普通示波器。

（2）用来观察非周期性信号、宽度很小的脉冲信号时，应选用具有触发扫描或单次扫描

的宽带示波器。

（3）用来观察快速变化的非周期性信号时，应选用高速示波器。

（4）如果观察频率很高的周期性信号，可以选用取样示波器。

（5）如果观察低频缓慢变化的信号，可选用低频示波器或长余辉慢扫描示波器。

（6）如果对两个信号进行比较时，应选用双踪示波器。

（7）如果对两个以上信号比较时，要选用多踪示波器或多束示波器。

（8）如果要将波形存储起来，可选用存储示波器等。

2. 根据示波器性能选择合适的示波器

（1）频带宽度和上升时间：一般要求频带宽度 $BW \geqslant 3f_{max}$（f_{max} 为被测信号最高频率），示波器上升时间 $t_r \leqslant t_{ry}/3$（t_{ry} 为被测信号上升时间）。

（2）垂直偏转灵敏度：如需观测微弱信号，应选择具有较高偏转灵敏度示波器。

（3）输入阻抗：尽量选用高输入阻抗，即输入电阻大、输入电容小的示波器。

（4）扫描速度：被测信号频率越高，所需示波器扫描速度越高；反之，扫描速度越低。

（二）示波器的使用注意事项

（1）选择合适的电源，使用前预热，并注意机壳接地。

（2）测量前要注意调节"轴线校正"，使荧光屏刻度轴线与显示波形的轴线平行。

（3）根据需要，选择合适的输入耦合方式；经过探极衰减后的输入信号切不可超过示波器允许的输入电压范围。

（4）聚焦要合适，不宜太散或过细；辉度要适中，不宜过亮，且亮点不能长时间停留在同一点上。尽量在荧光屏有效尺寸内进行测量，避免在阳光直射或明亮环境下使用示波器。

（5）探极要专用，且用前要校正。校正方法是将标准信号源产生的标准信号通过探极加到示波器，适当调整探极内补偿电容，直到正确补偿为止。另外，探极衰减系数为 10∶1 或 100∶1 时，被测信号电压为测量值的 10 倍或 100 倍。

（6）示波器与被测电路的连接应注意：被测信号为几百千赫兹以下的连续信号时，可以用一般导线连接；信号幅度较小时，应使用屏蔽线连接；测量脉冲信号和高频信号时，必须用高频同轴电缆连接。

（7）波形不稳定时，通常按"触发源""触发耦合方式""触发方式""扫描速度""触发电平"的顺序进行调节。如果仍不稳定，可反复调节上述旋钮或调节"偏转因数"旋钮等。

（8）直接测量电压和时间时，"偏转灵敏度细调""时基因数细调"旋钮务必置于"校准"位置，否则将产生较大的测量误差。

第十节 虚拟仪器概述

虚拟仪器（Virtual Instruments，VI）是利用计算机技术，以专门设计的仪器硬件和专用软件发展起来的新型产品。虚拟仪器具有普通仪器的全部功能以及一些在普通仪器上无法实现的特殊功能，不但功能多样、测量准确，而且界面友好、操作简易，与其他设备集成方便灵活。

一、虚拟仪器的特点

虚拟仪器以计算机为测试平台，可代替传统的测量仪器，如示波器、逻辑分析仪、信号发生器、频谱分析仪器等，可集成于自动控制、工业控制系统，也可构建成专有仪器系统。

虚拟仪器是由计算机应用软件和仪器硬件组成，通过不同的软件就可以实现不同的测量测试仪器的功能，因此软件系统是虚拟仪器的核心。

虚拟仪器中所有测试仪器的主要功能可由数据采集、数据测试和分析、结果输出显示三大部分组成。虚拟仪器和 EDA 仿真软件中的虚拟仪器概念完全不同。虚拟仪器可以完全取代传统台式测量测试仪器；EDA 仿真软件中的虚拟仪器是纯软件的、仿真的。

二、虚拟仪器与传统仪器的比较

（一）传统仪器

（1）功能由仪器厂确定。

（2）与其他仪器设备的连接十分有限。

（3）图形界面小，人工读数，信息量少。

（4）技术更新周期长，一般为 5～10 年。

（5）系统封闭，功能固定，扩展性低。

（6）体积大、质量重，不便携带。

（7）多为实验室拥有。

（8）开发维护费用高。

（9）不能编辑数据。

（二）虚拟仪器

（1）功能由用户自己定义。

（2）可方便地与网络外设连接。

（3）汉化图形界面，直接读数，便于分析处理。

（4）技术更新周期短，一般为 0.5～1 年。

（5）基于计算机可以构成多种仪器。

（6）体积小、质量轻，便于携带。

（7）个人即可拥有一个实验室。

（8）开发维护费用低。

（9）可实现高质量编辑、存储、打印。

三、虚拟仪器的应用和发展

虚拟仪器通过软件将计算机硬件资源与仪器硬件有机地融为一体，从而把计算机强大的计算处理能力和仪器硬件的测量、控制能力结合在一起，大大缩小了仪器硬件的成本和体积，并通过软件实现对数据的显示、存储以及分析处理。从发展史看，电子测量仪器经历了由模拟仪器、智能仪器到虚拟仪器。由于计算机性能以摩尔定律每半年提高一倍的速度飞速发展，给虚拟仪器的发展带来较高的技术更新速率。

虚拟仪器的优势还在于可由用户定义自己的专用仪器系统，且功能灵活、容易构造，应用面极为广泛，尤其应用于科研开发、测量、检测、计算、测控等领域更是不可多得的好工具。若配以专用探头和软件还可以检测特定系统的参数，如汽车发动机参数、汽油标号、炉窑温度、血液脉搏波、心电参数等。

由于虚拟仪器实现了用计算机全数字化地采集测试分析，完全与计算机的发展同步，显示出它的灵活性和强大的生命力。

随着当今社会信息技术的迅猛发展，各行各业无不转向智能化、自动化、集成化。无所不在的计算机应用为虚拟仪器的推广提供了良好的基础。

第十一节　Fluke190 - 102 型示波表

Fluke190 - 102 型 ScopeMeter 测试仪，又称示波表，凭借其体积小、质量轻以及前所未有的强大测量功能在工业测量领域占有一席之地。其主要功能覆盖数字存储示波器、数字多用表和功率表的功能，可以捕获被测信号、交流电流、电压的测量，有功功率、相位、频率和周期的测量。

示波表具有独立浮动的隔离输入结构，每个输入部分的基准输入都进行了电隔离，使得示波表如同拥有四台独立的仪器一样具有多种用途，在测量多个信号时引起短路的可能性大为降低，保护了仪器和被测电路。Fluke190 - 102 型示波表如图 2 - 38 所示。

一、示波表使用方法

示波表的万用表功能使用时连接方式：将示波表表笔的 4mm 安全红色和黑色（COM）香蕉接口头插入输入端，如图 2 - 39 所示。

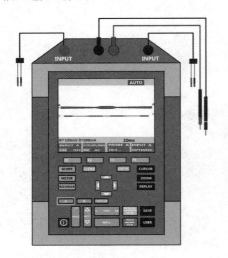

图 2 - 38　Fluke190 - 102 型示波表　　　　图 2 - 39　万用表连接方式

（1）测量电阻/电压：电阻器值以欧姆（Ohm）为单位显示；电压量程依据实际值自行调节；可观察到还显示了条形图。使用方法：

1）将红色和黑色表笔连接到元件两端；

2）按下面板上 METER 键（图 2 - 39 中 1 所选中的按键）；

3）按下面板上的 F1 键，打开 MEASUREMENT 菜单（如图 2 - 39 中 2 所示）；

4）通过方向键突出显示 Ohms/Vdc/Vac；

5）通过 ENTER 按键选择 Ohms/Vdc/Vac 测量。

（2）直流电流测量：接线如图 2 - 40 所示，需要采用定制 BNC 接口导线。使用方法：

1）将 BNC 接口导线连接到 INPUTB 通道；

2）按下面板上的 SCOPE 按键（如图 2 - 40 中 1 所选中的按键）；

3）按下面板上 F2 按键，打开 READING 菜单（如图 2-40 中 2 所示）；

4）通过方向键突出显示 onB，Adc，设定比例 100mV/A；

5）通过 ENTER 按键确认测量。

二、示波表使用注意事项

（1）使用时先将电源适配器插入交流电插座，然后将其与测试仪连接。

（2）拆去所有不使用的探针，测试导线和附件。

（3）始终先将电源适配器插入交流电插座，然后再将其与测试仪连接。

（4）不要用手碰触高于交流有效值 30V，交流峰值 42V 或直流 60V 的电压。

（5）不要将接地簧片从接地点连接到峰值高于 42V（或交流有效值高于 30V）的电压。

（6）不要在端子之间，或任何端子和接地之间使用超过额定值的电压。

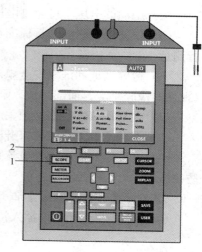

图 2-40　电流测量显示

第十二节　Fluke F430-Ⅱ型电能质量分析仪

电能质量分析仪提供强大的测量功能来检查电路运行状态，辅助对电路性能、电能质量的理解。电能质量分析仪如图 2-41 所示。

一、电能质量分析仪功能

（1）示波器（Scope）模式：以波形或矢量图方式显示被测电路的电压和电流。此外还显示相位电压（有效值，基波值，光标处显示值）、相位电流（有效值，基波值，光标处显示值）、频率、电压和电流之间的相角等数值。

（2）电压/电流/频率测量：显示一个包含重要数字测量值的计量屏幕。相关的趋势图屏幕显示计量屏幕中所有数值相对于时间的变化。

（3）谐波测量：可测量和记录 50 多个谐波和间谐波，对相关数据如直流分量、总谐波失真（THD）及 K 系数都作了测量。

（4）功率和电能测量：显示一个包含所有重要功率参数的计量屏幕。相关的趋势图屏幕显示计量屏幕中所有测量值相对于时间的变化。

图 2-41　电能质量分析仪

二、电能质量分析仪使用注意事项

（1）不要触摸高压：电压大于交流有效值（RMS）30V、交流峰值 42V 或直流 60V。

（2）接地输入端仅可作为分析仪接地之用，不可在该端施加任何电压。

（3）不要施加超出测试仪额定标准的输入电压。

（4）施加的电压不可超过电压探头或电流钳表上标示的额定值。

（5）仅使用正确的测量标准类别（CAT），电压和电流额定探头、测试导线和适配器进行测量。

（6）遵守当地和国家安全规范。在危险带电导线外露的环境中，必须使用个人防护设备（批准的橡胶手套，面部防护，阻燃服）来防止触电和电弧放电的伤害。

（7）在操作仪器之前必须关闭并锁定电池门。

（8）在盖子取下或机壳打开时，请勿操作仪器，可能受到危险电压的伤害。

（9）在安装和取下柔性电流探头时要特别小心，注意断开被测设备的电源或穿上合适的防护服。

（10）不要使用裸露的金属 BNC 或香蕉插头。

（11）不要将金属物件插入接头。

本 章 小 结

（1）电工测量仪器的基本知识包括电工仪表的分类、电工仪表的结构、工作原理、仪表准确度等级和电工仪表的选择常识等内容。

磁电式仪表测量的基本量是直流或交流的恒定分量；这种仪表具有测量准确度高、功率损耗小、表盘刻度均匀、过载能力和防御外部磁场能力强的特点。

电磁式仪表测量的基本量是直流或交流的有效值，一般用于 50Hz 的交流电，当频率变化时误差较大；这种仪表具有测量准确度较低、功率损耗和过载能力大、表盘刻度不均匀、防御外部磁场能力弱的特点。

电动式仪表测量的基本量是直流或交流的有效值，并可测交、直流功率及交流相位、频率等；一般用于 50Hz 的交流电，可测非正弦交流电的有效值。这种仪表具有测量准确度高、功率损耗大、表盘刻度不均匀、过载能力和防御外部磁场能力弱的特点。

（2）电压表按其被测对象可分为直流电压表和交流电压表；按测量结果的显示方式可分为模拟式电压表和数字式电压表。其中模拟式电压表又分为均值、峰值和有效值三种。

电流表按照测量对象可分为直流电流表和交流电流表；从量程大小可分为微安表、毫安表和安培表；从电流表的结构可分为指针式电流表、数字电流表；检流计也是一种电流表，不是用来测量电流的大小，而是检测电流有无的。在比较法测量中，检流计作为指零仪而得到广泛的应用。

（3）功率表用于测量直流或交流电路的功率；功率表由固定的电流线圈、可动的电压线圈、指示机构所组成。功率表的电流线圈与负载串接，功率表的电压线圈与负载并接，两个线圈的同名端"＊"要短接。

（4）万用表通常用来测量交、直流的电压、电流和电阻，它还可以测量电平、功率、电容和电感等，用途极其多样。

（5）比较式仪表是将被测量与已知标准量进行比较，从而测量出被测量的数值；电桥就是一种常用的比较式仪表，它分为直流和交流两类。

（6）晶体管毫伏表是用来测量非工频交流电压大小的交流电子电压表，它的指示机构是指针式的，因而又称为模拟式电子电压表。晶体管毫伏表还可以进行电平的测量。

（7）信号发生器种类繁多，从不同角度可将信号发生器进行不同的分类；信号发生器可以提供电子测量所需要的各种电信号。

（8）示波器通常用于观测被测信号的波形，或用于测量被测信号的电压、周期、频率、相位、调制系数等，有时也用于间接观测电路的有关参数及元器件的伏安特性，或者利用传感器测量各种非电量。

（9）示波表和电能质量分析仪是当前功能比较齐全的现代测量仪器。示波表将示波器和万用表功能合在一起，能够测量电压、电流、电阻等基本参数，也能进行相应的波形分析。电能质量分析仪用于测量单相、三相电能的基本参数（电压、电流、频率等），也能对电能质量进行监测，分析不同负载参数的变化。

习　　题

2-1　电工仪表的种类很多，分别说明按仪表的工作原理分类、按测量对象的名称分类、按被测电量的种类分类、按使用方法分类有哪几种类型。

2-2　根据仪表的测量准确度，电工仪表分为哪几个等级？这些等级的含义是什么？

2-3　试叙述电磁式、电动式仪表的结构和工作原理。

2-4　电压表与被测电路是如何连接的？电流表与被测电路是如何连接的？

2-5　在实际测量中，根据什么选用测量仪表？

2-6　比较式测量仪器和直读式仪表的根本区别是什么？

2-7　数字式仪表和指示式仪表的根本区别是什么？

2-8　使用电压表、电流表时，各应注意哪些事项？

2-9　直流电压源为 U_s，给负载电阻 R_L 供电，电流为 I，若用内阻为 R_A 的电流表测量，测量的结果等于多少？绝对误差和相对误差各有多大？

2-10　万用表有哪几种类型？万用表有哪些功能？

2-11　用万用表测电阻时，应该注意些什么？

2-12　如何正确选择电工仪表的量程？如果选择不当，会给测量结果带来什么影响？

2-13　使用功率表时，如何正确接线？如何读取功率数值？

2-14　若直流电桥的桥臂电阻 $R_2=1000\Omega$，$\Delta R_2=1\Omega$，$R=10000\Omega$，$\Delta R_3=-3\Omega$，$R_4=5477\Omega$，$\Delta R_4=2\Omega$。试求被测电阻 R_x 及测量的相对误差和绝对误差。

2-15　晶体管毫伏表与电压表有什么区别？它们所测频率有什么区别？

2-16　晶体管毫伏表有哪些主要组成部分？试叙述其工作原理。

2-17　信号源有哪些种类？按测量信号频率范围分，信号源有哪些类型？

2-18　试叙述函数信号发生器的工作原理，函数信号发生器可以产生哪几种信号？

2-19　如何用示波器测两个同频率信号的相位差？

2-20　使用示波器时，应注意哪些事项？

2-21　在使用示波器时，首先要显示扫描线，此时相应的各个旋钮应放置在什么位置上？为什么要避免扫描线"拉不开"，在屏幕上出现一个亮点的情况？

2-22　如何选取示波器的扫描周期？要得到稳定的被测信号的波形，必须严格遵守什么关系？

2-23　被测波形在示波器屏幕上连续不断地向左移动或向右移动，是什么原因造成的？如何才能使被测波形稳定显示？

2-24　欲观察基波和三次谐波合成以后的波形，如何使用示波器显示该波形？

第二篇 电 路 实 验

第三章 电 路 实 验 基 本 技 术

电路实验是培养从事电气工程、电子信息等领域的工程技术人员掌握基本电工测量技术的重要环节。虽然电路实验所研究的对象相对简单，涉及的知识面有限，但是，在电路实验的整个过程中，都将遇到电路基本理论、实验原理、实验方法、实验电路的设计等技术问题。此外，实验电路的连接、故障的排除等实验的操作技巧问题，常用元器件、仪器仪表的选择和使用等工程实际问题，以及实验数据的采集和处理，各种现象的观察和分析等实验问题，则是电路理论课程无法涉及的。通过电路实验最基本环节的训练，可以使学生达到逐步积累经验，提高综合能力的目的。

本章主要介绍电路实验的一些基本原则和正确操作方法，以及数据的处理和计算。掌握和灵活运用这些基本常识，将有利于实验的顺利进行和人身、仪器设备的安全。

第一节 电路实验的测量方案设计及仪表选择

电路实验的测量方案设计及仪表选择，必须具有系统的电路理论知识及掌握常用仪器仪表的功能特性，还要不断关注新技术、新器件的应用，这样才能使设计的测量方案具有时代特色，具有较好的实用性和可靠性。

完成一项电路实验的测量方案设计及仪表选择，通常经过以下几个步骤：选定测试内容→制定实验步骤→确定实验仪器仪表→分析测试结果并做出结论。

一、电路实验的测量方案设计原则

测量方案的设计，应根据被测对象、测量目的与要求，提出一个或几个较周密的实施方案。方案的内容应包括理论根据、测量线路、测试方法、测试设备、具体测量步骤、数据表格、可能出现的问题估计及采取哪种技术措施等，有时还要提出时间进度、人力配备和经费预算等。

电路实验测量方案的优劣，一般要用科学性、先进性、经济效益三个指标来衡量。一个实施方案的最后取舍，要由可行性分析论证决定。可行性分析论证的目的是审查方案是否符合上述三个指标的要求，并对方案的整体或局部进行适当的修正，在达到满足测量目的和要求的前提下，使投入的人、财、物最少，并且在现有条件下能够很好地实现。

二、选择测量方案应注意的问题

在进行测量之前，必须根据相关电路理论和已有的实验经验，考虑下面几个问题：

（1）为完成电路实验的目的，设计适合的实验测量方案。

（2）需要测量的量有哪些，允许的测量误差是多少，测量的方法及步骤怎样最合适。

（3）使用的测量仪器仪表对被测对象的影响如何。

（4）被测信号对仪器仪表的性能有何影响，测量结果是否受到了外界因素的干扰。

（5）测量结果如何显示出来，是采用表格形式还是采用曲线形式。

上述问题中，最容易被忽视的是被测信号对测量仪器仪表性能的影响。因此，除了对测量仪器仪表的性能要做到十分熟悉外，还要对被测对象有足够的了解，一般要考虑下面的几个问题：

（1）被测对象是有源的还是无源的。

（2）被测对象是属于实时测量还是离线测量。

（3）被测对象本身是否会引起测量线路内部的电流或电压的重新分配。

（4）被测对象的内阻、波形以及频率如何，是否超过所选用仪器仪表的额定测量范围。

（5）选用的仪器仪表是否还能保证测量的准确度。

综合考虑了这些问题后，反复改进设计或修改测量方案，直至得到最好的方案。

当前的电路实验，许多实验题目已经有了确定的测量方案，只要按照要求就可以顺利完成测量任务。但是，在综合性和设计性实验中，这些问题要求通过独立思考，寻找理论根据、设计实验电路、选择实验测量方案和记录数据表格、拟定实验步骤、选用仪器仪表，以达到独立进行电路实验的目的。

三、选择仪器仪表的基本原则

电路实验的测量过程中，在元器件和仪器仪表选择方面，一般会遇到两种情况：一种是在实验对象、实验目的与要求已经确定的情况下，选择实验用的元器件、仪器仪表；另一种是在提供了实验目的、要求以及实验室现有的元器件和仪器仪表清单的情况下，要求确定实验对象、工作参数和设计实验电路。显然，后者较前者要复杂一些，但涉及问题的性质基本相同。

仪器仪表和元器件的选择要注意整体配套。下面介绍选择的基本原则。

1. 实验目的和要求

仪表的选择要根据实验的目的与要求，或被测量的性质确定元器件、仪器仪表的类型。如果与之对应的元器件、仪器仪表的类型不相同，是不可以通用的，如线性还是非线性，直流还是交流，正弦还是非正弦，方波还是其他脉冲波，低频还是高频等。

2. 被测量的范围

在测量中使用的元器件，要根据其参数的最大和最小值以及参数的最大误差，可调节的范围，允许的工作电压、工作电流等是否都满足实验的测量要求来选定，并留有余地。对于仪器仪表，其量程上限值应选择在被测量值的 1.1～1.5 倍为宜，量程上限值选得过大，会增加容许误差，过小，会损伤仪器仪表。

3. 仪器仪表的输出特性

根据实验电路或被测对象阻抗的大小，选择仪器仪表的内阻或内阻抗。选择信号电源设备的输出阻抗，要尽量使之相匹配。选择测量用的仪器仪表的内阻，需使之产生的系统误差尽量小。

4. 被测量要求的准确度

根据被测量要求的准确度，选择仪器仪表的准确度等级。仪器仪表准确度的选择，一般至少要高于要求的测量准确度一个等级。如实验要求的测量准确度为±5％，则应选择准确度为 2.5 级或以上级别的仪器仪表。仪器仪表准确度的选择上，在满足实验要求的测量准确度前提下，应遵循"就低不就高"的原则。因为高准确度仪器仪表不仅价格贵，而且给使用、校验、维修、管理带来诸多不便。

5. 实验环境

根据实验场所、环境、条件，选择具有不同内、外防护能力的仪器仪表。由于实验场所、环境、条件的不同，对元器件、仪器仪表的选择也会有特殊要求。这些特殊要求有如对外部电磁场的防护能力，对温度、气压、湿度、尘埃等的适应和防护能力，防爆、防水、抗振动、抗冲击等的能力。当遇到上述环境问题时，应查阅 GB/T 7676—2017《直接作用模拟指示电测量仪表及其附件》，正确选择合适的测量仪器仪表。电路实验室各方面条件比较好，选用普通、便携式仪表一般均能满足要求。

6. 仪器仪表和元器件的配套性

选用仪器仪表、元器件是为了圆满地完成测量任务，达到测试的目的与要求。但是，如果考虑不周，从局部看，选择可能是合理的，但从整体看，可能又不合理。这种不合理性往往表现在元器件的准确度和仪器仪表的准确度等级、参数值范围和容量等不配套。因此要在实验过程中，逐步树立整体思想，学会全面综合地分析和处理问题。

第二节　电路实验的操作步骤

电路实验的全过程要做到"准确、安全、规范"。所谓准确，是指实验测量结果达到要求的测量准确度；所谓安全，是指实验测量过程一定要保证人身安全和设备的完好；所谓规范，是指电工测量过程一定要按电气操作的规范进行，养成良好的操作习惯。

一、明确实验目的与要求

实验对象、目的与要求，是设计、制定和论证实验方案，评价实验结果的主要依据，不了解这些，实验无从谈起。

实验对象可以是某一个器件、某一电路、某一系统，也可以是一个具体的装置或仪器等。这里主要是要了解它们的总体结构、具体组成、工作条件及其性能、参数，因为这些将直接影响实验方案的制定。

做任何一项实验都有目的与要求。随着目的与要求不同，实验的任务和完成任务的方法以及要采取的技术措施也不相同。在实验过程中，除实验本身的目的与要求外，还要通过具体实验的实践过程，达到培养学生的基本测量技能和综合测试能力的目的。

电路实验，就其研究的内容和性质可分为测量性实验、综合性试验、设计性实验、计算机辅助分析和设计仿真实验。其中测量性实验为电路变量电压、电流、功率的测量，电路元器件特性和参数的测量，电路特性（如谐振电路特点、动态电路的动态特性）的测量等。

二、实验预习

电路实验受到时间和条件限制。在规定时间内，能否顺利完成实验任务，达到实验目的与要求，预习是很关键的。对于具体的实验内容，虽然要求学生独立设计的题目不很多，但也要通过认真阅读实验指导书，了解实验室的仪器设备，编写实验预习报告。预习过程决不能走过场，这样才能做到实验过程有条理，主动地去观察实验现象，发现并分析解决问题，以取得最佳的实验效果。

实验预习应做到以下几点：

（1）明确实验目的、任务与要求，估计实验结果。

（2）阅读有关教材和资料，弄懂实验原理、方法；熟悉或设计实验电路；拟定实验步骤；对提出的思考讨论题和注意事项要形成深刻印象，以便在实验操作过程中观察、解决和注意这些问题。

（3）根据实验目的、任务与要求，在实际观察的基础上，提出元器件、仪器仪表和设备清单，包括型号、规格、量程、容量、数量。对未使用过的仪器仪表和设备，要借阅使用说明书，掌握使用要领。

（4）设计实验数据表格。在设计数据表格时，必须对实验目的、任务与要求，具体测试项目，数据采集量的多少有深入的研究，一般在峰点、谷点、拐点及其附近数据应采集密一些，在直线和缓慢变化时数据采集量可以疏一些。

（5）准备好实验过程中所需的文具用品，如坐标纸、铅笔、曲线板、计算器等。

三、实验电路的连接

实验电路的连接应合理布局，满足以下三方面要求：

（1）实验对象、仪器仪表之间跨接导线长短等对实验结果的影响最小。

（2）连接简单、方便，连接头不过于集中，整齐美观。

（3）便于操作、调整和读取数据。

实验电路的连接顺序，应由电路复杂程度和操作者技术熟练程度来决定。最简单的办法是按照电路原理图一一对应接线为好，较复杂的电路，应先连接串联部分，后连接并联部分，同时考虑元器件、仪器仪表的同名端、极性和公共参考点等都应与电路原理图设定的位置一致，最后连接电源。

在实验电路接线时，要注意避免在同一个端子上连接三根以上的连线，以减少因牵动一连线而引起端子松动，造成接触不良或导线脱落，导致较大的接触电阻，甚至引发事故。

实验电路连接好以后，一定要认真细致地检查，这是保证实验顺利进行，防止事故发生的重要环节。检查的方法，一般是以电路的电源端子为起始点，依次按连接导线和连接点的顺序检查各实验装置接入电路的情况，查遍整个电路直至回到起始点。最后，由指导教师复查认可后，方可通电操作。

 温馨提示

　　对线路的检查，既是对实验电路又一次的连接实践，也是一次建立电路原理图与器件实体连接之间联系的训练机会。

四、实验预操作过程

实验预操作也称为试做，它是在实验电路的连接经过检查确认无误后，接通电源，输入量由零开始，并在实验任务及要求范围内，快速、连续地调节各参量，观察实验全过程，然后将输入量回零。

预操作的目的如下：

（1）进一步考验电路连接的正确性，及时发现故障。

（2）检验选用的元件、仪器仪表的规格和仪表的量程是否合适。

（3）观察给定的参量、参数能否达到实验目的与要求。

（4）确定实验数据的合理取值范围。

五、实验过程与数据读取

能否仔细观察实验现象，认真操作和读取、记录实验数据，对实验的结果起到决定性的作用。操作与读数的配合问题解决不好将会带来很大的附加误差和数据分散性，降低实验准确度，增加处理数据的时间。

由于不同的实验，影响的因素不同，因此，怎样做好操作与读数的配合问题，没有统一的模式可遵循，要注意不能简单机械地操作、读数，单纯完成实验任务，而要注意总结经验，掌握技能。对于线性电路，高电压、大电流等这类的实验，实验操作与读数就可以快一些；对于非线性电路，频率特性分析等类的实验，则要求操作与读数慢一些；对于动态元件充、放电类的实验，要用秒表测定动态元件的充、放电曲线，则实验要求操作与读数同时进行；有的实验则要求在反复操作、调节中读数。

实验数据的判断，是指在较短时间内，判断所读取的数据是否基本可靠合理，以便及时发现测错、读错、记错和漏测的数据，在实验线路未拆除之前，予以补测和修正。数据判断的依据，是实验测量获得的数据是否达到了实验的目的与要求，是否符合基本原理、基本规律或已经给出的参考标准。

实验数据的判断，可通过实验数据进行验算、作简图，与理论或给定的参考标准进行比较，得出所读取的数据是否基本可靠的结论。对于探索性实验的测量数据或未给出参考标准的数据，应根据基本原理和定律判断。如测量交流参数时，应符合 $|Z| \geqslant R$，$|Z| \geqslant |X|$；测量功率时，应符合 $UI \geqslant P$，$\cos\varphi \leqslant 1$ 等。

经常出现对测量数据和所记录的现象不珍惜的情况。其表现为轻易放弃已测到的数据；认为数据太多整理麻烦，或者由于这些数据不合人意而被舍弃。在实验后经常遇到这样的情形，有人认为在实验中发现了某些异常现象，但是，追问其数据记录时，往往因认为没有用，而将测量数据记录遗漏或丢失了。这是很可惜的。因为这些数据可能为寻找实验中的某些隐患提供依据，也可能是一个新发现的宝贵线索。

在实验过程中还会出现不符合实验目的与要求，或测量误差超过 $\pm 5\%$ 的实验数据，这些数据称为异常值。根据选定测量线路、方法及仪器仪表的灵敏度，一般情况下，实验误差均在 $\pm 5\%$ 范围内。异常值多半是测量、读数或记录方面的错误引起的，可以通过检验和重点测量得以修正。有时异常值在多次重复测试中不变，则应找出其原因，不要轻易改动、舍弃。

对待测量数据要避免成见或带有某种主观的意愿，否则在观察与测量阶段可能会产生读数偏向有利于意愿的方面读取，而在整理阶段可能会有意无意地排斥某些数据，甚至会出现伪造数据的现象。实验的原始数据或分析得到的数据，在一定限度内进行"调整"是可以的。如仪器不准，经校正后，原数据要作相应的修改；如读数的准确度比所要求的准确度高，亦可作些调整；如去掉一些有效数字。但这种修改要非常小心。无论如何调整，在报告中一定要保留原始数据。

六、整理实验现场

根据电路理论和实验接线，经过充分的分析、判断实验数据合格后，实验操作结束，才可拆除实验线路。

拆除线路时，首先将实验线路中的各输入量调整为零，然后切断仪器仪表和实验电源；其次，确认电路不带电后，从电源端开始拆线。当被拆除线路中含有 60V 以上的大容量电容器时，应先进行人工放电，以免触电。最后要整理实验现场。

第三节　实验报告的内容与要求

写实验报告进行实验过程的总结，既是电路实验教学的关键环节，也是今后撰写其他工程实验报告的基本功训练。

一、实验报告的内容

实验报告应包括以下内容：

（1）实验目的：实验目的的阐述要条理清晰、简明扼要。

（2）实验原理：简要地说明实验原理，实验所采用的电路一定要画清楚。

（3）实验步骤：根据实验的具体任务与要求，拟定实验步骤，实验过程中每一步所采用的电路图要分别画清楚。

（4）实验用元器件和仪器仪表：实验所用的设备和仪器仪表清单包括名称、型号、规格、准确度和数量。

（5）实验数据记录：要特别注意实验数据记录表格的设计，在实验预操作中，应对事先设计的表格做补充修改。例如在极值附近，应考虑多加一些测量点，以保证能够测量出真正的极值。为减小误差，一般情况下，一种测量至少应重复做三次。

（6）实验数据计算和误差分析：要遵照有效数字计算规则和误差计算方法，进行实验数据的处理、计算和误差分析。

（7）实验思考题与建议：每个实验后面的思考题，一方面提示学生在做实验过程中要注意考虑这些问题；另一方面，在写实验报告时一定要准确回答这些问题。实验建议应针对实验过程中所发生和发现的问题提出来。

二、实验报告的要求

实验报告中的前4项内容，应在预习时完成，实验中要补充和完善实验数据记录。其余各项应在实验中基本形成，实验结束后整理完成。

实验报告要求书写文字简洁、工整；数字处理要求按有效数字计算的规则进行；要对测量结果做出"实事求是"的误差分析；绘制图表和曲线要清晰、规范，要用坐标纸画图；实验结论要有科学根据和理论分析，回答问题要准确。

第四节　实验故障的检测与排除

实验中出现各种故障是难免的，掌握实验步骤、正确排除故障，也是实验教学中的一个重要环节。通过故障排除可以逐步提高学生分析和解决问题的能力，对培养和锻炼学生的实际工作能力具有重要意义。

一、实验故障的产生原因

在实验电路中，常见故障多属开路、短路或参数异常等。这些故障通常是由于接错电路、元器件损坏、配错参数、接触不良或导线内部断路等原因造成的。不论哪类故障，如不及早发现并排除，都会影响实验的正常进行，甚至造成严重损失。

产生故障的原因很多，大致有以下几个原因：

（1）电路连接不正确或接触不良，导线或元器件引脚短路或断路。

（2）元器件、导线裸露部分相碰造成短路。

（3）仪器或元器件本身质量差或损坏，以及元器件参数不合适或引脚错误。

（4）实验线路布局不合理，电路内部产生干扰。

（5）测试条件错误，元器件、仪器仪表、实验装置等使用条件不符合使用要求或初始状态值给定不当。

（6）仪器使用、操作不当。电源、实验线路、测试仪器仪表之间公共参考点连接错误或参考点位置选择不当。

为避免实验故障的发生，要认真预习实验，从实验操作起直至拆除线路为止，实验者都必须集中精力，通过仪器仪表的显示状况和气味、声响、温度等异常反应及早发现故障。一旦发现故障或异常现象，应立即切断电源，保持现场，正确处理。不要在原因不明的情况下，胡乱采取处理措施，随意拆除或改动线路，致使故障进一步扩大，造成不必要的损失。

二、实验故障检测的基本方法

实验故障大致可分为两大类：一类是非破坏性故障。其现象是无电流、无电压、指示灯不亮、电流和电压的波形不正常等；另一类是破坏性故障，可造成仪器、设备、元器件等的损坏，其现象常常是冒烟、有烧焦气味、有爆炸声响等。

故障检测的方法很多，一般是根据故障现象，判断其故障类型，确定故障部位，缩小故障范围，最后找出故障点并予以排除。下面介绍最常用的、也是最简单实用的万用表检测方法。它是利用万用表的电压挡或电阻挡检测实验故障的。

（一）通电检测法

该方法是在实验电路接通电源的情况下，进行实验故障检测的。实验电路接通电源后，首先用电压表测量电路中有关节点的电位，或者两点间的电位差，再根据实验接线判断是否故障。例如，根据实验电路原理，电路中某两点间应该有电压，而万用表测不出电压；或某两点间不应该有电压，而万用表却测出了电压，那么故障必在此两点间。

（二）断电检测法

该方法是在实验电路断开电源的情况下，进行实验故障检测的。在断开电源情况下，用电阻挡测量实验电路元件阻值及导线的通断情况。例如，根据实验电路原理，电路中某两点间应该导通，而万用表测出是开路；或某两点间应该是开路，但测得的结果为短路，那么故障必在此两点间。

实验电路中有时可能出现多种或多个故障，并且相互掩盖或相互影响时，要耐心细致地去分析查找。在选择检测方法时，要针对故障类型和实验电路结构情况选用。如短路故障或电路工作电压较高，例如200V以上时，就不宜采用通电检测法。而当被测电路中含有微安表、场效应管、集成电路、大电容器等元件时，不宜用断电检测法，因为在这些情况下，检测方法不当，可能会损坏仪表和元件，甚至可能造成触电。

在交流电路实验中，可以用示波器逐级检测各点的信号波形，并从中分析、判断故障的部位和原因，这种方法也适用于电子线路中的故障检测。

故障检测一定要认真、仔细和耐心，在没有找到故障原因和排除故障之前，绝不可以进行电路实验。

三、故障检测的顺序

一般情况下，对实验故障的现象进行分析、判断，就可以找出产生故障的原因及故障所在区域，再按照故障区域逐步检测到故障部位，直至排除故障。在故障原因和故障类型难以确定时，可按下列顺序进行故障检测：

（1）检查电路中的仪器仪表、开关、元器件以及连接导线是否完好，实验电路的连接有无错误，各器件的连接处接触是否良好。

（2）检查电源供电系统，从电源进线、熔断器、开关至电路输入端子，由前向后检查各部分有无电压以及电压分布是否合理。

（3）检测实验电源的输入、输出调节旋钮，仪器显示及探头，实验电路的接地点等是否完好、可靠。

本　章　小　结

（1）实验测量的方案设计，应根据被测对象、测量目的与要求，提出一个或几个较周密的实施方案。方案的内容应包括理论根据、测量线路、测试方法、测试设备、具体测量步骤、数据表格、可能出现的问题估计及采取哪种技术措施等内容。

（2）测量仪器仪表的选择，应根据实验目的和要求、被测量的范围、仪器仪表的输出特性、被测量要求的准确度、实验的环境、仪器仪表和元器件的配套性等选用。

（3）电路实验的操作，首先要明确实验目的与要求，制定和论证实验方案，做实验预习，在此基础上方可进行实验。实验过程应包括实验电路的连接、实验操作过程、实验过程与数据读取、整理实验现场等主要步骤。

（4）实验报告的内容有实验目的、原理与说明、实验内容、仪器与设备、预习要求、思考与讨论、注意事项、实验报告要求共八部分。实验报告要求文字简洁、工整；数字处理按有效数字计算的规则进行，做实事求是的误差分析，制表和曲线要清晰、规范，实验结论要有科学根据和理论分析，准确回答思考与讨论中的问题。

（5）常见的故障有开路、短路或参数异常三种类型。故障原因通常是接错电路、元器件损坏、配错参数、接触不良或导线内部断路等。故障检测的方法通常用万用表的电压挡或电阻挡通过通电检测法、断电检测法、信号寻迹法等进行检测。

第四章 电 路 基 本 实 验

本章主要学习电路实验的操作技能和测试方法，掌握常用测量仪器仪表的使用，同时使学生通过实验进一步掌握电路基本理论和知识。任何一门课程的学习，其最终目的都是为了应用，电路实验课的学习更是如此。

第一节 XK - DGSTH 型电工技术综合实验装置

电工技术综合实验装置是基于上一代电路综合实验的改进，融入先进测量设备（示波表和电能质量分析仪），结合常规实验仪器，为电工实验提供支撑。它主要设备有可调三相交流电源、可调直流电压源、恒流源、函数信号发生器、示波表、电能质量分析仪。

一、装置介绍

图 4 - 1 为 XK - DGSTH 型电工技术综合实验装置总体结构图，主要包括：

（1）三相电源开关，实验台电源总开关。

（2）三相调压器，调节三相电压输出（0～220V）。

（3）三相电压输出，为实验电路提供交流电电源。

（4）直流稳压电源，为实验电路提供直流电压，电压量程为 0～30V，电流量程为 0～3A。

（5）恒流源，为实验电路提供恒定电流，0～2A，输出量程可调。

（6）函数信号发生器，提供任意设定的频率、幅值的信号输出。

（7）电能质量分析仪，可以测量交流电压、频率、电流、功率等参数。

（8）示波表，可以测量阻值、交直流电压和电流，观察信号的动态过程。

图 4 - 1 实验装置总体结构

二、基础实验箱介绍

1. 元件箱

电阻：可调电阻箱，如图 4 - 2（a）所示为最小单位为 0.1Ω。

电容：可通过不同开关通断组合调节电容容值，如图 4 - 2（b）所示。

电感：两种电感（带铁心 200mH 和不带铁心 270mH），如图 4 - 2（c）、（d）所示。

2. 电路基础实验箱

电路基础实验箱如图 4 - 3 所示，其中部分元件已接入电路，可完成基尔霍夫定律、叠加定理、等效电源定理、特勒根定理、一/二阶动态电路响应等实验。

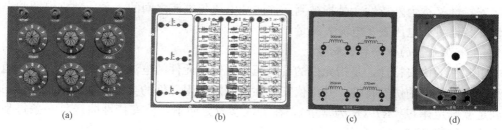

(a)　　　　　　　　(b)　　　　　　　　(c)　　　　　　　　(d)

图 4-2　元件箱

(a) 电阻箱；(b) 电容箱；(c) 带铁心电感箱；(d) 不带铁心电感

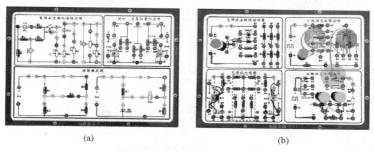

(a)　　　　　　　　　　　　　　(b)

图 4-3　电路基础实验箱

(a) 实验箱（一）；(b) 实验箱（二）

3. 电工基础实验箱

电工基础实验箱如图 4-4（a-c）所示，其中主要针对的是交流实验，提供不同负载，可完成交流参数测定、功率因数提高、三相电路电压电流的测量、三相电路功率的测量等实验。

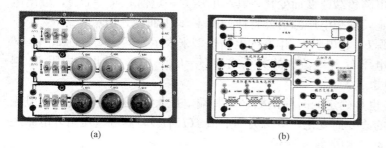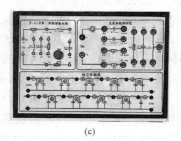

(a)　　　　　　　　　　　(b)　　　　　　　　　　　(c)

图 4-4　电工基础实验箱

(a) 实验箱（一）；(b) 实验箱（二）；(c) 实验箱（三）

第二节　元件伏安特性的测量

一、实验目的

（1）掌握几种电路元件的伏安特性及电源外特性的测量方法。

（2）熟悉常用直流电工仪表与稳压电源等设备的使用。

（3）掌握应用伏安特性判定电路元件类型的方法。

二、原理与说明

伏安特性又称为外特性，是指被测元件两端电压与电流之间的关系，独立电源和电阻元件的伏安特性可用电压表、电流表测量。

（一）电阻元件的伏安特性测量

电阻元件的伏安特性，是指元件的端电压与通过该元件的电流之间的函数关系。通过测量可测定电阻元件的伏安特性，并由伏安特性可判定电阻元件的类型。线性电阻元件的伏安特性满足欧姆定律 $U=RI$（R 为常量），在关联参考方向下，伏安特性曲线是一条过坐标原点的直线，如图 4-5（a）所示。

非线性电阻的阻值 R 不是一个常量，其伏安特性是一条过坐标原点的曲线。非线性电阻的种类很多，图 4-5（b）、（c）、（d）、（e）分别表示钨丝灯泡、普通二极管、恒流管和隧道二极管的伏安特性曲线。

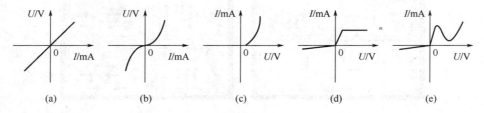

（a）　　　　　　　（b）　　　　　　　（c）　　　　　　　（d）　　　　　　　（e）

图 4-5　电阻伏安特性曲线

（a）线性电阻的伏安特性曲线；（b）钨丝灯泡的伏安特性曲线；（c）普通二极管的伏安特性曲线；

（d）恒流管的伏安特性曲线；（e）隧道二极管的伏安特性曲线

（二）独立电源的伏安特性测量

（1）理想电压源的端电压 $u(t)$ 是确定的时间函数，与流过电压源的电流大小无关。直流理想电压源的端电压不随外电路负载改变而变化，其端电压为一定值 $U(U=U_s)$，输出电流 I 的大小则由外电路负载决定，理想电压源的外特性如图 4-6 中曲线 a 所示。

实际电压源可用一个电压源 U_s 和电阻 R_s 串联的电路模型来表示，其伏安特性如图 4-6 中曲线 b 所示。实际电压源的电压 U 和电流 I 的关系式为 $U=U_s-R_s I$，因此，内阻 R_s 越大，图中 a、b 两曲线的夹角 θ 也越大。

（2）电流源的端电流 $i(t)$ 也是确定的时间函数，与其端电压大小无关。直流理想电流源的输出电流不随外电路负载的改变而变化，电流为一定值 $I(I=I_s)$，其端电压由外电路决定，理想电流源的外特性如图 4-7 中曲线 a 所示。

实际电流源可用一个电流源 I_s 和电导 G_s 并联的电路模型来表示，其伏安特性如图 4-7 中曲线 b 所示。实际电流源的电流 I 和电压 U 的关系式为 $I=I_s-G_s U$，可见，电导 G_s 越大，图中 a、b 两曲线的夹角 θ 也越大。

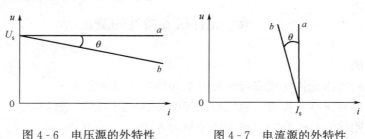

图 4-6　电压源的外特性　　　　图 4-7　电流源的外特性

三、实验内容

（一）电阻元件伏安特性的测量

1. 线性电阻元件的伏安特性测量

（1）实验电路采用图 4-8 所示的电流表内接方式，取被测电阻 $R=50\Omega$。调节稳压电源的输出电压，使电压表的读数为表 4-1 中所列数值，将相应的电流记录在表 4-1 中。

（2）将实验电路改接成图 4-9 所示的电流表外接方式，重复上述过程。

（3）将上述两种测量结果的伏安特性曲线画在一张坐标纸上，分析电压表、电流表的内阻对测量结果的影响。

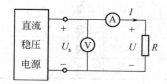
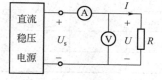

图 4-8 电流表内接方式　　　图 4-9 电流表外接方式

2. 非线性电阻元件的伏安特性测量

（1）测量普通二极管的伏安特性，实验电路如图 4-8 所示。取普通二极管为被测电阻元件，电压由零开始调节，读取对应的电流值记录于表 4-1 中，并用坐标纸画出伏安特性曲线。

（2）测量隧道二极管的伏安特性，实验电路仍采用图 4-8 所示。此时，取隧道二极管为被测电阻元件 R，电压由零开始调节，读取对应的电流值记录于表 4-1 中，并用坐标纸画出伏安特性曲线。

表 4-1　　　　　　　　　电阻元件的伏安特性测量数据表

被测元件			测 量 值								
线性电阻	电流表内接	U/V	0	1	2	3	4	5	6	7	8
		I/mA									
	电流表外接	U/V									
		I/mA									
普通二极管		U/V									
		I/mA									
隧道二极管		U/V									
		I（<20）$/mA$									

（二）独立电源的伏安特性测量

（1）测量电压源 U_s 和电阻 R_s 串联的电路模型的伏安特性，实验电路如图 4-10 所示，图中 $U_s=12V$。调节电阻 R_L，使电压表的读数为表 4-2 中所列数值，将相应的电流记入表 4-2 中；再用坐标纸画出伏安特性曲线。

（2）测量电流源 I_s 和电导 G_s（取 $1/R_s$）并联的电路模型的伏安特性，实验电路如图 4-11 所示，图中 $I_s=30mA$。调节电阻 R_L，测量电流、电压值，记入表 4-2 中；再用坐标纸画出伏安特性曲线。

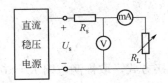 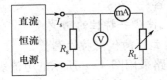

图 4-10　电压源的伏安特性　　　　图 4-11　电流源的伏安特性

表 4-2　　　　　　　　　　独立电源的伏安特性测量数据表

$R_s = 200\Omega$	R_L/Ω						
电压源	U/V						
	I/mA						
电流源	I/mA						
	U/V						

四、仪器与设备

（1）直流稳压电源。

（2）示波表。

（3）直流恒流源。

（4）电路基础实验箱。

五、预习要求

（1）复习测量结果的数据处理和绘图方法。

（2）熟悉本实验所用的仪器仪表的具体规格，分析实验中出现的现象和问题。

六、思考与讨论

（1）测量电阻元件伏安特性时，电流表内接和电流表外接，你认为在哪种情况下的哪一种接法比较正确？

（2）测量实际电压源的外特性时，为什么用稳压电源和一个电阻串联来模拟？

（3）电阻元件的伏安特性与电源的伏安特性有什么差别？各自有哪些特点？

七、注意事项

（1）实验过程中，不允许将电压源短路，不允许将电流源开路。

（2）每次启动稳压电源前，应将电源输出电压调节到零。

（3）注意电压表、电流表的量程。

（4）注意普通二极管的额定电压值和隧道二极管的额定电流值。

八、实验报告要求

（1）用坐标纸分别绘制电压源、电流源外特性以及各电阻元件的伏安特性曲线。

（2）根据伏安特性曲线，判断各元件的性质。

第三节　基尔霍夫定律与特勒根定理

一、实验目的

（1）验证基尔霍夫定律，加深对电路基本定律的适用范围及普遍性的认识。

（2）验证特勒根定理，加深对定理的理解。

（3）加深对电路参考方向的理解。

（4）熟悉示波表，稳压电源及恒流源等设备的使用。

二、原理与说明

（一）基尔霍夫定律

（1）基尔霍夫电流定律：在集总参数电路中，在任何时刻，对任一节点的所有支路电流代数和恒等于零，即 $\sum i = 0$。如果验证该定律，可选电路中的一个节点，例如图 4-12 电路中的任一节点，按图中假定各支路电流的参考方向，电阻的电压、电流选择关联参考方向，将测得的各支路电流值代入节点电流表达式加以验证。

（2）基尔霍夫电压定律：在集总参数电路中，在任一时刻，沿任一回路所有支路电压的代数和恒等于零，即 $\sum u = 0$。在列写方程式时，首先需要任意指定回路绕行方向，支路电压的参考方向与回路绕行方向相同者取正号，反之取负号。若验证电压定律，可选电路中的任一回路，如图 4-12 电路中的任一回路，按指定的绕行方向，将测得的电压代入回路电压表达式加以验证。

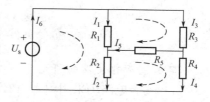

图 4-12　基尔霍夫定律实验电路

（二）特勒根定理

特勒根定理是一个具有普遍意义的网络定理，适用于任何集总参数电路，且与电路的元件性质无关。它有两种表达形式：

第一种形式：对于一个具有 n 个节点和 b 条支路的电路，假设各支路电压和电流取关联参考方向，设电压 $u_1, u_2, \cdots, u_b$ 和电流 $i_1, i_2, \cdots, i_b$ 分别为 b 条支路的电压和电流，则对任何时间 t，有

$$\sum_{k=1}^{b} u_k i_k = 0$$

该定理的物理意义是电路的功率守恒。

第二种形式：两个集总参数网络 N 和 $\hat{N}$ 具有相同的结构，都具有 n 个节点和 b 条支路，两网络分别由不同的元件构成，但却有相同的有向图。设各支路电压、电流取关联参考方向，分别用 $u_1, u_2, \cdots, u_b$ 和 $i_1, i_2, \cdots, i_b$ 及 $\hat{u}_1, \hat{u}_2, \cdots, \hat{u}_b$ 和 $\hat{i}_1, \hat{i}_2, \cdots, \hat{i}_b$ 表示，则对任何时间 t，有

$$\sum_{k=1}^{b} \hat{u}_k i_k = 0 \quad \text{或} \quad \sum_{k=1}^{b} u_k \hat{i}_k = 0$$

虽然这种形式的特勒根定理没有功率的物理意义，但因其具有功率的量纲，有时称为"似功率定理"。

三、实验任务

（一）基尔霍夫定律的研究

1. 基尔霍夫电流定律的研究

图 4-12 电路的实验电路如图 4-13（a）所示，其中各元件的参数为：电压源 $U_s = 6V$，$R_1 = R_5 = 120\Omega$，$R_2 = 680\Omega$，$R_3 = 200\Omega$，$R_4 = 270\Omega$，A1～A6 为电流插座，分别用来测量各支路的电流。在用电流表测量各支路电流时，要特别注意电流的方向，利用测得的数据，对应于三个独立节点，验证基尔霍夫电流定律的正确性。

2. 基尔霍夫电压定律的研究

在图 4 - 13 （a） 的实验电路中，各元件的参数设定不变，按图 4 - 12 电路指定的回路绕行方向测量各电阻两端的电压，利用测得的数据验证基尔霍夫电压定律的正确性。

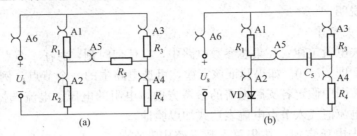

图 4 - 13　验证特勒根定理的实验电路

（a）验证特勒根定理第一种形式的电路；（b）验证特勒根定理第二种形式的电路

（二）特勒根定理的研究

（1）实验电路仍采用图 4 - 13 （a） 所示，各元件的参数为：电压源 U_s=6V，R_1=R_5=120Ω，R_2=680Ω，R_3=200Ω，R_4=270Ω，A1～A6 为电流插座。电压、电流取关联参考方向，测量各支路电压 U、电流 I，并记录于表 4 - 3 中，验证特勒根定理第一种形式。

表 4 - 3　　　　　　　　　　验证特勒根定理第一种形式的实验数据表

测量值＼支路	1	2	3	4	5	6	ΣP
U/V							
I/mA							
P/W							

（2）实验电路如图 4 - 13 （b） 所示，用二极管 VD （2CP1 型） 代替电阻 R_2，用 C_5=30μF 的电容代替电阻 R_5，其余的元件参数为：电压源 U_s=10V，R_1=820Ω，R_3=750Ω，R_4=470Ω，A1～A6 为电流插座。电压、电流取关联参考方向，测量各支路电压 $\hat{U}$、电流 $\hat{I}$，与图 4 - 13 （a） 实验电路测量的各支路电压 U、电流 I，一起记录于表 4 - 4 中，验证特勒根定理第二种形式。

表 4 - 4　　　　　　　　　　验证特勒根定理第二种形式的实验数据表

测量值＼支路	1	2	3	4	5	6	ΣP
U/V							
$\hat{I}$/mA							
$P_{U\hat{I}}$/W							
$\hat{U}$/V							
I/mA							
$P_{\hat{U}I}$/W							

四、仪器与设备

（1）直流稳压电源。

（2）电路基础实验箱。

（3）示波表。

（4）恒流源。

五、预习要求

（1）复习与本实验有关的定理、定律，写出预习报告。

（2）了解实验过程，熟悉实验电路的接线。

（3）对基尔霍夫定律实验电路和特勒根定理实验电路，计算出各支路的电压、电流，供实验时参考。

（4）掌握实验电路的电压、电流的测量方法，要注意其真实方向。

六、思考与讨论

（1）特勒根定理的适用范围如何？在正弦交流电路中，是否可以用类似于直流电路的方法验证特勒根定理？

（2）如果网络中含有受控电源，基尔霍夫定律和特勒根定理是否成立？如果网络中含有非线性元件呢？

（3）如果网络中含有受控电源，应用特勒根定理时，受控电源如何处理？

七、注意事项

（1）应用特勒根定理时，电压、电流要采用关联参考方向。

（2）实验电路测量时，当电流实际方向与规定参考方向一致时，记作正值；相反时，记作负值。电压实际方向与规定参考方向一致时，记作正值；相反时，记作负值。

（3）实验过程中，电压源的输出电压要用万用表的直流电压挡测量，稳压电源指示的数值仅为参考值。

（4）注意仪表的极性和量程，记录测量仪表的内阻，以备误差分析时使用。

八、实验报告要求

（1）整理实验数据，将实验测得数据与理论计算值进行比较，如果有差异，请认真分析原因。

（2）由表4-3和表4-4中数据，验证特勒根定理的两种形式。

（3）选取任意一个节点和回路验证基尔霍夫定律。

（4）根据实验结果，总结说明基尔霍夫定律和特勒根定理的适用范围。

第四节　戴维南、诺顿定理与最大功率传输

一、实验目的

（1）掌握线性有源一端口网络等效电路参数的测量方法，加深对戴维南定理和诺顿定理的理解。

（2）研究戴维南定理、诺顿定理和电源的等效变换。

（3）掌握直流电路中功率匹配的条件。

二、原理与说明

（一）戴维南定理和诺顿定理

戴维南定理指出：任何一个线性有源一端口网络，对于外部电路而言，可以用一个理想电压源与电阻的串联支路来代替，如图 4-14 电路所示。其理想电压源的电压等于线性有源一端口网络端口处的开路电压 U_{oc}，电阻等于线性有源一端口网络中所有独立电源为零值时的入端等效输入电阻 R_i。

诺顿定理是戴维南定理的对偶形式。诺顿定理指出：任何一个线性有源一端口网络，对于外部电路而言，可以用一个理想电流源和电阻并联的电路来代替，如图 4-15 电路所示。其电流源的电流等于线性有源一端口网络的短路电流 I_{sc}，电阻等于线性有源一端口网络中所有独立电源为零值时的入端等效输入电阻 R_i。

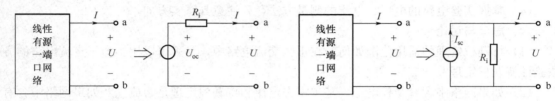

图 4-14　戴维南定理及等效电路图　　　　图 4-15　诺顿定理及等效电路图

戴维南和诺顿定理的等效电路是对其外部而言的。也就是说，不管外部电路或负载是线性的还是非线性的，负载元件是定常的还是时变的，只要被变换的有源一端口网络是线性的，与外部电路之间不存在任何耦合，无论是通过磁的耦合还是受控源的耦合，上述等效电路都是正确的。

（二）线性有源一端口网络入端等效电阻的测量

对于已知的线性有源一端口网络，其网络的入端等效电阻 R_i 可以从计算得出或通过实验测出。下面介绍几种测量方法。

（1）开路、短路实验法。由戴维南定理、诺顿定理可知

$$R_i = U_{oc} / I_{sc}$$

只要直接测出线性有源一端口网络的开路电压 U_{oc} 和短路电流 I_{sc}，R_i 即可得出。但是，这种方法对于不允许将外部电路直接短路的网络不能采用。

（2）如果需要测量的有源一端口网络输出电压较高，但内阻却很小，就不宜采用输出端短路的测量方法。此种情况下，首先测出线性有源一端口网络的开路电压 U_{oc}，在端口处接上负载电阻 R_L，测出负载电阻的端电压 U 或流过的电流 I，则 R_i 为

$$R_i = \left(\frac{U_{oc}}{U} - 1\right)R_L \quad 或 \quad R_i = \frac{U_{oc}}{I} - R_L$$

如果负载电阻 R_L 采用电阻箱，可以调节电阻值使 U 的读数为 $U_{oc}/2$，这时 R_L 的值就是要求的入端电阻 R_i。

测量时要注意，由于电压表及电流表的内阻会影响测量结果，为了减少测量的误差，应尽可能选用高内阻的电压表和低内阻的电流表。若仪表内阻已知，则可以在测量结果中引入相应的校正值，以避免由于仪表内阻的存在而引起误差。

（3）将有源一端口网络内的所有独立电源置零，使其成为无源网络，然后在端口处接入电压源（或电流源），测得端口电压 U 和流入端口的电流 I，则 $R_i = U/I$。

（4）将有源一端口网络内的所有独立电源置零，然后在端口处用伏安法或惠斯通电桥法测得其入端电阻 R_i。

（三）最大功率传输定理

由戴维南定理可知，一个实际的电源或线性有源一端口网络，不管它内部具体电路如何，都可以等效为理想电压源 U_s 和一个电阻 R_i 相串联的支路，如图 4-16 所示。负载获得的功率为

$$P = I^2 R_L = \frac{U_s^2 R_L}{(R_i + R_L)^2}$$

将上式对 R_L 求极值，可得 $R_L = R_i$ 时，P 值最大，此时负载 R_L 获得最大功率，即

$$P_{\max} = I^2 R_L = U_s^2 / 4R_i$$

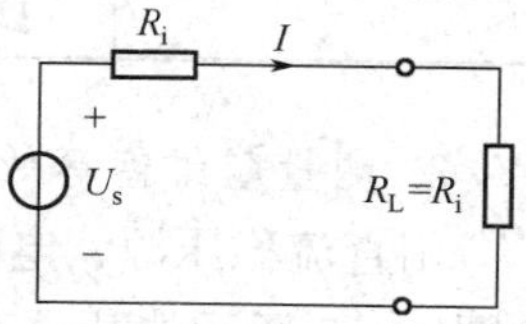

此时电路的效率为

$$\eta = \frac{P_{\max}}{P} \times 100\% = \frac{I^2 R_L}{I^2 (R_i + R_L)} \times 100\% = 50\%$$

图 4-16 负载获得最大功率的电路

三、实验任务

（一）戴维南定理和诺顿定理的研究

1. 线性有源一端口网络

图 4-17 所示线性有源一端口网络中各元件的参数为 $U_s = 12V$，$I_s = 15mA$，$R_1 = 330\Omega$，$R_2 = R_3 = 510\Omega$，$R_4 = 12\Omega$。用实验方法测得其戴维南等效电路和诺顿等效电路的参数 U_{oc}、I_{sc} 及 R_i。

（1）分别用万用表和电流表测出线性有源一端口网络的开路电压 U_{oc} 及短路电流 I_{sc}。

（2）用"二、原理与说明"第二部分中介绍的方法之一测出线性有源一端口网络的入端等效电阻 R_i。

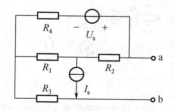

图 4-17 线性有源一端口网络

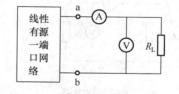

图 4-18 测量原网络的外特性电路

2. 测定原网络的外特性

在图 4-17 所示网络的 a、b 端接入负载电阻 R_L 及电流表、电压表，如图 4-18 电路所示。R_L 的取值参见表 4-5。在不同的 R_L 数值下，分别测出相应的电压 U 及电流 I，将测得数据填入表 4-6。

表 4-5 　　　　　　　　　　　原网络及其等效电路外特性实验数据表

负载电阻 R_L	R_L/Ω	0	200	400	800	1600	1800	2000	∞
原网络	I/mA								
	U/V								

续表

负载电阻 R_L	R_L/Ω	0	200	400	800	1600	1800	2000	∞
戴维南等效电路	I/mA								
	U/V								
诺顿等效电路	I/mA								
	U/V								

3. 测量戴维南等效电路的外特性

用直流稳压源、电阻箱串联，按照所测得的开路电压 U_{oc} 和入端等效电阻 R_i 取值，构成如图 4-19 所示的戴维南等效电路。在等效电路的输出端接上负载电阻 R_L，其电阻值按照表 4-5 中的数值选取，分别测出相应的电压 U 及电流 I，将测得数据填入表 4-5。

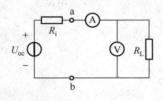

图 4-19 戴维南等效电路

4. 测量诺顿等效电路的外特性

用电流源、电阻箱并联，按照所测得的短路电流 I_{sc} 和入端等效电阻 R_i 取值，构成如图 4-20 所示的诺顿等效电路。在等效电路的输出端接上负载电阻 R_L，其电阻值也是按照表 4-5 中的数值选取，分别测出相应的电压 U 及电流 I 并将测得数据填入表 4-5。

（二）最大功率传输定理的研究

按图 4-21 所示电路接线，其中 $U_s=10\text{V}$，内阻 $R_i=100\Omega$，负载电阻 R_L 使用电阻箱。调节负载电阻 R_L，使 $U_L=0.5U_s$，这时 $R_i=R_L$，将负载电阻 R_L 值记入表 4-6 中。改变负载电阻 R_L 的数值，测量并记录所对应的负载电压 U_L 和电流 I 的值；分别计算 $P_1=I^2R_L$ 和 $P_2=U_LI$，并填入表 4-6。

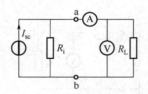

图 4-20 诺顿等效电路

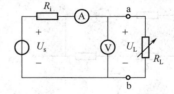

图 4-21 验证最大功率传输定理的电路

表 4-6   验证最大功率传输定理的实验数据

	R_L/Ω	10	30	50	80	100	150	200	250	300
测量值	U_L/V									
	I/mA									
计算值	P_1/W									
	P_2/W									

四、仪器与设备

（1）直流稳压电源。

（2）恒流源。

（3）示波表。

（4）电路基础实验箱。

（5）可调电阻箱。

五、预习要求

（1）复习与本实验有关的定理、定律，写出预习报告。

（2）了解实验过程，熟悉实验电路的接线。

（3）对图 4-17 所示线性有源一端口网络，计算出其戴维南等效电路及诺顿等效电路的参数，即开路电压 U_{oc} 和短路电流 I_{sc}，以及入端电阻 R_i，供实验时参考。

（4）掌握线性有源一端口网络等效电路参数的实验测量方法，加深对戴维南定理和诺顿定理的理解。

（5）掌握直流电路中功率匹配的条件。

六、思考与讨论

（1）如果网络中含有受控源，戴维南定理和诺顿定理是否成立？如果网络中含有非线性元件呢？

（2）若有源一端口网络不允许短路或开路，如何用其他方法测出其等效内阻 R_i？

（3）在计算线性有源一端口网络等效电路中的输入电阻 R_i 时，如何理解"网络中所有独立电源为零值"？实验中又怎样置零？

七、注意事项

（1）实验过程中，直流稳压电源的输出电压要用示波表的 METER 功能测量，稳压电源指示的数值仅为参考值。

（2）注意电源的极性与参考方向应一致；记录数据时，注意电路中电流、电压实际方向与参考方向之间的关系。

八、实验报告要求

（1）在同一坐标上，作出线性有源一端口网络、戴维南等效电路和诺顿等效电路的外特性曲线，并分析曲线得出结论。

（2）根据电路参数求出理论上的 P_{max}，并与根据实验数据计算出的 P 进行比较，讨论最大功率传输定理，并计算相对误差和此时电路的效率。

（3）通过戴维南等效电路和诺顿等效电路测出的数据和曲线，研究电压源与电流源的等效变换。

第五节　叠加定理与互易定理

一、实验目的

（1）研究叠加定理，加深对该定理的理解。

（2）加深对线性定常网络中互易定理的理解。

（3）进一步熟悉示波表、直流稳压电源及恒流源等设备的使用。

二、原理与说明

（一）叠加定理

在具有多个独立电源共同作用的线性电路中，任一支路的电压或电流等于各个独立电源单独作用时在该支路上产生的电压或电流的代数和。在各独立电源分别作用时，不作用的电压源要用"短路"来代替，不作用的电流源要用"开路"来代替，其内阻和内电导必须保持在原电路中。

在线性网络中，功率是电压或电流的二次函数，故叠加定理不适用于功率计算。

叠加定理也可以用图 4 - 22 所示的实验电路来验证，在 U_{s1} 和 U_{s2} 共同作用下的各支路电压值应该是 U_{s1} 单独作用时和 U_{s2} 单独作用时的各对应支路电压值的代数和。

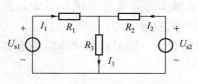

图 4 - 22　验证叠加定理的电路

（二）互易定理

对一个不含受控源、独立电压源、电流源和回转器，仅含线性电阻的线性定常无源双口网络，网络具有互易性，即在单一激励的情况下，当激励和响应互换位置时，将不改变同一激励所产生的响应。它有三种形式：

（1）电压源 u_s 接入 1－1′端［如图 4 - 23（a）所示］在 2－2′端产生的短路电流 i_2 等于将此电压源移到 2－2′端［如图 4 - 23（b）所示］在 1－1′端产生的短路电流 $\hat{i}_1$，即 $i_2 = \hat{i}_1$。

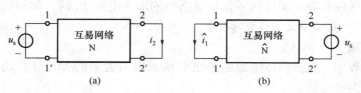

图 4 - 23　互易定理的第一种形式

（a）电压源接入 1－1′端；（b）电压源接入 2－2′端

（2）电流源 i_s 接入 1－1′端［如图 4 - 24（a）所示］在 2－2′端产生的开路电压 u_2 等于将此电流源移到 2－2′端［如图 4 - 24（b）所示］在 1－1′端产生的开路电压 $\hat{u}_1$，即 $u_2 = \hat{u}_1$。

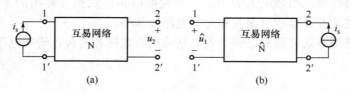

图 4 - 24　互易定理的第二种形式

（a）电流源接入 1－1′端；（b）电流源接入 2－2′端

（3）设电流源 i_s 作用于互易网络的 1－1′端口，在 2－2′端口上产生的短路电流为 i_2，如图 4 - 25（a）所示；若在 2－2′端口加电压源 u_s，只要 u_s 和 i_s 的变化规律相同，数值上相等或成比例，则在 1－1′端口上产生的开路电压 $\hat{u}_1$ 和 i_2 相等或成比例，如图 4 - 25（b）所示。该形式用公式表示为

$$i_2 = \hat{u}_1 \quad \text{或} \quad i_s/u_s = i_2/\hat{u}_1$$

在图 4 - 23～图 4 - 25 中，网络 N 与 $\hat{N}$ 为具有相同结构的线性电路。

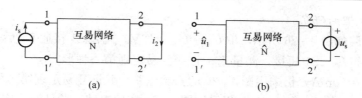

图 4-25 互易定理的第三种形式

（a）电流源作用于 1—1'端口；（b）电压源作用于 2—2'端口

三、实验内容

（一）叠加定理的研究

（1）实验电路如图 4-26 所示，电路参数为：$U_{s1}=30\text{V}$，$U_{s2}=20\text{V}$，$R_1=220\Omega$，$R_2=270\Omega$，$R_3=240\Omega$，A1、A2、A3 为电流插座。

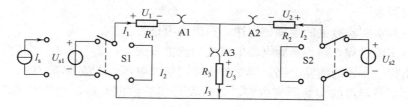

图 4-26 实验电路图

（2）当 U_{s1} 单独作用时，将开关 S1 投向 U_{s1} 侧，S2 投向短路侧，用直流电压表测量各支路电压，用毫安表和电流插头测量各支路电流，将数据记录于表 4-7。

（3）当 U_{s2} 单独作用时，将开关 S1 投向短路侧，S2 投向电源侧，重复上述第（2）步的测量，将数据记录于表 4-7。

（4）当 U_{s1} 和 U_{s2} 共同作用时，将 S1 和 S2 分别投向 U_{s1} 和 U_{s2} 侧，重复上述测量，将数据记录于表 4-7。

（5）将 I_s 的数值调至 $I_{s2}=15\text{mA}$，重复上述第（3）步的实验并记录于表 4-8。

表 4-7   **叠加定理测试数据（两个电压源）**

测量项目 实验内容	U_1(V)	I_1(mA)	P_1(W)	U_2(V)	I_2(mA)	P_2(W)	U_3(V)	I_3(mA)	P_3(W)
U_{s1} 单独作用									
U_{s2} 单独作用									
U_{s1} 和 U_{s2} 共同作用									

表 4-8   **叠加定理测试数据（电压源和电流源）**

测量项目 实验内容	U_1(V)	I_1(mA)	P_1(W)	U_2(V)	I_2(mA)	P_2(W)	U_3(V)	I_3(mA)	P_3(W)
U_{s1} 单独作用									
I_{s2} 单独作用									
U_{s1} 和 I_{s2} 共同作用									

（二）互易定理的研究

（1）实验电路如图 4-26 所示，取 $U_{s1}=U_{s2}=12\text{V}$。先将 S1 接通 U_{s1} 后，S2 短接，测出 I_2；再将 S2 接通 U_{s2}，S1 短接，测量 I_1。证明互易定理第一种形式。

（2）给定 $I_s=30\text{mA}$，仍采用图 4-26 的实验电路，验证互易定理第二种形式。

（3）给定 $I_s=20\text{mA}$，$U_s=5\text{V}$，仍采用图 4-26 实验电路，验证互易定理第三种形式。实验表格自行设计。

四、仪器与设备

（1）示波表。

（2）恒流源。

（3）直流稳压电源。

（4）电路基础实验箱。

五、预习要求

（1）复习与本实验有关的定理、定律，写出预习报告。

（2）了解实验过程，熟悉实验电路的接线和测量方法。

（3）画出每一步骤的实验电路，标明各支路编号及电压、电流参考方向。

（4）按照互易定理的实验研究内容，自行设计实验数据表格，用于在实验中记录实验数据。

六、思考与讨论

（1）在做叠加定理实验时，不作用的电压源应如何处理？为什么？

（2）如果网络中含有受控电源，叠加定理是否成立？受控电源如何处理？如果网络中含有非线性元件呢？

（3）若按图 4-22 所示的参考方向测量时，电压表或电流表的指针相反，这是什么原因？应如何解决，如何记录？

（4）互易定理的适用范围如何？

（5）特勒根定理与互易定理有何联系？

七、注意事项

（1）电压和电流要采用关联参考方向。测量电压、电流时，不但要读出数值来，还要判断实际方向，并与设定的参考方向进行比较，若不一致，则该数值前加"－"号。

（2）实验中，电压源的输出电压和电流源的输出电流要用电压表和电流表测量，仪器上所显示的数值仅为参考值。

八、实验报告要求

（1）由表 4-7 中的数据验证叠加定理。

（2）根据实验数据，验证互易定理的三种形式。

（3）根据实验结果，总结互易定理适用范围。

第六节 受控电源电路的研究（综合性实验）

一、实验目的

（1）通过实验熟悉和加深对受控电源的理解。

(2) 通过实验熟悉运算放大器的使用。

(3) 掌握受控电源控制系数和输入、输出电阻的测量。

(4) 熟悉含有运算放大器线性电路的分析方法。

(5) 通过实验说明戴维南定理在分析含受控源电路时的正确性。

二、原理与说明

(一) 运算放大器

运算放大器是一种多端元件，图 4-27 (a) 表示它的电路符号。它有两个输入端和一个输出端。其中"＋"端称为同相输入端，"－"端称为反相输入端。信号从同相输入端输入，而将反相输入端接参考地时，输出信号与输入信号对参考地端来说极性相同。信号从反相输入端输入，而将同相输入端接参考地时，输出信号与输入信号对参考地端而言极性相反。

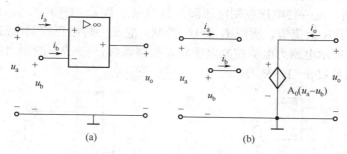

图 4-27 运算放大器及其电路模型

(a) 电路符号；(b) 理想电路模型

如果运算放大器工作在线性区，"＋"端与"－"端分别接输入电压 u_a 和 u_b，则输出端电压 $u_o = A_0(u_a - u_b)$。其中 A_0 是运算放大器的开环电压放大倍数。

在理想情况下，A_0 和输入电阻 R_{in} 为无穷大，输出电压 u_o 是一个有限的数值，因此有

$$u_a = u_b, \ i_a = u_a/R_{in} = 0, \ i_b = u_b/R_{in} = 0$$

上式表明：

(1) 运算放大器的"＋"端与"－"端之间是等电位的，通常称为"虚短"。

(2) 运算放大器的输入端电流等于零，通常称为"虚断"。

此外，理想运算放大器的输出电阻为零。运算放大器除了两个输入端、一个输出端和一个参考地线端以外，运算放大器还有相对地线的电源正端和电源负端。运算放大器的工作特性是在接有正、负电源的情况下才具有的。

运算放大器的理想电路模型为一受控电源，如图 4-27 (b) 所示。在它的外部接入不同的电路元件，可以实现信号的模拟运算或模拟变换，它的应用极其广泛。

含有运算放大器的电路是一种有源网络，在电路实验中主要是通过它的端口特性了解其功能。本实验将要研究由运算放大器组成的几种基本受控电源电路。

(二) 受控电源及其实现

1. 受控电源

受控电源与独立电源不同，独立电源的电压或电流是固定数值或某一时间函数，不随电路其余部分的状态改变而改变，例如理想独立电压源的电压不随其输出电流的变化而变化，

理想独立电流源的输出电流与其端电压无关。受控电源的电压或电流则随网络中另一支路的电压或电流的变化而变化。受控电源又与无源元件不同，无源元件的电压和它自身的电流有一定的函数关系，而受控电源的电压或电流则与另一支路的电流或电压有某种函数关系。

受控电源分受控电压源和受控电流源两类，而每一类按控制量不同又分电压控制与电流控制两种。因此，受控电源共有四种，即电压控制电压源 VCVS、电流控制电压源 CCVS、电压控制电流源 VCCS 和电流控制电流源 CCCS。控制系数为常量的受控电源称为线性受控电源，它们的控制系数分别用 μ、g、r、β 表示。

2. 受控电源的实现

本实验用运算放大器和电阻器组成几种基本受控电源电路。

由图 4-28 所示的运算放大器电路可知，$U_2=(1+R_1/R_2)U_1$，由于 R_1、R_2 为固定值，所以 U_2 受 U_1 控制，是一种电压控制电压源，其控制系数 $\mu=1+R_1/R_2$。由图 4-29 可知，$I_2=(1/R)U_1$，由于 R 为定值，所以 I_2 受 U_1 控制，它是一种电压控制电流源，其控制系数 $g=1/R$。图 4-30 所示电路为电流控制电压源，控制系数 $r=-R$。图 4-31 所示电路为电流控制电流源，控制系数 $\beta=1+R_1/R_2$。

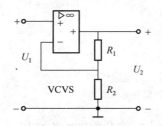

图 4-28　电压控制电压源

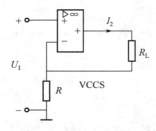

图 4-29　电压控制电流源

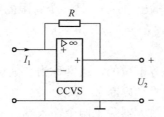

图 4-30　电流控制电压源

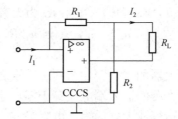

图 4-31　电流控制电流源

本实验中所用的四种受控电源已制作在综合实验箱的电路板上，只需进行少量连线，并接通为运算放大器供电的 +15、-15V 电源及电源接地端，电路即可工作。

（三）求含有受控源电路的输入、输出电阻

求含有受控源电路的输入电阻，通常用半压法。求电路的输出电阻，常用负载电阻两值法，也可以通过测量输出端的伏安特性曲线间接求得。

1. 半压法

用一内阻足够大的电压表测出有源二端网络 N 的开路电压，然后将该电压表与可调标准电阻同时并接在 N 的端口，改变电阻值的大小，使电压表读数降至开路电压的一半，此时的电阻值即为有源二端网络 N 的等效电阻。

2. 负载电阻两值法

负载电阻两值法求输出电阻的电路如图 4-32 所示，改变负载电阻 R_L 值两次，分别测得两组电压、电流值 U_1、I_1 和 U_2、I_2，则等效电阻 R_0 的计算公式为

$$R_0 = \frac{U_1 - U_2}{I_2 - I_1}$$

电路的输入电阻是指从电路的输入端钮看进去的等效电阻，如图 4-33 所示电路的 $1-1'$ 端口看进去的输入电阻。电路的输出电阻是指从电路输出端看进去的等效电阻，如图 4-33 所示电路的 $2-2'$ 端口看进去的电阻。

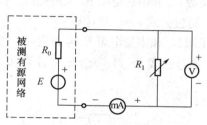

图 4-32　负载电阻两值法

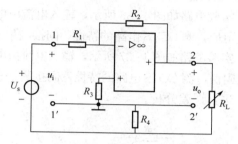

图 4-33　求输入、输出电阻的原理电路图

三、实验任务

（一）电压控制型电源的控制系数的测量

（1）实验电路如图 4-34 所示，按表 4-9 中给定的电压值，测 VCVS 电源的特性，间接测量 μ；通过公式 $\mu = 1 + R_1/R_2$ 计算 μ。

（2）实验电路如图 4-35 所示，按表 4-10 中给定的电阻值，测 VCCS 电源的特性，间接测量 g；用公式 $g = 1/R$ 计算 g。

（3）进行误差分析。

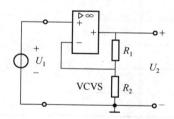

图 4-34　电压控制电压源的实验电路

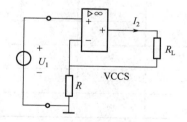

图 4-35　电压控制电流源的实验电路

表 4-9　　　　　　　　　　　　　VCVS 测量数据

给定值	U_1/V	2.0	2.5	3.0	3.5	4.0	$R_1 = R_L = 1\text{k}\Omega$
测量值	U_2/V						$R_2 =$ 测量 $\mu = U_2/U_1$ 计算值 $\mu_0 = 1 + R_1/R_2$
间接测量值	μ						
测量误差	γ_μ						
计算值	μ_0						

表 4 - 10   **VCCS 测 量 数 据**

给定值	$R_1 = R_L / \Omega$	500	1000	2000	3000	$U_1 = 2V$
测量值	I_2 / mA					$R =$
间接测量值	g					测量 $g = I_2 / U_1$
测量误差	γ_g					计算值 $g_0 = 1/R$
计算值	g_0					

（二）电流控制型电源的控制系数的测量

（1）实验电路如图 4 - 36 所示，输入电流由电压源 U_s 和串接电阻 R_i 电路提供。按表 4 - 11 给定的电阻值，测 CCVS 电路的特性，间接测量 r；通过公式 $r = -R$ 计算 r。

（2）实验电路如图 4 - 37 所示，输入电流由电压源 U_s 和串接电阻 R_i 电路提供。按表 4 - 12 给定的电阻值，测 CCCS 电路的特性，间接测量 β；通过公式 $\beta = (1 + R_1/R_2)$ 计算 β。

（3）进行误差分析。

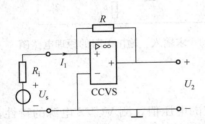 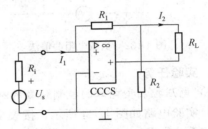

图 4 - 36 电流控制电压源的实验电路 　　图 4 - 37 电流控制电流源的实验电路

表 4 - 11   **CCVS 测 量 数 据**

给定值	R / Ω	1000	2000	3000	5100	$U_s = 2V, R_i = 2k\Omega$
测量值	I_1 / mA					
	U_2 / V					测量 $r = U_2 / I_1$
间接测量值	r					计算值 $r_0 = -R$
测量误差	γ_r					
计算值	r_0					

表 4 - 12   **CCCS 测 量 数 据**

给定值	R_L / Ω	100	500	1000	2000	$U_s = 2V, R_i = 1k\Omega, R_1 = 1k\Omega$
测量值	I_1 / mA					
	I_2 / mA					$R_2 =$
间接测量值	β					测量 $\beta = I_2 / I_1$
测量误差	γ_β					计算值 $\beta_0 = 1 + R_1/R_2$
计算值	β_0					

（三）求含有受控源电路的输入、输出电阻

（1）图 4 - 33 所示的电路中，U_s＝3V，R_1＝R_3＝2kΩ，R_2＝10kΩ，R_4＝3kΩ，分别测量该电路的输入电阻 R_i、输出电阻 R_o。

（2）图 4 - 33 所示电路中，将负载 R_L 断开时，测量电路的戴维南等效电路的开路电压。

四、仪器与设备

（1）含有四种受控电源的实验线路板。

（2）直流稳压电源、恒流源。

（3）示波表。

（4）可调电阻箱。

（5）电路基础类验箱。

五、预习要求

（1）阅读实验原理与说明，熟悉受控源实验板的结构和使用方法。

（2）根据给定的电路图和电路元件参数，估算电路中各电压、电流值，以便选择仪表的合适量程。

（3）复习有关测量方法和仪器、仪表使用的知识。

（4）复习有关误差分析和计算的知识。

六、思考与讨论

（1）受控电源与独立电源的区别是什么？

（2）受控电源能否单独作为电路的激励源？

（3）通过误差分析，在有源电路实验中，影响测量准确度的主要原因是什么？

七、注意事项

（1）运算放大器必须外接±15V 的直流电压才能工作。接线前，先将直流稳压电源的两路输出电压分别调至 15V，然后关断电源，按图 4 - 38 接线，由此可得到＋15V 和－15V 两组电源。接线时电源极性不得接错，以免损坏运算放大器。检查接线无误后，再接通电源进行实验。每次在运算放大器外部换接电路元件时，必须在关断电源的情况下进行。

（2）运算放大器的输出端不能短路，输入电压不能超过±15V，否则将损坏运算放大器。

（3）在做受控电流源实验时，不要使负载开路。

（4）用万用表测量时，应注意万用表的选择开关位置应置直流电压挡，读数时，注意正、负极性。

（5）运算放大器外部电路改接时，应首先切断电源后再操作。

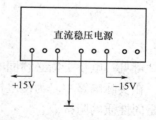

图 4 - 38 直流稳压电源的接线

八、实验报告要求

（1）根据所测数据分别计算 μ、g、r、β 值。

（2）将测量结果与理论值比较，分析误差产生原因，进行误差分析。

（3）验证含有受控源电路的戴维南定理的正确性。

（4）通过实验，总结受控电源的性质及运算放大器的应用。

第七节　交流电路基本参数测量（综合性实验）

一、实验目的

（1）学会交流电压表、电流表、功率表及单相自耦调压变压器等仪器仪表的正确使用方法。

（2）研究交流电路中电压、电流相量之间的关系，熟悉测量正弦交流电路参数的几种方法。

二、原理与说明

测量交流电路元件的参数或无源二端网络的等效阻抗的方法通常有三种，即电桥法、谐振法和电表法。当工作频率较低时（例如工频），采用电表法较为简便；当测量准确度要求较高时，采用电桥法测量；当工作频率较高时，采用谐振法进行测量。

（一）电桥法测量元件参数

用电桥法测量元件参数是以电桥平衡原理为基础的，测量电路由桥体、信号源和指零仪三部分组成，测量是一个利用电桥平衡将被测元件与标准元件进行比较的过程。

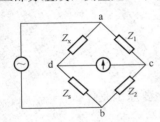

图 4 - 39　交流四臂电桥

交流四臂电桥的四条支路彼此首尾相接，其中的一对节点接交流正弦测试信号，另一对节点接一高灵敏度的检流计，被测阻抗 Z_x 和标准阻抗 Z_s 接在相邻两臂中。交流四臂电桥的基本电路如图 4 - 39 所示。

电桥平衡时，检流计中没有电流，c、d 两端是等电位的。因此，桥臂阻抗 Z_1 上的电压降与 Z_x 上的电压降应相等，Z_2 上的电压降与 Z_s 上的电压降相等，由此可得

$$\frac{\dot{U}}{Z_1 + Z_2}Z_1 = \frac{\dot{U}}{Z_x + Z_s}Z_x \quad \text{或} \quad \frac{\dot{U}}{Z_1 + Z_2}Z_2 = \frac{\dot{U}}{Z_x + Z_s}Z_s$$

整理后可得

$$Z_1 Z_s = Z_2 Z_x$$

此即为电桥的平衡条件，如用指数形式表示，则为

$$|Z_1||Z_s|\,\mathrm{e}^{\mathrm{j}(\varphi_1 + \varphi_s)} = |Z_2||Z_x|\,\mathrm{e}^{\mathrm{j}(\varphi_2 + \varphi_x)}$$

即

$$\begin{cases} |Z_1||Z_s| = |Z_2||Z_x| \\ \varphi_1 + \varphi_s = \varphi_2 + \varphi_x \end{cases}$$

可见，电桥平衡必须同时满足幅值和相位两个条件，因此必须按一定方式配置桥臂阻抗。在实际电路中，为使电桥结构简单和使用方便，Z_1 和 Z_2 常采用纯电阻，而 Z_s 和 Z_x 必须是同性质的阻抗。

四臂电桥还可以接成图 4 - 40 所示的形式，即被测阻抗 Z_x 和标准阻抗 Z_s 不是接在相邻两臂上，而是接在相对的两臂上。同理，可以得出这种形式电桥的平衡条件为

$$\begin{cases} |Z_1||Z_2| = |Z_s||Z_x| \\ \varphi_1 + \varphi_2 = \varphi_s + \varphi_x \end{cases}$$

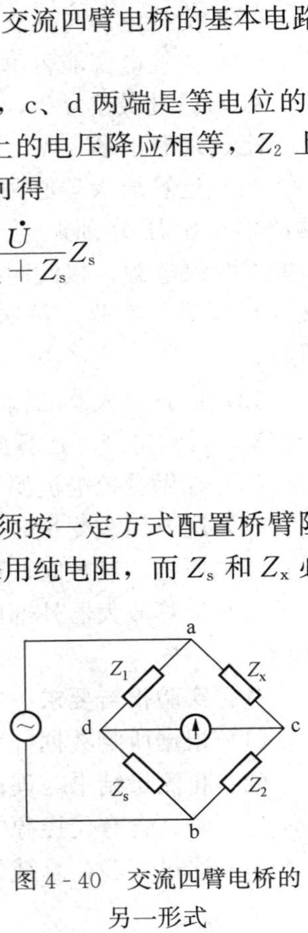

同样，为了易于实现电桥平衡，按照结构简单、使用方便的原则，Z_1 和 Z_2 常采用纯电阻，而 Z_s 和 Z_x 必须是异性质的阻抗。

图 4 - 40　交流四臂电桥的另一形式

（二）谐振法测量元件参数

谐振法是利用谐振回路的特性来测量 L、C、R、Q 等高频元件参数的方法。这种方法工作频率范围宽，可以实现被测元件在实际使用频率下的测量，特别适合高 Q 值和低损耗阻抗元件的测量。

1. 电容测量

（1）直接测量。利用图 4-41 所示电路谐振时有 $f_0 = 1/2\pi\sqrt{LC_x}$，即

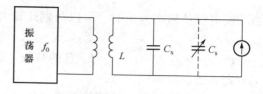

$$C_x = \frac{2.53 \times 10^4}{f_0^2 L}\ (\text{pF})$$

式中：f_0 为回路谐振频率（MHz）；L 为标准电感（μH）。

图 4-41　谐振法直接测量电容的电路

（2）替代法。在图 4-41 中，选择适当电感 L，接入标准可变电容 C_s（如虚线所示），调节 C_s 使电路发生谐振，然后接被测电容 C_x。

当 C_x 较小，即 $C_x < C_{s\max}$ 时，并联接入 C_x 后再调 C_s，使电路再次谐振。设两次谐振时 C_s 读数为 C_{s1} 和 C_{s2}，则被测电容 $C_x = C_{s1} - C_{s2}$。

当 C_x 较大时，可利用同样方法，但 C_x 计算式为

$$C_x = \frac{C_{s1}C_{s2}}{C_{s2} - C_{s1}}$$

2. 电感测量

在图 4-41 所示的实验电路中，若电容为标准电容 C_s，则

$$L_x = \frac{2.53 \times 10^4}{f_0^2 C_s}(\mu\text{H})$$

3. Q 值测量

品质因数 Q 的一般表示为

$$Q = \frac{\omega_0 L}{R} = \frac{1}{\omega_0 CR}$$

式中：R 为回路中的等效串联损耗电阻；ω_0 为回路的谐振角频率。

品质因数 Q 也可用振荡一周内回路中储存的能量和消耗的能量之比来表示，即

$$Q = \frac{\omega_0 L}{R} = \frac{I^2 \omega_0 L}{I^2 R} = \omega_0 \frac{1}{2}\frac{LI_m^2}{I^2 R} = 2\pi \times \frac{1}{2}\frac{LI_m^2}{TI^2 R} = \frac{2\pi W_m}{W_R}$$

式中：W_m 为储存的能量；W_R 为回路一周期内消耗的能量。

应该指出，上式未考虑实际电路中存在的分布参数的影响，因而它计算出的是理想条件下的 Q 值。

（三）电表法测量元件参数

1. 三表法测量交流电路的参数

三表法利用交流电压表、交流电流表及功率表，分别测量出被测元件两端的电压 U、流过该元件的电流 I 和所消耗的有功功率 P，然后通过计算得到所求元件参数值。它是交流电路参数测量的一种基本方法。

交流电路中，对一个未知阻抗 $Z = R + jX$，当被测元件的端电压 U、流过的电流 I 和所消耗的有功功率 P 测出后，功率因数为

$$\cos\varphi = \frac{P}{UI}$$

阻抗的模、等效电阻和等效电抗分别为

$$|Z| = \frac{U}{I},\ R = \frac{P}{I^2} = |Z|\cos\varphi,\ X = |Z|\sin\varphi$$

当交流电源角频率为 ω 时，可以分别计算出等效电感 L 或等效电容 C 为

$$L = X/\omega \qquad 或 \qquad C = 1/\omega|X|$$

使用三表法测得的 U、I、P 的数值，还不能判定被测阻抗是容性还是感性，一般可以用下列方法加以确定。

（1）在紧靠被测元件两端并接一只适当容量的试验电容 C_0，若电流表的读数增大，则被测元件为容性；若电流表的读数减小，则为感性。

假定被测阻抗 Z 的电导和电纳分别为 G、B，并联试验电容 C_0 的电纳为 B_0。在端电压有效值不变的条件下，设被测元件两端并联试验电容 C_0 后的总电纳为 $B + B_0 = B'$。若 B_0 增大，B' 也增大，而电路中电流 I 单调上升，则可判断 B 为容性元件。若 B_0 增大，但是 B' 却是先减小而后再增大，电流 I 也是先减小后上升，则可判断 B 为感性元件。

由以上分析可见，当 B 为容性元件时，对并联电容 C_0 值无特殊要求；但是当 B 为感性元件时，$B_0 < 2|B|$ 才有判定为感性的意义。当 $B_0 > 2|B|$ 时，电流单调上升，与 B 为容性时相同，并不能说明电路是感性的。因此，$B_0 < 2|B|$ 是判断电路性质的可靠条件。由此得判定条件为 $C_0 < |2B/\omega|$。

（2）在电路中接入功率因数表，从表上直接读出被测阻抗的 $\cos\varphi$ 值，读数超前为容性，读数滞后为感性。

（3）利用示波器观察元件电流与端电压之间的相位关系。电压超前电流为感性，电压滞后电流为容性。

在本实验中采用并联适当电容的方法来判断被测阻抗的性质。具体做法是将一试验用电容器与被测阻抗元件并联，在并联的同时观察电流表的变化趋势。

当被测元件的等值电阻很小时，功率表量程较大不易准确读数，需在测试电路中串接一个电阻 R_0，测量电路如图 4-42 所示。R_0 的引入不影响参数的测量，但在计算时，须考虑由于引入 R_0 引起的各表读数的变化。

2. 三电压法测量交流电路的参数

用电压表测出电路中各元件的电压，再依据电压相量图计算出元件的参数的方法，称为三电压法。三电压法测量电路如图 4-43（a）所示，图中各电压的相位关系，如图 4-43（b）所示。

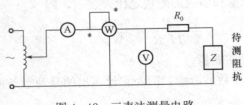

图 4-42 三表法测量电路

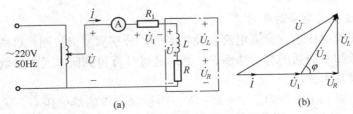

(a)   (b)

图 4-43 三电压法测量电路（感性负载）

(a) 测量电路；(b) 电压相量图

由相量图根据电压关系可求得 $\cos\varphi$，由 $\cos\varphi$ 可求得被测阻抗的电压 U_R、U_L，再根据这两个电压就可以求得参数，其关系式为

$$\cos\varphi = \frac{U^2 - U_1^2 - U_2^2}{2U_1U_2}$$

$$U_R = U_2\cos\varphi,\ R = U_R/I$$

$$U_L = U_2\sin\varphi,\ L = U_L/\omega I$$

同样，对于 RC 串联电路，如图 4-44（a）所示。电压 U 与电流 I 的相位差为 φ，利用交流电压表和交流电流表分别测出电压 U、U_1、U_2 和电流 I，根据图 4-44（b）的相量图，可计算出 $\cos\varphi$、R 和 C。

$$\cos\varphi = \frac{U_1}{U},\ \ R = \frac{U_1}{I},\ \ C = \frac{I}{\omega U_2}$$

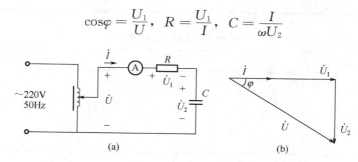

图 4-44　三电压法测量电路（容性负载）

（a）测量电路；（b）电压相量图

以上介绍的两种电表法测量元件参数，是在频率较低的工频情况下进行的，由于普通交流电压表的内阻一般不是很大，在电路阻抗值较大时，电压表的接入对被测电路影响较大，使测量误差增加。如果被测线圈的额定电流值很小，线圈的电感量也较小，采用工频电源测量，将很难得到准确的测量结果，这时应使用交流电桥测量。

三、实验任务

（一）用三表法测量交流电路参数

实验电路如图 4-42 所示，按照下面三种情况，将测量数据填入表 4-13。

（1）RL 串联，$R_0 = 20\Omega$，待测阻抗为电感线圈，测量电感线圈的电阻 r 和电感 L。

（2）RC 串联，$R_0 = 20\Omega$，待测阻抗为电容，$C = 30\mu F$。

（3）RLC 串联，$R_0 = 20\Omega$，将电感线圈与电容串联，测量电阻 r、电感 L 和电容 C。

（二）用三电压法测量交流电路参数

（1）测量 RL 串联电路的参数。实验电路如图 4-43 所示，电阻 $R_1 = 20\Omega$，按表 4-14 中的测量数据，计算出参数 r 和 L。

表 4-13　　　　　　　　　　三 表 法 测 量 数 据

数据\被测元件	测量值			计算值					
	I/mA	U/V	P/W	$\cos\varphi$	$\lvert Z \rvert/\Omega$	r/Ω	X/Ω	L/H	$C/\mu\text{F}$
RL 串联									

续表

数据 被测元件	测量值			计算值					
	I/mA	U/V	P/W	$\cos\varphi$	$\|Z\|$/Ω	r/Ω	X/Ω	L/H	C/μF
RC 串联									
RLC 串联									

表 4 - 14　　　　　　　　　三 电 压 法 测 量 数 据

测量值				计算值				
I/mA	U/V	U_1/V	U_2/V	$\cos\varphi$	U_R/V	U_L/V	L/H	r/Ω

（2）测量 RC 串联电路的参数。实验电路如图 4 - 44 所示，电阻 $R=20\Omega$，电容 $C=30\mu F$，按表 4 - 15 中的测量数据，计算出参数。

表 4 - 15　　　　　　　　　RC 串联电路测量数据

测量值				计算值		
I/mA	U/V	U_1/V	U_2/V	$\cos\varphi$	R/Ω	C/μF

四、仪器与设备

（1）三相自耦调压器。

（2）示波表。

（3）电能质量分析仪。

（4）电流互感器。

（5）电工基础实验箱。

五、预习要求

（1）复习有关仪表的使用方法。

（2）复习有关交流电路参数计算和相量图的知识。

（3）了解实验过程，熟悉实验电路的接线和测量方法。

六、思考与讨论

（1）在 50Hz 的交流电路中，测得一只铁心线圈的 U、I 和 P 后，如何算得它的阻值及电感值？

（2）如何用串联电容的方法来判断阻抗的性质？试用 I 随串联容抗 X_C 的变化关系作定性分析，证明串联电容试验时，C 满足 $1/\omega C < |2X|$。

（3）比较三表法和三电压法，分析实验误差，哪种方法更好些？

（4）用三表法测电路参数时，为什么要在被测元件两端并接电容，而且电容量还要满足不等式 $B_0 < 2|B|$，方能判别元件的性质？试用相量图加以说明。

（5）能否用"三电流表"法测量交流电路中元件的参数？试设计该电路并给出计算方法。

七、注意事项

（1）功率表不能单独使用，一定要有电压表和电流表监测，使电压表和电流表的读数不超过功率表电压和电流的量程。

（2）功率表的电流线圈与被测元件串联，电压线圈与被测元件并联，其电流、电压线圈的同名端应与电路中设定的电流、电压参考方向一致。

（3）功率表接线要正确，通电前应仔细检查。

（4）在接通电源前，应先把单相调压变压器的电压调节手轮调至零位置。接通 220V 电源后，将其手柄从零开始逐渐升高电压，同时观察仪表指针有无异常现象，如果正常，即可调到所需电压数值。每次改接实验负载或实验完毕，都必须先将其手柄慢慢调回零位，再断开电源。必须严格遵守这一安全操作规程。

（5）本实验中电源电压较高，必须严格遵守安全操作规程，身体不要触及带电部位，以保证安全。

八、实验报告要求

（1）整理实验数据，验证三电压法测量交流电路参数时的两个实验，其电压是否符合三角形关系，并按比例画出相应的相量图，从相量图上求出被测参数值。

（2）根据实验数据，完成各项计算。

（3）完成"六、思考与讨论"中（1）、（2）、（3）题的内容。

（4）分析功率表电压线圈前、后接法对测量结果的影响。

第八节 功率因数的提高

一、实验目的

（1）了解提高功率因数的意义和方法。

（2）研究感性负载并联电容器提高功率因数的作用。

（3）掌握电能质量分析仪的正确使用方法。

二、原理与说明

（一）功率因数的提高

1. 功率因数提高的意义

在正弦交流电路中，有功功率（平均功率）P 一般不等于视在功率 S，它们之间的关系式为

$$P = UI\cos\varphi = S\cos\varphi$$

式中：$\cos\varphi$ 称为功率因数；φ 是负载阻抗角，也称功率因数角。

当负载电压及有功功率一定时，功率因数越低，输电线路上的电流就越大，导线上的压

降也就越大,使得输电线路损耗增加。此外,因为负载功率因数低,会导致电源设备容量得不到充分利用。因此,提高负载端功率因数,对降低电能损耗,提高电源设备容量的利用率有着重要作用。

2. 功率因数提高的方法

实际负载如电动机、变压器、日光灯等多为感性,其功率因数较低。提高功率因数的方法往往是在感性负载两端并联电容器,电路如图 4-45 所示。并联电容器以后,流过电容器的容性电流与负载的感性电流相补偿,使线路电流减小,损耗也随之减小。

当图 4-45 所示的电路中电容 C 未并入前,负载为感性,负载电流中含有感性无功电流,从电源中"吸收"无功功率。在感性负载的两端并联电容器后,总电流 $\dot{I}$ 是感性负载电流 $\dot{I}_L$ 和电容器电流 $\dot{I}_C$ 的相量和 $\dot{I} = \dot{I}_L + \dot{I}_C$,其相量图如图 4-46 所示。因为电容器的容性无功电流 $\dot{I}_C$ 抵消了一部分感性负载电流中的感性无功分量,即感性负载中所需要的一部分无功功率改由电容提供,所以电路总电流 $\dot{I}$ 下降了。由于负载端电压不变,负载的工作状态也不变,但整个线路的无功功率变小,有功功率不变,因而对电源而言功率因数提高了。

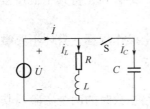

图 4-45　提高功率因数的电路　　图 4-46　并联电容器后电流相量图

当电路并联接入电容 C 后,电路的复导纳为

$$Y = \frac{1}{R + j\omega L} + j\omega C = \frac{R}{R^2 + (\omega L)^2} - j\frac{\omega L}{R^2 + (\omega L)^2} + j\omega C$$

如果该式中

$$j\omega C - j\frac{\omega L}{R^2 + (\omega L)^2} = 0$$

电路发生并联谐振。

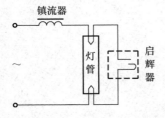

图 4-47　日光灯电路

(二) 日光灯电路结构及工作原理

日光灯电路由灯管、镇流器及启辉器组成,如图 4-47 所示。灯管是一根内壁涂有荧光物质的玻璃管,在管的两端各装一组灯丝电极,电极上涂有受热后易发射电子的氧化物,管内抽真空后注入微量惰性气体和汞。

1. 镇流器

镇流器是带有铁心的电感线圈,在电路断开的过程中产生高电压点燃灯管,启动后可限制灯管电流。

2. 启辉器

启辉器俗称跳泡,在充气的玻璃泡内装有两个电极,一个为固定电极,另一个为双金属片制成的可动电极。启动过程中,通过可动电极的变形与复位,使两电极接通后再分离,相当于一个自动开关。

3. 日光灯工作过程

当接通电源时，日光灯尚未工作，电源电压全部加在启辉器上，使启辉器内气体放电，导致双金属可动电极变形从而使两电极接通。此时，镇流器、灯管的两组灯丝、启辉器通有电流，电流加热灯丝为日光灯启辉创造条件。两电极接通后，启辉器内停止放电，可动电极冷却到一定程度后收缩复位，把刚才接通的电路突然切断。电路切断的一瞬间，镇流器两端产生一个较大的自感电压，该电压与电源电压叠加作用于灯管两端，使灯管放电导通。灯管导通后，镇流器起限流作用，维持灯管两端的电压稳定，此电压低于启辉器的启辉电压，启辉器不再动作，日光灯正常工作。

三、实验任务

（1）熟悉电能质量分析仪的基本使用方法，参考分析仪使用说明，设置电压、频率、电流测量范围和接线方式。［设置方法：按下设置键（SETUP），再按下 F4］。

（2）实验线路如图 4 - 48 所示。当电容 C 没有接入时，调节调压器输出电压，使 $U=220V$，观察日光灯的启动过程；测量总电流 I、有功功率 P 及负载电流 I_L，测量结果记入表 4 - 16 中。

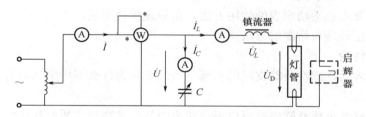

图 4 - 48　提高日光灯功率因数的电路

（3）保持 U 不变，调节电容 $C(1，2，\cdots，7\mu F)$，测量 I、P、I_L、I_C，将数据记入表 4 - 16 中。

表 4 - 16　　　　　　　　　　日 光 灯 测 量 数 据

C/μF	测　量　值						计　算　值		
	U/V	P/W	I/A	I_L/A	I_C/A	cosφ	cosφ	C/μF	L/mH
0	220								
1	220								
2	220								
3	220								
4	220								
5	220								
6	220								
7	220								

注意：在谐振点附近细致调节 C，找到谐振点，并根据测量和计算结果用坐标纸画出电流、功率、功率因数随电容变化的曲线。

（4）根据表 4 - 17 的内容进行测量和计算，并分析测量误差。

表 4 - 17   测量值与计算值比较表

C/μF	测量值									计算值			
	U/V	P/W	I/A	I_L/A	I_C/A	P_L/W	P_D/W	U_L/V	U_D/V	$\cos\varphi$	L/mH	R_L/Ω	R_D/Ω
2	220												

四、仪器与设备

（1）三相交流调压器。

（2）电能质量分析仪。

（3）电流互感器。

（4）日光灯、镇流器。

（5）电容箱。

五、预习要求

（1）预习并联谐振的内容，掌握谐振条件和特点，以便在实验中观察和分析。

（2）拟定主要实验步骤。

（3）实验前要先熟悉功率表的使用方法，正确连接功率表。

（4）复习数据处理与作图的方法。

六、思考与讨论

（1）电容并入后，感性负载支路的电流是否改变？为什么不用串联电容的方法提高功率因数？

（2）为什么感性负载并联电容可以提高功率因数？其物理实质是什么？负载的功率因数是不是提高得越高越好？

（3）研究并联电容与电路功率因数关系时，若只有一只电流表，如何判断功率因数的增减？什么情况下 $\cos\varphi=1$？

（4）如何测量镇流器和日光灯的功率 P_L、P_D？试画出参考电路图。

（5）若用来提高功率因数的电容 C 可以连续调节，在本实验中，用测得的 I、U、P 计算 $\cos\varphi$，是否可以得到 $\cos\varphi=1$ 的结果？为什么？

（6）对图 4 - 48 所示的实验电路，若保持 U 不变，仅通过电流表能否看出功率的增减？

（7）当并联电容 C 改变时，功率表的读数及日光灯支路的电流是否改变？为什么？

（8）当日光灯的启辉器已损坏又没有新的启辉器来更换的情况下，有什么办法使日光灯继续使用？

七、注意事项

（1）换接电路前，将调压器电压调节为零。

（2）拆除实验线路时，应先切断电源，稍停后将电容器放电后再拆线。

（3）在进行实验任务（2）、（3）时，应注意保持单相调压器的输出电压为 220V 不变。

（4）注意日光灯电路的正确连接，镇流器必须与灯管相串联，以免损坏灯管。

（5）测量镇流器消耗的功率 P_L 时，注意功率表的电压线圈与镇流器并联。

八、实验报告要求

（1）通过相量图说明感性负载并联电容可提高功率因数的原理。

（2）计算 40W 日光灯的基本数据。

（3）整理测量数据表格与计算结果。

（4）绘制 $I = f(C)$ 和 $\cos\varphi = f(C)$ 的曲线，找到 $\cos\varphi = 1$ 时的电容值，并与理论计算值比较。

（5）回答"六、思考与讨论"中提出的问题（1）、（2）、（3）、（4）的内容。

第九节　串联谐振电路的特性研究

一、实验目的

（1）观察谐振现象，加深对谐振条件和特点的理解。

（2）研究电路参数对串联谐振电路特性的影响。

（3）掌握测量 RLC 串联谐振电路的频率特性曲线和测试通用谐振曲线的方法。

二、原理与说明

（一）RLC 串联谐振电路及其参数

1. RLC 串联电路的谐振条件

由电阻 R、电感 L、电容 C 的串联连接的正弦交流电路如图 4-49 所示，其电路的端口电压 $\dot{U}_s$ 与端口电流 $\dot{I}$ 同相位，电路阻抗呈现电阻性质，则称该电路处于谐振状态。通过调节元件参数或电源频率，能发生谐振的电路称为谐振电路。谐振是线性电路在正弦稳态下的一种特定的工作状态。

图 4-49 所示的电路，在正弦电压源 $\dot{U}_s$ 的作用下，其阻抗为

$$Z = R + j\left(\omega L - \frac{1}{\omega C}\right) = R + j(X_L - X_C) = R + jX$$

当

$$X = X_L - X_C = \omega L - \frac{1}{\omega C} = 0$$

此时，电路阻抗 $Z = R$ 为纯电阻，电压 $\dot{U}_s$ 与电流 $\dot{I}$ 同相，电路发生谐振。电路的谐振频率和谐振角频率分别为

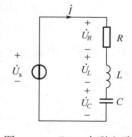

图 4-49　RLC 串联电路

$$\omega_0 = \frac{1}{\sqrt{LC}}, \quad f_0 = \frac{1}{2\pi\sqrt{LC}}$$

显然，谐振频率是由电路参数 L、C 决定的，与外部条件无关，故又称为电路固有频率。

当电源频率一定，调节 L 或 C 使电路固有频率与电源频率一致时，电路发生谐振；在 L、C 一定时，调节电源频率使之与电路固有频率一致时，也发生谐振。

2. 谐振电路的特性

（1）谐振时电路呈现纯电阻性，电压与电流同相位。由于此时电路阻抗最小，所以在电源电压有效值一定时，电路的电流最大，这时有

$$\dot{I}_0 = \dot{U}_s/R$$

（2）谐振时电感电压 $\dot{U}_L$ 和电容电压 $\dot{U}_C$ 有效值相等，均为外加电源电压有效值的 Q 倍，相位差为 180°，即

$$\dot{U}_L = jQ\dot{U}_s, \quad \dot{U}_C = -jQ\dot{U}_s, \quad \dot{U}_L = -\dot{U}_C$$

其中品质因数 Q 为

$$Q = \frac{U_L}{U_s} = \frac{U_C}{U_s} = \frac{\omega_0 L}{R} = \frac{1}{\omega_0 CR} = \frac{1}{R}\sqrt{\frac{L}{C}}$$

特性阻抗为

$$\rho = \omega_0 L = \frac{1}{\omega_0 C} = \sqrt{\frac{L}{C}}$$

在 L、C 为定值的前提下，Q 值仅仅取决于回路总电阻 R 的大小。

（二）RLC 串联谐振电路的频率特性

1. 电流的幅频特性

在串联谐振电路中，电路电流的有效值与频率的关系称为电流的幅频特性，即

$$I(\omega) = \frac{U_s}{\sqrt{R^2 + \left(\omega L - \frac{1}{\omega C}\right)^2}} = \frac{U_s/R}{\sqrt{1 + Q^2\left(\frac{\omega}{\omega_0} - \frac{\omega_0}{\omega}\right)^2}} = \frac{I_0}{\sqrt{1 + Q^2\left(\frac{\omega}{\omega_0} - \frac{\omega_0}{\omega}\right)^2}}$$

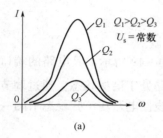
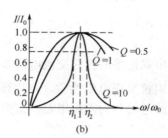

在电路的 L、C 和信号源的频率及电压 U 不变的情况下，R 值不同则 Q 值也不同，这样可以得到不同的电流幅频特性曲线，如图 4 - 50 （a）所示。在 L、C 值已定的情况下，变化 R 的大小，可以改变 Q 值。Q 值越大，选择性越好，曲线形状越尖锐。为了研究电路参数对谐振特性的

图 4 - 50　RLC 串联谐振电路的谐振特性

(a) 不同 Q 值时的电流幅频特性；(b) 通用谐振曲线

影响，通常采用通用谐振曲线。对上述公式两边同时除以 I_0 作归一化处理，得到通用幅频特性为

$$\frac{I}{I_0} = \frac{1}{\sqrt{1 + Q^2\left(\frac{\omega}{\omega_0} - \frac{\omega_0}{\omega}\right)^2}}$$

根据通用幅频特性关系，与此对应的曲线称为通用谐振曲线。如图 4 - 50 （b）绘出了对应不同 Q 值的通用谐振曲线。通用谐振曲线形状尖陡，表明电路具有不同的选频特性。曲线越尖，选频特性越好。

在图 4 - 50 （b）所示的通用谐振曲线上

$$\frac{I}{I_0} = \frac{1}{\sqrt{2}} = 0.707$$

处作一平行于横轴的直线，该直线交谐振曲线于两点，它们的横坐标分别为 η_1 和 η_2，它们之间的宽度称为带宽，又称为通频带，它决定了谐振电路允许通过信号的频率范围。

2. 相频特性与幅频特性

电源电压和电路电流的相位差 φ 与频率 ω 的关系称为相频特性，可由公式

$$\varphi(\omega) = \arctan\frac{\omega L - 1/\omega C}{R}$$

计算得出或由实验测量决定。相频特性曲线如图 4 - 51 所示。

串联谐振电路中，电感电压幅频特性为

$$U_L = \omega L I = \frac{\omega L U_s}{\sqrt{R^2 + (\omega L - 1/\omega C)^2}}$$

电容电压幅频特性为

$$U_C = \frac{1}{\omega C} I = \frac{U_s}{\omega C \sqrt{R^2 + (\omega L - 1/\omega C)^2}}$$

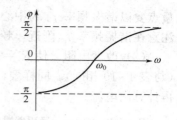

图 4-51　相频特性曲线

由上两式可见，U_L 与 U_C 都是电源角频率 ω 的函数，曲线如图 4-52 所示。谐振时 $\omega = \omega_0$，$U_L = U_C = Q U_s$，但 U_L 与 U_C 最大值不在 ω_0 处，U_L 的最大值出现在 $\omega > \omega_0$ 处，U_C 的最大值出现在 $\omega < \omega_0$ 处，Q 值越高，U_L、U_C 的最大值处离 ω_0 越近。

三、实验任务

（一）幅频特性曲线的测量

（1）实验电路如图 4-53 所示，调节函数信号发生器的输出电压和频率，使其 $U_s = 3V$，同时用毫伏表显示电阻电压 U_{R1}（反映电流）的变化，用示波表观察电压 U_{R1} 与 U_s 的相位关系，找出谐振频率 f_0。

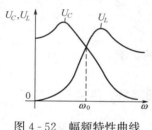

图 4-52　幅频特性曲线

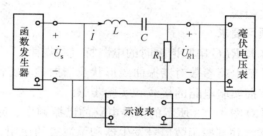

图 4-53　串联谐振实验电路

保持函数信号发生器输出电压不变，在谐振频率对应的谐振电压 U_{R10} 两侧依次改变信号频率，取 10 个以上测试点，将测得的 U_{R1} 及相应频率记入表 4-18。通过相应的计算，根据数据绘出幅频特性曲线。注意合理地选取测试点，频率范围为 200Hz～10kHz。

（2）改变频率使电路发生谐振时，测量电容电压 U_C 以及信号源电压 U_s，计算电路的 Q 值。在注意保持 U_s 为定值的情况下，测出 $U_{R1} = 0.707 U_{R10}$ 时的频率 f_1 和 f_2，计算通频带和 Q 值。

表 4-18　　　　　　　　　**RLC 串联电路谐振测量数据表**

	$L=10\text{mH}$		$R_1=50\Omega$		$C=0.2\mu\text{F}$		$f_0=$		$U_s=3\text{V}$		
f/Hz							f_0				
U_{R1}/V											
$I=U_{R1}/R_1$							I_0				
I/I_0											

（二）通用谐振曲线的测量

（1）实验电路仍如图 4-53 所示，测试条件不变。调节电源的频率，测量回路电流。测

量点要以谐振频率 f_0 为中心,左右各扩展若干个测量点,将测量数据记入表 4 - 19 中。要注意在谐振频率 f_0 附近,频率改变量要小些,过了曲线尖顶部,频率改变量可大些。

(2) 改变电阻,使 $R_1 = 100\Omega$,其他参数不变,重复上述测量,并将测量数据记入表中(与表 4 - 19 相同)。同样要注意,电路中电流的测量是先用毫伏表测得电阻 R_1 上的电压,再计算出电流。

表 4 - 19　　　　　通用谐振曲线测量数据　($R_1 = 100\Omega$,$C = 0.2\mu F$,$L = 10mH$)

频率 f(Hz)					f_0			
频率 f/f_0					1			
U_{R1}								
计算 I 值								
计算 I/I_0 值					1			

四、仪器与设备

(1) 函数信号发生器、示波表。

(2) 电容箱、电感箱、电阻箱各 1 个。

(3) 实验板。

五、预习要求

(1) 掌握 RLC 串联谐振时的电路特点和规律。

(2) 了解电路参数对谐振曲线形状及谐振频率特性的影响。

(3) 掌握实验电路的接线和实验步骤。

(4) 计算图 4 - 53 所示的实验电路的谐振频率、品质因数,供实验时参考。

(5) 练习并掌握函数信号发生器和示波表的使用。

六、思考与讨论

(1) 在实验中,用哪些方法能判别电路处于谐振状态?

(2) 在串联谐振电路中,谐振时电流最大,这时 U_L 与 U_C 是否最大?在什么条件下,可以近似认为最大?

(3) 在实验过程中,为什么要保持函数信号发生器的输出电压不变?

(4) 当 RLC 串联电路产生谐振时,是否有 $U_{R1} = U_s$,线圈电压 $U_L = U_C$?分析其原因。

(5) 在 $f > f_0$ 及 $f < f_0$ 时,电路中电流、电压的相位关系如何?Q 值不同的电路,其相频特性有何不同?在实验中用示波表观察时,能否看出其不同点呢?

(6) 实验中测量电流,为什么先用毫伏表测出电阻上电压,再求出电流,而不直接用交流电流表测量?

七、注意事项

(1) 函数信号发生器的功率输出端不能短路。

(2) 每次改变信号源的频率后,要保持电源输出电压为定值 3V 不变。

(3) 用示波表测量电压 U_L、U_C 和 U_{R1},用示波表测量 $\dot{U}_s$ 和 $\dot{I}$ 相位差时,都应注意与信号源公共地线的连接。

八、实验报告要求

(1) 根据实验测量数据,作出通用谐振曲线,计算对应不同电阻值的品质因数,并将实验结果与理论计算结果进行比较。

（2）根据谐振曲线讨论与分析串联谐振电路的特点，包括谐振频率与理论值的差异，电路参数对谐振曲线的形状的影响，电路的通频带、Q值等。

第十节　互　感　的　测　量

一、实验目的

（1）掌握互感电路同名端、互感系数 M 以及耦合系数 k 的测量方法。

（2）理解两个线圈相对位置的改变，以及用不同材料做线圈铁心时对互感的影响。

（3）进一步掌握用交流电压表、电流表和功率表测量阻抗的方法。

二、原理与说明

（一）互感线圈同名端的判断方法

1. 直流法

对于图 4-54 所示的互感电路，当开关 S 闭合瞬间时，若直流毫伏表的指针正向偏转，则可断定端子 1、3 为同名端；如若指针反向偏转，则 1、4 为同名端。

2. 交流法

图 4-55 所示的互感电路，将两个线圈 L1 和 L2 的任意两端，例如将 2、4 端连在一起，在其中的一个线圈如 L1 两端加一个交流低电压，用交流电压表分别测出端电压 U_{12}、U_{13} 和 U_{34}。若电压 U_{13} 是两个线圈端电压 U_{12} 与 U_{34} 之差，则 1、3 是同名端；若电压 U_{13} 是两线圈端电压 U_{12} 与 U_{34} 之和，则 1、4 是同名端。

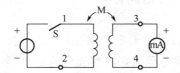
图 4-54　直流法判断同名端的电路

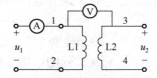
图 4-55　交流法判断同名端的电路

（二）互感系数 M 和耦合系数 k 的测量

1. 互感电压法

图 4-55 的互感电路中，在线圈 L1 侧施加低压交流电压 U_1，测出 I_1 和 U_2。根据互感电压 $U_{2M}=U_2=\omega M I_1$，可计算出互感系数为

$$M = U_2 / \omega I_1$$

2. 等效电感法

利用具有互感的两个线圈的串联的方法求互感。设线圈 L1 和 L2 的自感系数分别为 L_1 和 L_2，两个线圈之间有互感 M，测出其顺接串联与反接串联时的等效电感，即

$$L_e = L_1 + L_2 + 2M$$
$$L'_e = L_1 + L_2 - 2M$$

式中：L_e 为顺接串联时的等效电感；L'_e 为反接串联时的等效电感；互感为 $M=(L_e-L'_e)/4$。

根据上式，在正向串联时，测出 U、I、P，计算出 L_e，反向串联时，同理计算出 L'_e，即可求出 M。计算 L_e 和 L'_e 的方法与求自感 L 的方法相同。

3. 耦合系数 k 的测量

图 4-56 所示的互感电路中，线圈 L1 外加电压 U_1，线圈 L2 开路，因此有

$$U_1 = \omega L_1 I_1, \quad L_1 = U_1/\omega I_1$$

用同样的方法，在图 4-57 所示的电路中，线圈 L2 外加电压 U_2，线圈 L1 开路，因此有

$$U_2 = \omega L_2 I_2, \quad L_2 = U_2/\omega I_2$$

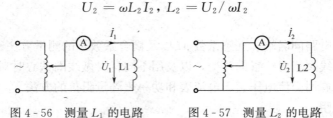

图 4-56　测量 L_1 的电路　　　图 4-57　测量 L_2 的电路

根据 M、L_1 和 L_2 的关系，就可以计算出耦合系数为

$$k = M/\sqrt{L_1 L_2}$$

三、实验任务

（一）测量互感线圈的同名端

1. 直流法

实验电路如图 4-58 所示，将线圈 L1 和 L2 同心地套在一起，在其中心放入铁心。U_1 为可调直流稳压电源，调至 6V。然后由大到小地调节改变可变电阻器 R 的数值，使流过线圈 L1 侧的电流不超过 0.4A，线圈 L2 侧直接接入毫伏表。将铁心迅速地抽出和插入，观察毫伏表正、负读数的变化，来判定两个线圈 L1 和 L2 的同名端。

2. 交流法

按图 4-59 接线，将小线圈 L2 套在线圈 L1 中，端子 2、4 短接，L1 串接电流表后接至自耦调压器的输出，并在两线圈中插入铁心。接通电源前，应首先检查自耦调压器是否调至零位，确认后方可接通交流电源，调节自耦调压器输出一个很低的电压约 3V，使流过电流表的电流小于 1.5A，然后用 0~20V 量程的交流电压表测量 U_{13}、U_{12} 和 U_{34}，再判定同名端。

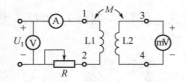

图 4-58　直流法测量同名端的电路

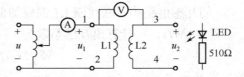

图 4-59　交流法测量同名端的电路

断开 2、4 连线，并将 2、3 短接，重复上述步骤，判定同名端。

（二）测量互感系数 M 和耦合系数 k

1. 研究影响互感系数 M 的因素

在图 4-59 的 L2 侧，接入 LED 发光二极管与 510Ω 电阻串联的支路。按如下步骤观察互感现象。

（1）将铁心慢慢地从两线圈中抽出和插入，观察 LED 亮度的变化及各表指针的变化，

记录现象。

（2）改变两线圈的相对位置，观察 LED 亮度的变化及仪表读数。

（3）将铁心改用铝棒，重复（1）、（2）的步骤，观察 LED 的亮度变化，记录现象。

2. 测量耦合线圈的互感系数 M 和耦合系数 k

实验电路如图 4-60～图 4-62 所示，在线圈中放入铁心，保持 $I_1 \leqslant 0.3$A 或 $I_2 \leqslant 0.1$A，测量数据记入表 4-20，并由两次测量平均值计算结果，进行误差分析。

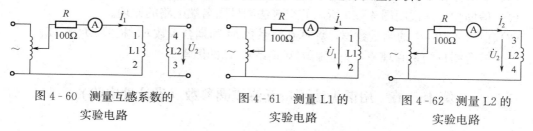

图 4-60　测量互感系数的　　　　图 4-61　测量 L1 的　　　　图 4-62　测量 L2 的
　　　　实验电路　　　　　　　　　　实验电路　　　　　　　　　实验电路

表 4-20　　　　　　　　　　计算互感系数 M 和耦合系数 k 的测量数据表

		测　量　值				计　算　值		
图 4-62 $I_1 \leqslant 0.3$A	第一次	I_1/A		U_2/V	M	M		
	第二次	I_1/A		U_2/V	M			
图 4-63 $I_1 \leqslant 0.3$A	第一次	I_1/A		U_1/V	L_1		L_1	$k=$
	第二次	I_1/A		U_1/V	L_1			
图 4-64 $I_2 \leqslant 0.1$A	第一次	I_2/A		U_2/V	L_2		L_2	
	第二次	I_2/A		U_2/V	L_2			

四、仪器与设备

（1）三相自耦调压器。

（2）示波表。

（3）互感线圈、铁棒、铝棒、100Ω 电位器。

（4）发光二极管。

五、预习要求

（1）复习耦合线圈的有关理论知识和计算方法。

（2）根据耦合线圈的额定电流值确定实验参数，要注意线圈的电流不可超过其额定电流，拟定实验步骤。

（3）如耦合线圈的电阻不能忽略，试拟定实验线路和测量方法。

六、思考与讨论

（1）试用相量图说明图 4-59 所示的交流法测量同名端电路的原理，其好处是什么？

（2）在实际工作中，可用电池和直流毫安表测定耦合线圈的同名端。试设计实验电路，并说明实验原理。

（3）本实验中，因为 $\omega L \gg R$，故线圈的电阻忽略不计。若线圈的电阻不可忽略时，应如何测量互感的参数？试拟定主要实验步骤。

七、注意事项

（1）整个实验过程中，注意流过线圈 L1 的电流不超过 1.5A，流过线圈 L2 的电流不超过 0.4A。

(2) 测定同名端及其他测量数据的实验中，都应将线圈 L2 套在线圈 L1 之中。

(3) 试验前，首先要检查自耦调压器，要保证手柄置在零位。因实验时所加的电压只有 24V 左右，因此调节时要特别仔细、小心，要随时观察电流表的读数，不得超过规定值。

八、实验报告要求

(1) 借助相量图说明图 4-59 所示的交流法测量同名端电路的原理。

(2) 由表 4-20 中的测量数据，计算互感系数 M 和耦合系数 k，检验 $M_{12}=M_{21}$。

(3) 综合测量结果和现象，讨论影响互感系数 M 的因素。

第十一节 用谐振法测量互感线圈参数（设计性实验）

一、实验目的

(1) 初步掌握设计性实验的设计思路和方法，能够正确自行设计电路，选择实验设备。

(2) 通过实验加深 RLC 串联电路谐振的条件和特点的认识。

(3) 进一步熟悉示波器的使用方法。

二、设计要求

(1) 根据实验室条件，拟定用谐振法测量互感线圈的自感系数 L_1、L_2，互感系数 M，顺接等效电感 L_e，反接等效电感 L'_e 的方案。

(2) 根据方案，设计出具体的实验线路。

(3) 合理选仪器仪表，拟定实验步骤。

三、设计提示

(1) 根据 RLC 串联谐振电路的特点，利用电阻、电容和电感构造 RLC 电路。当电路发生谐振时，参数 L、C 和谐振频率 f_0 的关系有

$$\omega_0 L = \frac{1}{\omega_0 C}, \quad L = \frac{1}{\omega^2 C} = \frac{1}{(2\pi f)^2 C}, \quad f_0 = \frac{1}{2\pi \sqrt{LC}}$$

(2) 实验仪器与设备：函数信号发生器 1 台；电阻若干；电容 1 只；电感线圈两个；双踪示波器 1 台；晶体管毫伏表 1 只。

四、预习要求

(1) 预习有关理论知识。

(2) 写出实验方案、实验步骤，设计出实验电路。

(3) 选好实验仪表和设备。

五、实验注意事项

(1) 设计电路的参数时，应注意尽量选用标准的电阻和电容。

(2) 构建 RLC 串联谐振电路，根据前面介绍的方法判断是否发生谐振。

(3) 每次改变信号源的频率时，要保持信号源的输出电压不变。

六、思考与总结

(1) 能否利用电路的谐振特性，测量电容元件的电容值 C？

(2) 可以用哪些实验方法判断电路发生了谐振？

（3）RLC 串联电路发生谐振时的特点是什么？

（4）设计总结。

七、实验报告要求

（1）将自拟的实验步骤、实验线路和表格按要求写在报告上。

（2）实验报告中把测量结果列表，并计算。

（3）分析测量误差。

第十二节 三相电路中电压、电流的测量

一、实验目的

（1）了解相序的测定方法。

（2）测量三相电路中的相电压、线电压、相电流和线电流，验证对称电路中相电压与线电压、相电流与线电流之间的关系。

（3）理解在三相四线制供电系统中性线的作用。

二、原理与说明

在三相正弦交流电路中，三相负载可接成星形（Y形）或三角形（△形），连接方式如图 4-63 所示。在星形连接中又包括有中性线（三相四线制）和无中性线（三相三线制）两种情况。本实验主要研究三相电源对称，电阻性负载作星形、三角形连接时，电路在多种工作状态下电压和电流的关系。

（一）星形连接的三相负载

1. 负载对称时

当三相对称负载作星形连接时，线电压 U_1 是相电压 U_{ph} 的 $\sqrt{3}$ 倍，线电流 I_1 等于相电流 I_{ph}，即 $U_1 = \sqrt{3}U_{ph}$，$I_1 = I_{ph}$。负载的中性点电压和流过中性线的电流为 $U_{NN'} = 0$，$I_{NN'} = 0$，说明对对称负载来说中性线不起作用，所以可以省去中性线。

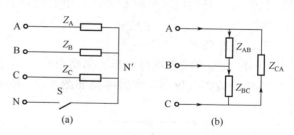

图 4-63 三相负载的两种连接方式
（a）星形负载；（b）三角形负载

2. 负载不对称时

当三相不对称负载作星形连接，有中性线时，线电压 U 与相电压 U_{ph} 之间不存在 $\sqrt{3}$ 倍关系，其关系为

$$\dot{U}_{AB} = \dot{U}_A - \dot{U}_B$$

$$\dot{U}_{BC} = \dot{U}_B - \dot{U}_C$$

$$\dot{U}_{CA} = \dot{U}_C - \dot{U}_A$$

电源与负载的中性点电压 $U_{NN'} \neq 0$。

三相不对称负载星形连接时，必须采用三相四线制接线，即 YN 接线；而且中性线必须牢固连接，以保证三相不对称负载的每相电压维持对称不变。如若中性线断开，会导致三相负载电压的不对称，致使负载轻的一相的相电压过高，使负载受损坏；负载重的一相的相电压又过低，使负载不能正常工作。

（二）三角形连接的三相负载

1. 负载对称时

当三相对称负载作三角形连接时，线电流 I_1 是相电流 I_{ph} 的 $\sqrt{3}$ 倍，线电压 U_1 等于相电压 U_{ph}，即 $I_1=\sqrt{3}I_{ph}$，$U_1=U_{ph}$。

2. 负载不对称时

当三相不对称负载作三角形连接时，线电流 I_1 与相电流 I_{ph} 之间不存在 $\sqrt{3}$ 倍关系，其关系为

$$\dot{I}_A = \dot{I}_{AB} - \dot{I}_{CA}$$
$$\dot{I}_B = \dot{I}_{BC} - \dot{I}_{AB}$$
$$\dot{I}_C = \dot{I}_{CA} - \dot{I}_{BC}$$

负载的电压关系为 $U_1=U_{ph}$。

对于不对称负载三角形连接时，由于 $I_1\neq\sqrt{3}I_{ph}$，但只要电源的线电压 U_1 对称，加在三相负载上的电压仍是对称的，对各相负载工作没有影响。

（三）相序的测定

三相电源的相序可用相序表直接测定，也可以根据无中性线不对称负载星形连接所引起的中性点位移的原理用实验方法来测定。方法是用一个电容和两个相同瓦数的灯泡连接成图 4-64 所示的实验电路，由于没有中性线，星形连接的负载不对称，负载中性点 N′ 发生位移，致使负载各相电压不再相等。设电容器所在相为 A 相，则灯泡亮的为 B 相、灯泡暗的为 C 相。

三、实验任务

（一）星形连接负载的电压、电流测量

三相负载接成星形，实验电路如图 4-65 所示。

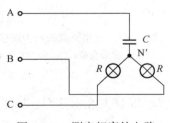

图 4-64　测定相序的电路

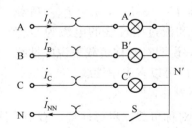

图 4-65　星形连接的负载实验电路

（1）负载对称时，在有中性线和无中性线两种情况下，测各线电压、相电压、中性点电压和线电流、相电流、中性线电流。

（2）负载不对称时，在有中性线和无中性线两种情况下，测各线电压、相电压、中性点电压和线电流、相电流、中性线电流。

（3）A 相电源开路，其余两相负载对称，在有中性线和无中性线两种情况下，测各线电压、相电压、中性点电压和线电流、相电流、中性线电流。

以上实验数据记入表 4-21 中，并对结果进行分析。

表 4-21　　　　　　　　　　　　　　负载星形连接时的测量数据

负载		$U_{A'B'}$	$U_{B'C'}$	$U_{C'A'}$	$U_{A'N'}$	$U_{B'N'}$	$U_{C'N'}$	$U_{NN'}$	I_A	I_B	I_C	$I_{NN'}$
对称	有中性线											
	无中性线											
不对称	有中性线											
	无中性线											
A 相电源开路	有中性线											
	无中性线											

（二）三角形连接负载的电压、电流测量

负载接成三角形，实验电路如图 4-66 所示。分别研究负载对称、负载不对称、A 相负载断路（其余二相对称）、A 相电源断路（负载对称）这四种情况下，线电流 I 与相电流 I_{ph} 的关系，数据记入表 4-22，并加以分析。

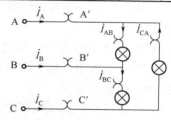

图 4-66　接成三角形负载的实验电路

表 4-22　　　　　　　　　　　　　　负载三角形连接时的测量数据

负　　载	I_A	I_B	I_C	I_{AB}	I_{BC}	I_{CA}	U_{AB}	U_{BC}	U_{CA}
负载对称									
负载不对称									
A 相负载断									
A 相电源断									

（三）相序的测定

测试电路如图 4-64 所示，设 A 相接电容器，其电容 $C=4\mu F$，在无中性线情况下，观察现象并判定三相电源的相序。

四、仪器与设备

（1）三相自耦调压器。

（2）电能质量分析仪。

（3）三相灯组负载箱。

（4）电工基础实验箱。

五、预习要求

（1）根据提供的负载箱和仪表量程，检查是否与电源电压等级配套。

（2）拟定主要实验步骤。

（3）复习有关数据采集和处理的知识。

六、思考与讨论

（1）图 4-64 所示的测量相序的实验电路，为什么灯泡亮的为 B 相、灯泡暗的为 C 相？若将图中的电容换成电感，结果如何？

（2）在负载对称的星形连接中，若负载一相开路或短路，在有中性线和无中性线两种情况下，各会出现何种现象？并由此说明，在三相四线制中，中性线为什么不允许接熔断器？

　　（3）当不对称负载作三角形连接时，线电流是否相等？线电流与相电流之间是否成固定的比例关系？

　　（4）三相负载根据什么条件连接成星形或连接成三角形？

　　（5）三相负载星形连接，在有中性线的情况下，能否做一相负载短路的实验？为什么？

　　（6）电阻负载为什么选用灯泡？

七、注意事项

　　（1）三相交流电源必须与三相负载箱要求的电压等级相配合。本实验负载由灯泡组成，要求将电源线电压380V通过三相自耦调压器调至线电压220V。

　　（2）测量时，一定要将测量表的表笔插入各接线柱的测量孔内，以免接触实验箱面板而造成短路。

　　（3）在将A相开路时，应把A相外接电路拆除，以免导线悬空，造成意外。

　　（4）本实验采用三相交流电，要注意人身及设备安全。必须遵守先接线后通电、先断电后拆线的实验操作原则。

　　（5）注意三相自耦调压器的使用，能够保证按照实验需要调整输出电压。

　　（6）实验中若出现异常现象，应立即切断电源，找出故障原因，排除故障后方可继续实验。

八、实验报告要求

　　（1）整理实验数据，验证对称三相电路线电压与相电压、线电流与相电流的$\sqrt{3}$倍关系。

　　（2）根据三角形连接不对称负载时的相电流作相量图，并求出线电流的数值，与实验测得的线电流数据作比较、分析。

　　（3）用实验数据和观察到的现象，总结三相四线制供电系统中中性线的作用。

第十三节　三相电路功率的测量

一、实验目的

　　（1）掌握用两瓦特表法测量三相电路有功功率和一瓦特表法测量无功功率的方法。

　　（2）进一步熟练掌握功率表的接线和使用方法。

二、原理与说明

（一）三相四线制供电系统

　　在三相四线制电路中，无论三相负载对称与否，因为负载各相电压是互相独立的，所以可以用三块功率表（也称瓦特表）分别测出各相的有功功率P_A、P_B、P_C，测量电路如图4-67所示。三相电路负载消耗的总有功功率，为三块功率表的功率相加，即$P=P_A+P_B+P_C$。

　　若三相负载是对称的，则只需测量出一相的功率即可，三相电路总功率就等于该相功率的3倍，即$P=3P_A=3P_B=3P_C$。

（二）三相三线制供电系统

　　在三相三线制供电系统中，无论三相负载是否对称，负载是Y形连接还是△形连接，都可用两块功率表测量三相负载的有功功率，这种方法

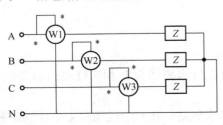

图4-67　三瓦特表测有功功率

称为两瓦特表法。两瓦特表法测量三相电路功率的接线如图
4-68 所示，两块功率表的读数为 P_1、P_2，则三相负载消耗
的总有功功率 $P=P_1+P_2$。

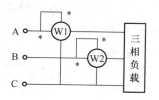

图 4-68 两瓦特表测有功功率

因为由 KCL 有 $i_A+i_B+i_C=0$，$i_C=-(i_A+i_B)$，三相电
路的瞬时功率可以表示为

$$p_1 = (u_A - u_C)i_A = u_{AC}i_A$$
$$p_2 = (u_B - u_C)i_B = u_{BC}i_B$$

有功功率为

$$P_1 + P_2 = \frac{1}{T}\int_0^T (u_A - u_C)i_A \mathrm{d}t + \frac{1}{T}\int_0^T (u_B - u_C)i_B \mathrm{d}t$$
$$= \frac{1}{T}\int_0^T u_A i_A \mathrm{d}t + \frac{1}{T}\int_0^T u_B i_B \mathrm{d}t + \frac{1}{T}\int_0^T u_C i_C \mathrm{d}t$$
$$= P_A + P_B + P_C = P$$

可见，两块功率表读数的代数和，正好是三相负载消耗的总有功功率。若负载为感性或容
性，且当相位差 $\varphi>60°$ 时，两块功率表中要有一块功率表指针将反向偏转，数字式功率表
将出现负读数，这时应将功率表电压线圈的极性开关拨到另一端，而读数应记为负值。

（三）对称三相电路中无功功率的测量

（1）在对称三相电路中，可用两瓦特表法测量无功功率，测量电路的接线如图 4-68 所
示，在测得的有功功率 P_1、P_2 后，即可求出负载的无功功率
Q 为

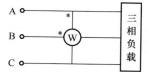

图 4-69 用一块功率表测
无功功率

$$Q = \sqrt{3}(P_1 - P_2)$$

（2）对称三相三线制电路中的无功功率还可用一块功率表来
测量，测量电路如图 4-69 所示。无功功率 $Q=\sqrt{3}P$，这里 P 是功
率表的测量数值。负载为感性时，功率表正偏；负载为容性时，
功率表反偏，取负值。

三、实验任务

（1）用两瓦特表法测量三相星形负载的功率，负载为对称或不对称纯电阻负载，对称容
性和纯电容负载，并将数据记入表 4-23 中。

表 4-23   **两瓦特表法测量功率数据**

	P_1/W	P_2/W	ΣP(W)/ΣQ(var)		U_A/V	U_B/A	U_C/V	I_A/A	I_B/A	I_C/A	ΣP(W)/ΣQ(var)
对称纯电阻负载											
不对称纯电阻负载											
对称容性负载			ΣP	ΣQ	×	×	×	×	×	×	×
对称纯电容负载			ΣP	ΣQ							

（2）用三瓦特表法测量对称三相星形负载的功率，负载为对称容性负载和纯电容负载，并将数据记入表 4 - 24 中。

表 4 - 24　　　　　　　　　　　　三瓦特表法测量功率数据

	P_A/W	P_B/W	P_C/W	ΣP/W	Q_A/var	Q_B/var	Q_C/var	ΣQ/var	S/VA	S/VA	S/VA
对称容性负载											
对称纯电容负载											

（3）用下面两种方法测量对称三相电路的无功功率，把下列数据记入表 4 - 25。

1）用一瓦特表法测量三相 Y 接线，对称负载的无功功率。

2）用两瓦特表法测量三相对称负载的无功功率。

表 4 - 25　　　　　　　　　　　　无功功率测量数据

负载		测量值			计算值
		U/V	I/A	Q/var	ΣQ/var
一瓦特表法	对称电阻负载				
	对称容性负载				
两瓦特表法	对称电阻负载				

四、仪器与设备

（1）三相自耦调压器。

（2）电能质量分析仪。

（3）三相灯组负载箱。

五、预习要求

（1）复习三相电路功率的概念和测量方法。

（2）复习两瓦特表法测量三相电路有功功率的原理。

（3）复习一瓦特表法测量三相对称负载无功功率的原理。

（4）根据实验任务，画出具体接线电路图，拟定主要实验步骤。

（5）了解三相电源电压等级是否与三相负载箱电压等级配套。

六、思考与讨论

（1）证明一瓦特表法、两瓦特表法测量对称三相电路无功功率的关系式。

（2）负载不对称的三相四线制系统，能否用两瓦特表法测有功功率？简要说明原因。

（3）用两瓦特表法测功率，为什么会出现读数为负值？试用相量图解释。

（4）测量功率时，为什么在线路中通常都有电流表和电压表？

（5）为什么有的实验需要将三相电源的线电压调到 380V，而有的实验要调到 220V？

七、注意事项

（1）三相交流电源必须与三相负载箱要求的电压等级相配合。本实验负载由灯泡组成，要求将电源线电压 380V 通过三相自耦调压器调至线电压为 220V。

（2）每次实验完毕需将三相自耦调压器调回零位，每次改变接线均需断开三相电源。

（3）测功率时，若用一只功率表逐次测量：测量前，应先将电流线圈接上带插头的线，电压线圈接上带测试棒的线；测量时，例如测量 A 相的功率时，将插头插入 A 相的灯箱的电流插座，两测棒分别跨接在电源 A、中性线 N 端，但要注意对应端"＊"不要搞错。

（4）电源电压较高，实验中应时刻注意人身及设备的安全。

（5）实验中若出现异常现象例如短路、开关跳开等，应立即切断电源，找出故障原因，排除故障后方可继续实验。

（6）一瓦特表法测无功功率时，接线必须经教师检查后再通电。

八、实验报告要求

（1）根据测试数据，总结测量三相电路功率各种方法的适用条件。

（2）完成数据表格中的各项测量和计算任务，比较两瓦特表法和一瓦特表法的测量结果及适用范围。

（3）总结、分析三相电路功率测量的方法、结果与体会。

第十四节　非正弦周期电流电路的测量（综合性实验）

一、实验目的

（1）加深对非正弦周期电压或电流有效值的理解。

（2）观察非正弦周期电流电路中，电感和电容对电流波形的影响。

（3）了解非正弦周期电流电路的平均功率的测量。

二、原理与说明

（一）非正弦周期电路的电压、电流及功率

非正弦周期电路的计算，可用傅里叶级数将非正弦电压 $u(t)$ 或电流 $i(t)$ 分别分解成

$$u(t) = U_0 + \sum_{k=1}^{\infty} U_{km} \sin(k\omega t + \varphi_{uk})$$

$$i(t) = I_0 + \sum_{k=1}^{\infty} I_{km} \sin(k\omega t + \varphi_{ik})$$

式中：U_0 和 I_0 分别为电压和电流的直流分量；U_{km} 和 I_{km} 分别为 k 次谐波电压、电流的最大值，φ_{uk} 和 φ_{ik} 分别为 k 次谐波电压、电流的相角。

非正弦周期电压和电流的有效值，则可分别写成

$$U = \sqrt{U_0^2 + U_1^2 + U_2^2 + \cdots}$$

$$I = \sqrt{I_0^2 + I_1^2 + I_2^2 + \cdots}$$

式中：U_1、U_2、$\cdots$ 和 I_1、I_2、$\cdots$ 分别为电压、电流各次谐波的有效值。

非正弦周期电流电路的平均功率为

$$P = U_0 I_0 + \sum_{k=1}^{\infty} U_k I_k \cos\varphi_k = P_0 + \sum_{k=1}^{\infty} P_k$$

式中：P_0、$P_k (k=1、2、3、\cdots)$ 分别为直流分量平均功率和各次谐波平均功率；$\cos\varphi_k$ 为 k 次谐波的功率因数。

（二）三次谐波电压

三次谐波电压可用图 4-70 所示的电路获得。它是将三个单相变压器的一次绕组作无中性线的星形连接，三个单相变压器的同名端接三相电源 A、B、C，二次绕组连接成开口三角形，其电路如图 4-70（a）所示，也可简画成如图 4-70（b）所示的电路符号。

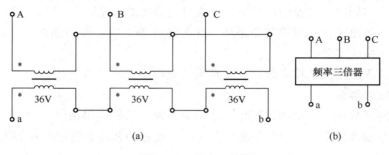

图 4-70　频率三倍器
(a) 电路图；(b) 图形符号

一次绕组接三相电源时，由于铁心饱和，磁通的变化是非正弦的，因而每相变压器的二次绕组电压也是非正弦的，但由于二次绕组连接成开口三角形，基波相加为零，所以在 a、b 两端的电压是三次谐波电压。这种装置可作为频率三倍器。

由于感抗与频率成正比，故在非正弦周期电流电路中，接入电感元件，有使高次谐波电流相对削弱的作用；若接入电容元件，由于容抗与频率成反比，则效果恰好相反，将削弱基波和低次谐波。

三、实验任务

（一）基波和三次谐波电压的测量

（1）测量基波电压 u_1、三次谐波电压 u_3 以及它们的合成波形 u。实验电路如图 4-71 所示，把调压器的输出电压有效值的 U_1 调到 50V，用交流电压表测 U_1，用交流毫伏表测 U_3，再用示波表观察 u_1、u_3 和 u 三个波形之间的关系，并记录它们的波形，计算非正弦周期电压的有效值 U。

（2）将 a 和 b 两个端换接，即把 b 接到 d，重复（1）的内容。

（二）电感和电容对电流波形的影响

（1）在图 4-71 所示电路的 c、b 两端接入电阻 R 和电感（L），如图 4-72 所示。用示波表观察 c、b 两端的电压波形和电路中的电流波形，观察非正弦周期电流电路中电感对电流波形的影响。

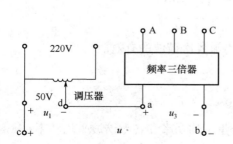

图 4-71　非正弦周期电压波形测量电路

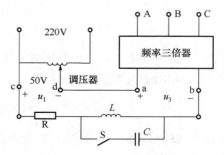

图 4-72　非正弦周期电流测量电路

（2）把图 4 - 72 中的电感线圈换成电容 $C=0.01\mu F$，再观察电压和电流的波形，并把波形记录下来。观察非正弦周期电流电路中电容对电流波形的影响。

（三）平均功率的测量

测量平均功率的电路如图 4 - 72 所示，当开关 S 断开时，测量负载的平均功率（分别测出基波和三次谐波平均功率），并计算该非正弦周期电路负载的总平均功率 P。

四、仪器与设备

（1）三相自耦调压器。

（2）示波表。

（3）电工基础实验箱。

（4）电能质量分析仪。

五、预习要求

（1）复习非正弦周期电流电路的电压、电流的傅里叶级数分解和电压、电流的有效值概念。

（2）拟定主要实验步骤。

（3）复习有关数据采集和处理的知识。

六、思考与讨论

（1）测量基波与三次谐波电流，使用交流电流表吗？为什么？

（2）测量非正弦周期电流电路的平均功率能用单相功率表吗？为什么？

（3）基波与三次谐波的合成波形，在基波、三次谐波不同的相位情况下有何不同？

七、注意事项

（1）连接频率三倍器时，三个单相变压器的一次绕组必须作无中性线星形连接，一次绕组用 380V 电压输入，二次绕组用 36V 电压输出。这样可以降低三次谐波电压，以便于示波表观察。

（2）用示波表观察波形时，要学会辨别基波和三次谐波以及各次谐波波形的合成关系。

八、实验报告要求

（1）分别绘出基波、三次谐波和它们的合成波形。

（2）计算非正弦周期电压的有效值 U，与测量值进行比较，讨论误差原因。

（3）计算非正弦周期电流电路的平均功率，与测量值进行比较，讨论误差原因。

（4）分别绘出非正弦周期电流电路中负载为电感和电容时的电流波形。

第十五节　二端口网络的等效电路测量（设计性实验）

一、实验目的

（1）初步掌握实验电路的设计思想和方法，正确选择实验设备。

（2）掌握无源线性二端口网络传输参数的测量方法。

（3）了解用传输参数画出 T 形和 Ⅱ 形网络。

（4）通过实验加深对等效电路的理解。

二、设计要求

（1）根据实验室提供的器材确定实验方案，拟出每项实验任务中的具体实验电路，确定实验中所有电源及器件的参数。

（2）测量二端口网络的传输参数 A、B、C、D。

（3）求出二端口网络的 T 形或 Ⅱ 形等效电路。

（4）测量 T 形或 Ⅱ 形等效电路的传输参数 A'、B'、C'、D'。

三、设计提示

（1）首先设计一个电阻性二端口网络。

（2）测量电阻性二端口网络的 T 参数。

（3）二端口网络的外部特性可以用三个阻抗或导纳元件组成的 T 形或 Ⅱ 形等效电路来代替。满足

$$Z_1 = \frac{A-1}{C}, \ Z_2 = \frac{1}{C}, \ Z_3 = \frac{D-1}{C}$$

$$Y_1 = \frac{D-1}{B}, \ Y_2 = \frac{1}{B}, \ Y_3 = \frac{A-1}{B}$$

（4）由 A、B、C、D 求出二端口网络 T 形和 Ⅱ 形网络的电阻值，用电阻箱组成的 T 形和 Ⅱ 形等效电路。对于 T 形和 Ⅱ 形等效电路，在设计拟定测量电路和数据记录表格后，在电路的输出端接同一个负载电阻 R_L，改变 U_1，测量 I_1、U_2 和 I_2，并将测量数据记入表格。

（5）列出仪器设备和器材清单。

（6）测量 T 形、Ⅱ 形等效网络的 A'、B'、C'、D' 四个参数，并记录数据。

四、预习要求

（1）预习二端口网络有关理论。

（2）初步写出实验方案、步骤，画出实验电路图，设计数据记录表格。

（3）选好元器件、测量仪表和设备，计算出等效电源、等效电阻的理论值。

五、实验注意事项

（1）确定电源电压值。

（2）正确选择测量仪器设备和仪表量程。

（3）确保被测电路的正确接线。

（4）测量 T 形或 Ⅱ 形等效电路时，注意选用测量原电路的仪器设备和仪表量程，以减少误差。

六、思考与总结

（1）二端口网络的参数为什么与外加电压和电流无关？

（2）从测得的传输参数判别本实验所研究的二端口网络是否具有互易性。

（3）对于线性二端口网络，T 参数、Y 参数、Z 参数和 H 参数是如何等效互换的？

（4）总结设计过程。

七、实验报告要求

（1）画出自己设计的测试电路。

（2）整理实验数据表格，计算出二端口网络的传输参数 A、B、C、D 以及等效的 T 形和 Ⅱ 形网络的电阻值。

（3）画出 U_2 和 I_2 的外特性，验证等效网络的有效性，并分析误差。

（4）比较原网络与等效网络的传输参数，并分析误差。

第十六节　一阶电路暂态过程的研究

一、实验目的

（1）理解一阶电路的零输入响应、零状态响应和全响应的基本规律和特点。

（2）研究电路参数对响应的影响，理解时间常数 τ 与响应变化速度的关系。

（3）掌握用示波表观察一阶电路的响应和测量时间常数。

（4）提高使用示波表和函数信号发生器的能力。

二、原理与说明

（一）一阶 RC 电路的时域响应

可以用一阶微分方程描述的电路，称为一阶电路。一阶电路通常由一个动态元件电感 L 或电容 C 和若干个电阻元件组成。一阶电路的时域分析方法是首先建立换路后的电路微分方程，再求满足初始条件的微分方程的解。

1. 一阶 RC 电路的零状态响应

动态元件在零初始状态下，由外施激励引起的电路响应称为零状态响应。图 4-73 所示的一阶电路中，若 u_C $(0_-)=0$，$t=0$ 时，开关 S 由位置 2 打向位置 1，直流电源 U_s 经电阻 R 向电容 C 充电，此时，电路的响应为零状态响应。电路的微分方程为

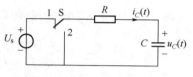

图 4-73　RC 电路的零状态、
零输入响应

$$RC\,\frac{\mathrm{d}u_C(t)}{\mathrm{d}t}+u_C(t)=U_s$$

其解为

$$u_C(t)=U_s(1-\mathrm{e}^{-t/\tau})(\mathrm{V})，\quad t\geqslant0$$

式中：$\tau=RC$ 为电路的时间常数。

τ 越大，动态过程持续的时间就越长。当 $t=\tau$ 时，$u_C(\tau)=0.632U_s$，零状态响应曲线如图 4-74（a）所示。

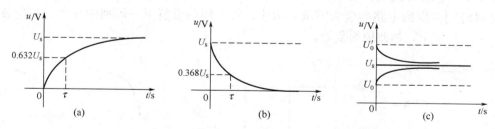

图 4-74　一阶 RC 电路动态过程的响应曲线
（a）零状态响应曲线；（b）零输入响应曲线；（c）全响应曲线

2. 一阶 RC 电路的零输入响应

在图 4-73 所示的一阶 RC 电路中，若开关 S 在位置 1 时，电路已达到稳态，即 $u_C(0_-)=U_s$，在 $t=0$ 时刻，将开关 S 由位置 1 打向位置 2，电容 C 经电阻 R 放电，电容电压的初始值为 $u_C(0_+)=u_C(0_-)=U_0=U_s$，此时的电路响应为零输入响应。电路的微分方程为

$$RC \frac{\mathrm{d}u_C(t)}{\mathrm{d}t} + u_C(t) = 0$$

响应为

$$u_C(t) = u_C(0_+)\mathrm{e}^{-t/\tau} = U_s \mathrm{e}^{-t/RC}(\mathrm{V}), t \geqslant 0$$

零输入响应曲线如图 4-74（b）所示。当 $t=\tau$ 时，$u_C(\tau)=0.368U_s$。下降到初始值的 36.8%；当 $t=5\tau$ 时，$u_C(5\tau)=0.007U_0$，一般认为电容电压 $u_C(t)$ 已经衰减到零，电路的动态过程结束。

由图 4-74 的波形可以看出，无论是零状态响应还是零输入响应，其响应曲线都是按照指数规律变化的，变化的快慢由时间常数 τ 决定，即电路动态过程的长短由 τ 决定。时间常数 τ 大，动态过程长；τ 小，动态过程时间就短。

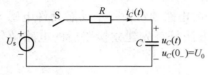

图 4-75　一阶 RC 电路的全响应

3. 一阶 RC 电路的全响应

电路在非零初始状态和激励的共同作用下产生的响应称为全响应。图 4-75 所示电路，当 $t=0$ 时，合上开关 S，电路的响应就是全响应。线性系统中，全响应的解有以下两种表达形式

$$u_C(t) = U_s(1-\mathrm{e}^{-t/RC}) + U_0\mathrm{e}^{-t/RC}(\mathrm{V}), \quad t \geqslant 0$$

$$u_C(t) = U_s + (U_0-U_s)\mathrm{e}^{-t/RC}(\mathrm{V}), \quad t \geqslant 0$$

第一种表达形式为全响应＝零状态响应＋零输入响应；第二种表达形式为全响应＝稳态分量＋暂态分量。两种表达方式体现了线性电路的可加性。图 4-74（c）为两种不同初始条件的全响应曲线（U_0 为电容初始电压）。

4. 一阶 RC 电路的方波响应

一阶 RC 串联电路如图 4-76（a）所示，图 4-76（b）所示的方波为电路激励。从 $t=0$ 开始，该电路相当于接通直流电源，如果 $T/2$ 足够大（$T/2>5\tau$），则在 0～$T/2$ 响应时间范围内，电容充电可以达到稳定值 U_s，这样在 0～$T/2$ 范围内 $u_C(t)$ 为零状态响应。从时间 $t=T/2$ 开始，因激励 $u_s=U_s=0$，考虑到电源内阻很小，此时电容 C 相当于从初始电压 $U_0=U_s$ 向电阻 R 放电。若 $T/2>5\tau$，在 $T/2$～T 时间范围内，电容 C 上电荷可释放完毕，这段时间范围的电路响应为零输入响应。第二周期重复第一周期的过程，相应波形如图 4-76（c）所示，如此周而复始。

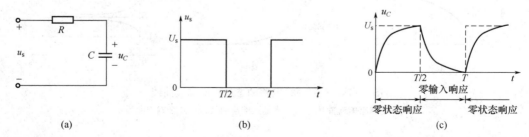

图 4-76　方波激励下的一阶 RC 电路的响应波形

(a) 一阶 RC 电路；(b) 激励波形；(c) 响应曲线

（二）积分电路与微分电路

积分电路和微分电路是电容器充放电现象的一种应用。一阶 RC 电路在一定的条件下，

可以近似构成微分电路或积分电路。当时间常数 $\tau \ll T$ 时，图 4-77（a）所示电路为微分电路。输出电压 $u_R(t)$ 与方波激励 $u_s(t)$ 的微分近似成比例，输入、输出波形如图 4-77（b）所示。从中可看到，利用微分电路可以实现从方波到尖脉冲波形的转变，改变 τ 的大小可以改变脉冲的宽度。

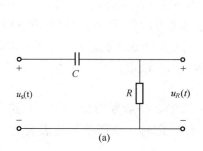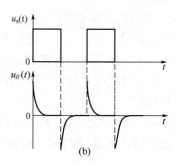

图 4-77　微分电路及输入输出波形

（a）微分电路；（b）输入输出波形

当时间常数 $\tau \gg T$ 时，图 4-78（a）所示电路为积分电路。输出电压 $u_C(t)$ 与方波激励 $u_s(t)$ 的积分成比例，输入、输出波形如图 4-78（b）所示。可见，利用积分电路可以实现从方波到三角波形的转变。

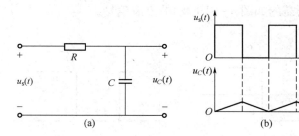

图 4-78　积分电路及输入输出波形

（a）积分电路；（b）输入输出波形

（三）响应波形的测量

本实验采用示波表对 RC 电路的响应进行测量。为在荧光屏上同时观察到输入信号 $u_s(t)$ 和电压响应 $u_C(t)$ 或电流响应 $i_C(t)$ 的波形，电路参数、输入信号均要进行调整。现以图 4-79（a）所示电路为例作一简要说明。

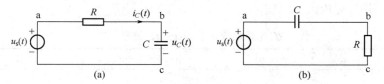

图 4-79　一阶电路响应波形的测量

（a）显示输入输出波形的电路；（b）输出波形与参考方向相同的电路

1. 示波表输入探头与电路连接

示波表有两个通道 A、B，每个通道有两个输入端 A+（探头中心）、A-（夹子）和

B+（探头中心）、B—（夹子），虽然 A— 和 B— 是不同通道的两个端子，但这两点已通过仪器壳连在一起，因此示波表与外电路不可任意连接。

（1）选 c 点为公共参考零点，A— 与 c 点相接，A+ 接 a 点显示 $u_s(t)$ 波形，B+ 接 b 点显示 $u_C(t)$ 波形。

（2）选 a 点为公共参考零点，A— 与 a 点相接，A+ 接 c 点显示 $u_s(t)$ 波形，B+ 接 b 点显示 $i_C(t)$ 波形，此时 $u_s(t)$、$i_C(t)$ 波形相位与原电路参考方向相反。为得到与原电路参考方向相同的 $u_s(t)$、$i_C(t)$ 波形，将电路接成图 4-79（b）的形式，选 c 点为公共参考零点，A— 与 c 点相接，A+ 接 a 点显示 $u_s(t)$ 波形，B+ 接 b 点显示 $i_C(t)$ 波形。

2. 波形的调节

为了得到稳定、重复的 $u_s(t)$、$u_C(t)$ 和 $i_C(t)$ 波形，一般要对信号源、电路参数（R、C）和示波表扫描系统进行调节。当参数 u_s 和 R、C 一定时，以调节示波表为主，对 u_s 只能作微调。

三、实验任务

（一）研究电路参数对方波响应 $u_C(t)$ 的影响

1. 调节实验所需的方波

用示波表观察函数信号发生器输出的方波信号，将示波表输入耦合方式选择开关置于"DC"挡，调节函数信号发生器的"OFFSET"旋钮，将函数信号发生器输出的如图 4-80 所示方波信号调整为实验所需的如图 4-81 所示的方波信号。

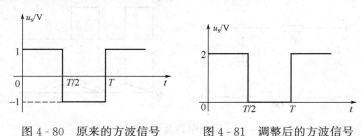

图 4-80　原来的方波信号　　　　图 4-81　调整后的方波信号

2. 测量 RC 电路响应

实验电路如图 4-76（a）所示，测量 RC 电路在不同时间常数时的零状态响应和零输入响应。函数信号发生器输出方波信号，幅度 $U_s = 4\text{V}$，频率 $f = 500\text{Hz}$，半周期 $T/2 = 1\text{ms}$。示波表 Y 轴灵敏度为 1V/cm，X 轴灵敏度为 0.5ms/cm。

固定 $C = 0.1\mu\text{F}$，按表 4-26 调节电阻 R，在坐标纸上记录 $u_C(t)$、$u_R(t)$ 波形，找出相应的时间常数 τ，并与理论值 τ 比较。

表 4-26　　　　　　　　　　　　　RC 电路响应 $u_C(t)$、$u_R(t)$ 波形

$C = 0.1\mu\text{F}$	$R = 500\Omega$	$R = 1000\Omega$	$R = 2000\Omega$
$u_C(t)$ 波形			
$u_R(t)$ 波形			

（二）积分、微分电路的研究

（1）用 $R = 2\text{k}\Omega$，$C = 0.01\mu\text{F}$，$U_s = 2\text{V}$，连接图 4-77 所示的微分电路，绘出 $u_R(t)$ 的

波形。

（2）用 $R=2\text{k}\Omega$，$C=1\mu\text{F}$，$U_s=2\text{V}$，连接图 4 - 78 所示的积分电路，绘出 $u_C(t)$ 的波形。

四、仪器与设备

（1）示波表。

（2）函数信号发生器。

（3）电阻箱、电感箱、电容箱。

五、预习要求

（1）了解阶跃信号作用于一阶 RC 电路时，电路中电流、电压的变化过程。

（2）复习函数信号发生器和示波表的有关内容，进一步掌握示波表、信号发生器的使用、调节方法，熟悉各控制、调节旋钮的作用。

（3）复习积分电路和微分电路的规律和输入、输出电压的关系。

六、思考与讨论

（1）改变激励电压的幅度是否会改变动态过程的变化速度？为什么？

（2）当电路时间常数 τ 值比激励方波的周期 T 大很多或很少时，$u_C(t)$ 和 $u_R(t)$ 与方波电压 $u_s(t)$ 间有什么样的关系？

（3）若保持电路参数不变，仅改变输入信号 $u_s(t)$ 的幅值 U_s，RC 电路响应会有什么变化？

（4）根据实验曲线的结果，说明电容器充放电时电流、电压变化规律及对电路参数的影响。

七、注意事项

（1）在给定参数的情况下，调节脉冲宽度旋钮使占空比为 1∶1，否则可能烧坏函数信号发生器。

（2）示波表的输入探头与实验电路连接时，注意接地点不能接错，防止信号被短路。

八、实验报告要求

（1）用坐标纸绘制所有波形曲线，说明其电路响应的特点。

（2）根据实验曲线，测量时间常数 τ，并与理论值相比较，分析产生误差的原因。

（3）分析与总结。

第十七节 二阶电路响应与状态轨迹的测量

一、实验目的

（1）理解二阶电路的零状态响应和零输入响应的基本规律和特点。

（2）掌握电路参数对响应的影响。

（3）掌握用示波表测量衰减振荡的角频率 ω 和衰减系数 δ。

（4）观察分析二阶电路各种响应的状态轨迹，掌握判定电路动态过程的方法。

二、原理与说明

（一）二阶电路及其响应

可用二阶微分方程来描述的动态电路称为二阶电路。图 4 - 82 所示的 RLC 串联电路就是典型的二阶电路，电路中的电容电压 $u_C(t)$ 所满足的方程为

$$LC \frac{\mathrm{d}^2 u_C(t)}{\mathrm{d}t^2} + RC \frac{\mathrm{d}u_C(t)}{\mathrm{d}t} + u_C(t) = u_s(t)$$

电路的初始条件为

$$\begin{cases} u_C(0_+) = u_C(0_-) = U_0 \\ i(0_+) = i(0_-) = 0 \end{cases}$$

下面通过 RLC 串联电路的电容放电过程来研究二阶电路的零输入响应，电路如图 4 - 83 所示。电容电压对应的微分方程为

$$LC \frac{\mathrm{d}^2 u_C(t)}{\mathrm{d}t^2} + RC \frac{\mathrm{d}u_C(t)}{\mathrm{d}t} + u_C(t) = 0$$

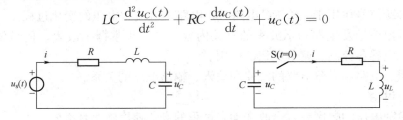

图 4 - 82　RLC 串联的二阶电路　　图 4 - 83　RLC 串联电路的电容放电过程

微分方程的解为

$$u_C(t) = A_1 e^{p_1 t} + A_2 e^{p_2 t}$$

$$p_{1,2} = -\frac{R}{2L} \pm \sqrt{\left(\frac{R}{2L}\right)^2 - \frac{1}{LC}} = -\delta \pm \sqrt{\delta^2 - \omega_0^2}$$

$$\begin{cases} \delta = R/2L \\ \omega_0 = 1/\sqrt{LC} \end{cases}$$

式中：A_1、A_2 为积分常数，由初始条件确定；p_1、p_2 是微分方程的特征根；δ 称为衰减系数；ω_0 称为固有振荡频率。

求解微分方程，可解得电容的电压 $u_C(t)$，再根据电容的电压、电流的关系，求出电流 $i(t)$。改变初始状态和输入激励可以得到不同的二阶时域响应。零输入响应的形式由其微分方程的特征方程的两个特征根 p_1 和 p_2 来决定。根据电路的参数不同，响应一般有三种形式：

(1) 当 $\delta^2 > \omega_0^2$，即 $R > 2\sqrt{L/C}$，特征根 p_1 和 p_2 是两个不相等的负实数，电路的动态响应是非振荡衰减的，称为过阻尼情况。

(2) 当 $\delta^2 = \omega_0^2$，即 $R = 2\sqrt{L/C}$，特征根 p_1 和 p_2 是两个相等的负实数，电路的动态响应仍是非振荡衰减的，称为临界阻尼情况。

(3) 当 $\delta^2 < \omega_0^2$，即 $R < 2\sqrt{L/C}$，特征根 p_1 和 p_2 是一对共轭复数，电路的动态响应是振荡衰减的，称为欠阻尼情况。

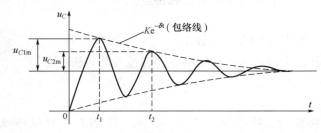

图 4 - 84　欠阻尼情况下响应波形

（二）振荡角频率 ω 与衰减系数 δ 的实验测量方法

对于欠阻尼情况，可以从响应波形中测量出其衰减系数 δ 和振荡角频率 $\omega = \sqrt{\omega_0^2 - \delta^2}$。其响应波形如图 4 - 84 所示。

显然振荡周期为 $T_d = t_2 - t_1$，所

以振荡角频率为 $\omega = 2\pi f_\mathrm{d} = 2\pi / T_\mathrm{d}$。

由衰减振荡的振幅包络线可求衰减系数 δ。因为

$$\begin{cases} U_{C1\mathrm{m}} = K\mathrm{e}^{-\delta t_1} \\ U_{C2\mathrm{m}} = K\mathrm{e}^{-\delta t_2} \end{cases}$$

所以衰减系数为

$$\delta = \frac{1}{T_\mathrm{d}} \ln \frac{U_{C1\mathrm{m}}}{U_{C2\mathrm{m}}}$$

由此可见，从示波表上只要测出 t_1、t_2、$U_{C1\mathrm{m}}$ 和 $U_{C2\mathrm{m}}$ 后，就可以计算出的 ω 和 δ。

二阶电路的零状态响应和零输入响应，可仿照一阶电路的方法，用方波激励 RLC 串联电路，用示波表观察 $u_C(t)$、$i(t)$ 和 $u_L(t)$ 等波形。对应方波的前半周是零状态响应，后半周是零输入响应。

为了使响应观察得更加全面、完整，在选择方波的周期时，应满足下列两个条件：

(1) 当过阻尼情况时，因其零输入响应的形式是 $u_C(t) = A_1 \mathrm{e}^{p_1 t} + A_2 \mathrm{e}^{p_2 t}$，则要求 $T/2$ 应大于 4～5 倍 $|1/p_1|$ 或 $1/p_2$ 中较大的一个。

(2) 当欠阻尼情况时，因其零输入响应的形式是 $u_C(t) = A\mathrm{e}^{-\alpha t}\cos(\omega t + \varphi)$，则要求 $T/2$ 应大于 4～5 倍 $(1/\delta)$。

（三）二阶电路的状态轨迹

在电路理论中，RLC 二阶电路中的 $u_C(t)$ 和 $i(t)$ 可以作为电路的变量，也称为电路的状态变量。若把状态变量 $u_C(t)$ 和 $i(t)$ 看作是平面上的坐标点，这种平面就称为状态平面。由状态变量在状态平面上所确定的点的集合，就叫作状态轨迹。

对于图 4-82 所示的二阶电路，也可以用下面的状态方程来描述，即

$$\begin{cases} \dfrac{\mathrm{d}u_C(t)}{\mathrm{d}t} = \dfrac{i(t)}{C} \\ \dfrac{\mathrm{d}i(t)}{\mathrm{d}t} = -\dfrac{u_C(t)}{L} - \dfrac{Ri(t)}{L} + \dfrac{u_\mathrm{s}(t)}{L} \end{cases}$$

式中：$u_C(t)$ 和 $i(t)$ 为状态变量。

状态轨迹可以通过实验的方法观测，实验电路如图 4-85 所示，图中 R_0 为采样电阻，其值应远小于回路阻抗。示波表置于 $X\text{-}Y$ 工作方式，把 $i(t)$ 从 A 输入，$u_C(t)$ 从 B 输入，适当调节 Y 轴和 X 轴幅值，即可在荧光屏上显现出状态轨迹的图形。在以上讨论的几种状态轨迹中，图 4-86 给出了三种状态轨迹的图形。

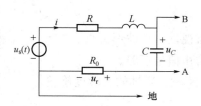
图 4-85 状态轨迹观测电路

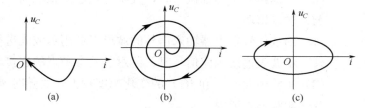
图 4-86 RLC 二阶动态电路的三种状态轨迹
(a) 过阻尼过程；(b) 欠阻尼过程；(c) 无阻尼过程

三、实验任务

(1) 观察 RLC 串联电路的方波响应。方波激励为 $U_\mathrm{s} = 2\mathrm{V}$，$f = 5000\mathrm{kHz}$，实验电路如

图 4 - 87 所示，其中 $R=5\text{k}\Omega$，$L=10\text{mH}$，$C=0.02\mu\text{F}$。调节电阻 R 值，用示波表观察电路在欠阻尼、过阻尼和临界阻尼时的 $u_C(t)$ 与 $i(t)$ 波形的变化，大致找出临界阻尼时的电阻值。要注意在确认了 $u_C(t)$ 和 $i(t)$ 的相互关系正确后再描绘曲线。

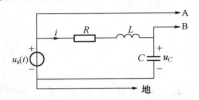

图 4 - 87　观察方波响应的电路

（2）测出欠阻尼情况下的振荡周期 T_d 和 $U_{C1\text{m}}$ 和 $U_{C2\text{m}}$，计算出此时的振荡角频率 ω 和衰减常数 δ，并与电路实际参数比较。

（3）观察欠阻尼和过阻尼两种情况的状态轨迹并记录波形。电路如图 4 - 85 所示，其中 $R=5\text{k}\Omega$，$L=10\text{mH}$，$C=0.022\mu\text{F}$，取样电阻 $R_0=100\Omega$。按下面板上 SCOPE 键，选择 F4，设定 Waveform 为 Mathematics，设定 Function 为 XY - Mode 模式。

四、仪器与设备

（1）函数信号发生器。

（2）示波表。

（3）电阻箱、电感箱、电容箱。

五、预习要求

（1）复习二阶电路、状态变量及状态轨迹等有关基本概念。

（2）事先画出过阻尼、临界阻尼和欠阻尼情况下 $u_C(t)$ 和 $i(t)$ 的波形示意图，并对实验任务中所要求的内容，进行分析估算，以便实验中及时发现问题。

（3）画出实验电路及其接线图，拟定实验主要步骤。

（4）估计各种情况下响应的波形，尤其要搞清响应波形的相对位置。

六、思考与讨论

（1）从方波响应来看，当 RLC 串联电路处于过阻尼情况时，若减少回路电阻，$i(t)$ 衰减到零的时间变短还是变长？当电路处于欠阻尼情况下，若增加回路电阻，振荡幅度衰减变快还是变慢？为什么？

（2）在激励信号发生跃变瞬间，一阶 RC 串联电路中的电流和二阶 RLC 串联电路在过阻尼情况下的电流有何区别？如何在波形上加以体现？

（3）本实验中如何确定激励方波信号的周期？

（4）实验时观察到的状态轨迹与理论上的状态轨迹有何区别？说明其原因。

（5）当电路处于等幅振荡时，其状态轨迹形状如何？

七、注意事项

（1）函数信号发生器输入信号的波形，要用示波表进行监视，防止波形失真。

（2）示波表连接响应信号时，注意公共参考点的连接，防止信号短路。

（3）实验中 $u_C(t)$ 和 $i(t)$ 的变化幅度较大，要随时调节 X 轴、Y 轴的灵敏度旋钮。

八、实验报告要求

（1）在坐标纸上绘出实验任务（1）的 $u_C(t)$ 和 $i(t)$ 的波形。

（2）由实验任务（2）所给各元件的标称值，计算振荡角频率 ω 和衰减常数 δ，与实测的结果进行比较。

（3）描绘两种阻尼情况下的状态轨迹，并用箭头表示轨迹运动方向。

第十八节　回转器特性及并联谐振电路的研究（综合性实验）

一、实验目的

（1）了解回转器的性质，掌握回转器的基本特性。

（2）掌握回转器参数的测量方法，测量回转器的基本参数。

（3）用回转器模拟电感元件，了解回转器的应用。

（4）利用回转器模拟的电感元件，研究并联谐振的性质。

二、原理与说明

（一）回转器的性质

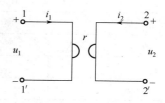

图 4 - 88　回转器的图形符号

回转器是二端口元件，电路符号如图 4 - 88 所示。理想回转器的端口电压、电流的关系为

$$\begin{cases} i_1 = gu_2 \\ i_2 = -gu_1 \end{cases} \quad \text{或} \quad \begin{bmatrix} i_1 \\ i_2 \end{bmatrix} = \begin{bmatrix} 0 & g \\ -g & 0 \end{bmatrix} \begin{bmatrix} u_1 \\ u_2 \end{bmatrix}$$

式中：g 为回转电导。

令 $r = 1/g$，r 称为回转电阻；g、r 是回转器的特性常数。

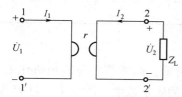

图 4 - 89　带负载的回转器

电路如图 4 - 89 所示，从回转器约束方程出发，研究回转器 2－2′端接入负载阻抗 Z_L 时，1－1′端的等效入端阻抗 Z_{in} 的性质。1－1′端的等效入端阻抗为

$$Z_{in} = \frac{\dot{U}_1}{\dot{I}_1} = \frac{-r\dot{I}_2}{\dot{U}_2/r} = \frac{r^2}{-\dot{U}_2/\dot{I}_2} = \frac{r^2}{Z_L}$$

如果在 2－2′端接入纯电阻（$Z_L = R_L$），有

$$Z_{in} = r^2/R_L = R_d$$

即 1－1′端的等效入端阻抗为 $Z_{in} = R_d$，等值电阻 $R_d = r^2/R_L$，可见回转器具有变化阻抗的作用。

如果在 2－2′端接入电容（$Z_L = 1/j\omega C$），有

$$Z_{in} = \frac{r^2}{1/j\omega C} = r^2 j\omega C = j\omega L_d$$

即 1－1′端的入端等效阻抗 $Z_{in} = j\omega L_d$，相当于一个电感，其等值电感 $L_d = r^2 C$。

（二）回转器的应用

在集成电路中，应用回转器的阻抗变换性质来模拟电感元件。图 4 - 90 所示电路是利用回转器模拟电感 L 与 C 组成并联电路，研究并联谐振现象。

三、实验任务

（一）并联谐振特性的研究

用模拟电感 L_d 与电容 C 组成并联电路，实验电路参考图 4 - 90 所示电路。1－1′端接 $C = 1\mu F$ 电容，2－2′端接 $C = 0.5\mu F$ 电容，维持信号发生器的输出电压为 3V，调节信号源频率，观察电路的并联谐振现象，设计表格并记录幅频特性。

（二）回转电阻 r 的测量

实验电路如图 4 - 91 所示。1－1′端接入直流电压，调节电阻 R_L 数值，按表 4 - 27 内容

测量有关数据，计算回转电阻 r，并进行误差分析。

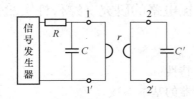 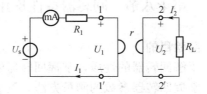

图 4-90　回转器模拟电感 L 与 C 组成并联电路　　　图 4-91　测量回转电阻 r

表 4-27　　　　　　　　　　　　　计算回转电阻 r 的数据

给定值	测　量　值				计算值/Ω		
	$U_s=2V$ $\quad R_1=100\Omega$						
R_L/Ω	U_1/V	U_2/V	I_1/mA	I_2/mA	$r=\sqrt{R_L\dfrac{U_1}{I_1}}$	$r=\dfrac{U_1}{-I_2}$	$r=\dfrac{U_2}{I_1}$
500							
1000							
2000							
3000							
4000							
5000							

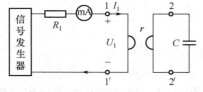

图 4-92　测量模拟电感 L_d 的电路

（三）测量模拟电感 L_d

实验电路如图 4-92 所示。调节信号源输出电压 U_s 维持 U_1 不变，按表 4-28 的给定数值，测量 I_1，计算等值电感 L_d，与理论值进行比较。同时，用示波器观察模拟电感的电压、电流波形与相位。

表 4-28　　　　　　　　　　　　　测量模拟电感 L_d 的数据

给定值	f/Hz	50	100	150	200	250	300	400	500
	$R_1=1k\Omega$ $\quad C=1\mu F$ $\quad U_1=2V$								
测量值	I_1/mA								
计算值	L_d/H								

四、仪器与设备

（1）函数信号发生器、直流稳压电源。

（2）示波表。

（3）电阻箱、电容箱。

五、预习要求

（1）预习回转器的理论知识，熟记回转器约束方程。

（2）阅读书中有关仪器说明。

（3）估算实验结果，拟定实验步骤，制定实验表格以及误差分析方法。

六、思考与讨论

（1）回转电阻 r 有多个计算公式，各公式计算的结果有所不同，试分析原因。

（2）在对实验的结果分析时，讨论实验结果差异的原因。

七、注意事项

（1）回转器的正常工作条件是 u、i 的波形必须是正弦，为了避免运算放大器进入饱和状态使波形失真，所以输入电压不宜过大。

（2）实验过程中，示波器及交流毫伏表的电源线使用两线插头。

（3）用示波表观察电压、电流波形时，注意公共地端的选择，防止信号短路。画出示波器观测电路的接线图。

八、实验报告要求

（1）完成各项规定的测试、计算等实验内容。

（2）从各实验结果中总结回转器的性质、特点和应用。

（3）绘出并联谐振电路的幅频特性曲线。

第十九节　负阻抗变换器的特性和应用

一、实验目的

（1）加深对负阻抗概念的理解，掌握含有负阻抗电路的分析研究方法。

（2）测量负阻抗变换器的参数，掌握其外特性。

（3）了解负阻抗变换器的组成原理及其应用。

（4）掌握负阻抗变换器的各种测试方法。

二、原理与说明

（一）负阻抗变换器

负阻抗变换器（NIC）是一种有源二端口元件，可以用运算放大器构成。负阻抗变换器有电压反相型和电流反相型两种形式。这里采用电流反相型负阻抗变换器，其原理电路如图 4-93 所示。

设运算放大器是理想的，其输入阻抗为无穷大，其同相输入端"＋"和反相输入端"－"满足"虚短"和"虚断"条件，即

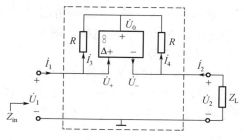

图 4-93　电流反相型负阻抗变换器的原理电路

$$i_+ = i_- = 0, \quad u_+ = u_-$$

将上述条件代入图 4-93 电路，并设电路处于正弦稳态，有

$$\dot{I}_1 = \dot{I}_3, \quad \dot{I}_2 = \dot{I}_4, \quad \dot{U}_+ = \dot{U}_-, \quad \dot{U}_1 = \dot{U}_2$$

运算放大器输出端的节点电压

$$\dot{U}_0 = \dot{U}_1 - R\dot{I}_3 = \dot{U}_2 - R\dot{I}_4$$

由图 4-93 电路可知 $\dot{I}_1 = \dot{I}_2$，$\dot{I}_3 = \dot{I}_4$，整理后，得到图 4-93 所示的电流反相型负阻抗变换器输入端和输出端的伏安特性关系，采用二端口网络的传输参数形式，有

$$\begin{bmatrix} \dot{U}_1 \\ \dot{I}_1 \end{bmatrix} = \begin{bmatrix} 1 & 0 \\ 0 & -1 \end{bmatrix} \begin{bmatrix} \dot{U}_2 \\ -\dot{I}_2 \end{bmatrix}$$

从上式的传输参数矩阵系数关系，可以看出图 4-93 所示的负阻抗变换器的电流反相型的特性。同时，也可以由传输参数矩阵的系数关系设计出电压反相型的负阻抗变换器。

（二）负阻抗变换器的输入特性

图 4-93 所示的负阻抗变换器，从输入端看进去的输入阻抗为

$$Z_{in} = \frac{\dot{U}_1}{\dot{I}_1} = \frac{\dot{U}_2}{\dot{I}_2} = -Z_L$$

可见，这个电路的输入阻抗为负载阻抗的负值，即 $Z_{in} = -Z_L$，也就是说当负载接入任意一个无源阻抗时，在输入端就等效为一个负的阻抗。当 Z_L 为一个纯电阻时，Z_{in} 就是一个等量值的负电阻；当 Z_L 为一个感性的阻抗时，Z_{in} 则是一个实部为负电阻、虚部为容性的阻抗。总之，负阻抗变换器可以将其输出端连接的负载阻抗 Z_L "变换" 为其输入端的等效负阻抗 Z_{in}，Z_{in} 和 Z_L 量值相等，符号相反。

当负载阻抗 Z_L 为一个线性纯电阻时，则负阻抗变换器输入端的等效负阻抗 $Z_{in} = -R$。其电路符号、伏安特性及电压和电流波形如图 4-94 所示。

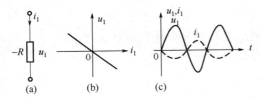

图 4-94　Z_L 为线性电阻 R 时的负阻抗变换器
（a）图形符号；（b）伏安特性；（c）电压和电流波形

（三）负阻抗变换器的应用

由于负阻抗变换器可以起到 "逆变换" 阻抗的作用，实现容性阻抗与感性阻抗的逆转换，故又称为 "阻抗逆变器"。图 4-95 所示阻抗逆变器电路就可以用电阻和电容模拟电感器。图 4-95 中 Z_{in} 可以看作电阻元件与负阻抗元件并联的结果，即

$$Z_{in} = \frac{-(R+1/j\omega C) \times R}{-(R+1/j\omega C) + R} = \frac{-R^2 + (-R/j\omega C)}{-1/j\omega C} = R + j\omega R^2 C = R + j\omega L_{eq}$$

显然对输入端而言，图 4-95 的电路等效为有损耗电感器。

同理，若将电容换成电感，图 4-95 的电路对输入端而言可等效为有损耗电容器。

三、实验任务

（一）测量负阻抗变换器的负电阻

实验线路如图 4-96 所示，用电压表和电流表测量负阻抗变换器的负电阻。电源用直流稳压电源，$U_s = 3V$，改变 R_L 的阻值，分别测出对应的 U、I 值，计算负电阻的阻值，将数据记入表 4-29 中。

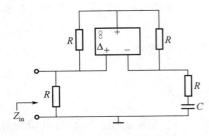

图 4-95　用电阻和电容来模拟电感

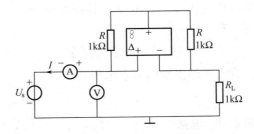

图 4-96　用电压表和电流表测量负电阻的电路

表 4 - 29　　　　　　　　　　　　　　　测量负阻抗变换器的数据

R_L/Ω		500	600	800	1000
U/V					
I/mA					
Z_{in}/Ω	理论值				
	测量值				
	绝对误差				

（二）用伏安法测量负电阻的伏安特性

实验线路仍如图 4 - 96 所示，负阻抗变换器的负载电阻 $R_L=1\text{k}\Omega$，电源用直流稳压电源 U_s，改变输入电压 U_s，测出对应的 U_s、I 数值，数据记入表 4 - 30 中，画出伏安特性曲线。这里要注意，当改变 U_s 的极性时，电压表和电流表的极性也要相应地改变。

表 4 - 30　　　　　　　　　　　　　用伏安法测量负电阻的数据

U_s/V	-2	-1	0	1	2	3
I/mA						
Z_{in}/Ω						

（三）用示波表观察负电阻的伏安特性

用示波表观察负电阻伏安特性的实验线路如图 4 - 97 所示，用正弦波信号发生器做电源，电源的幅值 U_s 选为 1V，$f=1000\text{Hz}$，r 为电流取样电阻，应该很小，这里 $r=10\Omega$。采用对称输出方式，从示波表上观察负电阻的伏安性，并用坐标纸记录波形。

（四）用示波表观察负阻抗变换器的逆变作用

（1）实验线路仍如图 4 - 97 所示，但要将电路中负阻抗变换器的负载电阻 R_L 换成 300Ω 的电阻和 1μF 电容相串联的负载阻抗 Z_L，用示波表观察等效输入阻抗 Z_{in} 的伏安特性，并用坐标纸记录波形。

（2）测量 $\dot{U}_s$ 和 $\dot{I}_1$ 的相位差，计算等效输入阻抗并判断其性质，与负阻抗变换器的负载阻抗 Z_L 对比，分析其结论。

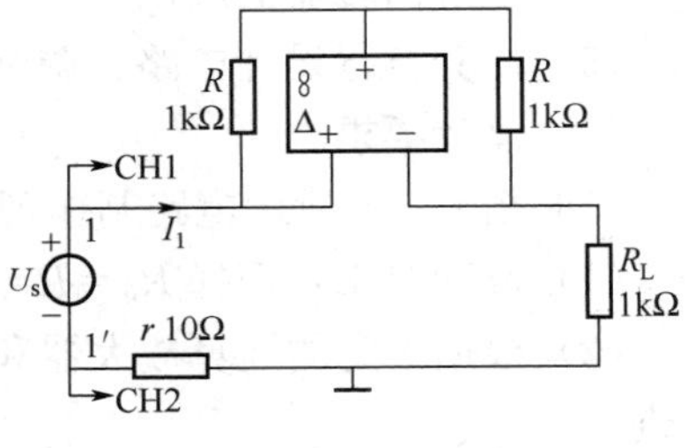

四、仪器与设备

（1）稳压电源和负阻抗变换器。

（2）函数信号发生器。

（3）示波表。

（4）电阻箱和电容箱。

图 4 - 97　用示波表观察负阻抗的伏安特性

五、预习要求

（1）阅读实验原理与说明，了解实验采用的方法，熟悉实验设备，掌握实验内容和步骤，仔细阅读实验注意事项。对于思考和讨论的问题，一定要认真思考并作答。

（2）根据给定的电路图和元件参数，估算电路中的电压和电流值的范围，以便合理选择仪表的量程。

(3) 复习示波表和函数信号发生器的原理及使用方法。

六、思考与讨论

(1) 负阻抗元件在工作时是否向外电路发出功率？它的能量是从哪里得来的？

(2) 若在图 4-95 电路中，将电容 C 换成电感 L，对输入端而言等效阻抗和等效元件各是什么？试推导说明。

七、注意事项

(1) 运算放大器的工作电压不能接错，改接线路时必须事先断开电源，运算放大器的输出端不得对"地"短接。

(2) 注意电源的电压不要超过要求的最大电压，接线前，要调到 1V 以下。实验中，一定要用电压表监测。正弦波信号发生器作为信号源时，采用对称输出方式。

(3) 注意仪表的极性、量程的选择和读数的正负号。

(4) 注意信号发生器和示波表的正确使用方法。

(5) 用示波表观察波形时，要考虑接地点的选择，正确记录显示的波形。

(6) 作图时，要按测量误差合理选择各坐标的分度。

八、实验报告要求

(1) 完成各项规定的测试、计算等实验内容。

(2) 整理实验数据和图表，对于指定的内容，给出比较详细的分析和说明。

(3) 按照要求绘出伏安特性曲线。

第二十节 回转器的制作和应用（设计性实验）

一、实验目的

(1) 加深对回转器特性的认识，并对其实际应用有所了解。

(2) 掌握使用运算放大器设计制作回转器。

(3) 掌握使用测量的方法计算回转器的参数。

(4) 了解回转器的应用。

(5) 培养自行设计电路、调试和工程制作的能力。

二、设计要求

按照图 4-98 所示电路制作理想回转器。

(1) 设计要求：选择 $R_0 = R = 1\text{k}\Omega$，则回转电阻 $r = R = 1\text{k}\Omega$。

(2) 根据给定的运算放大器和设计要求，设计电路，选择电路中元件参数，进行调试和改进。

(3) 制作回转器，测量其回转电阻 r，并与理论值进行比较。

(4) 用正弦波信号做回转器的输入电源，$f = 1000\text{Hz}$。将一个小电阻 r_0 串联接入 $1'$ 端，作为电流的取样电阻，$r_0 = 10\Omega$，负载阻抗 Z_L 用 300Ω 电阻和 $1\mu\text{F}$ 电容相串联。从示波器上观察回转器输入端的伏安特性，用坐标纸记录波形，测量等效输入阻抗 Z_{in} 并判断其性质，与负载阻抗 Z_L 相比较，分析比较结果。

(5) 用示波表测到的波形求等效输入阻抗 Z_{in}，并与理论计算值比较，分析误差产生的原因及提高回转器准确度的办法。

（6）试设计一个 RLC 串联电路，其中的电感是用回转器将电容"回转"而成，研究该电路的频率特性，并与一般的 RLC 串联电路进行比较。

三、设计提示

回转器的介绍参见本章第十八节。下面介绍由两个负阻抗变换器实现的回转器。

图 4‑98 所示的回转器，是由两个负阻抗变换器组成的。3—3′端的输入阻抗 $Z_{33'}$ 为负载阻抗 Z_L 与经过第 2 个负阻抗变换器所得到的电阻（−R）的并联值，即

$$Z_{33'} = \frac{Z_L(-R)}{Z_L + (-R)} = \frac{-Z_L R}{Z_L - R}$$

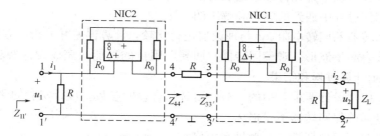

图 4‑98　由两个负阻抗变换器组成回转器的电路

图 4‑98 的 4—4′端的输入阻抗 $Z_{44'}$ 为 R 和 $Z_{33'}$ 的串联值，即

$$Z_{44'} = R + Z_{33'} = R + \frac{-RZ_L}{Z_L - R} = \frac{-R^2}{Z_L - R}Z$$

同理，1—1′端的输入阻抗 $Z_{11'}$ 为 R 与经过第 1 个负阻抗变换器所得到的 $-Z_{44'}$ 的并联值，即

$$Z_{11'} = \frac{-RZ_{44'}}{-Z_L + R} = \frac{R\dfrac{R^2}{Z_L - R}}{R + \dfrac{R^2}{Z_L - R}} = \frac{R^2}{Z_L}$$

由此可以看出，图 4‑98 所示的电路可以实现理想回转器的功能，其回转电阻 $r = R$。

四、预习要求

（1）阅读实验原理与说明，完成回转器的设计任务。

（2）列出所需要的元件和参数说明理由。

（3）选择实验所需的仪器设备。

（4）确定实验步骤制作过程，设计好所需要的数据表格。

（5）分析理论值和测量值之间的误差及产生的原因，寻找改进的方法。

五、实验注意事项

（1）运算放大器的工作电压不能接错，改接线路时必须事先断开电源，运算放大器的输出端不得对"地"短路，否则将损坏运算放大器。

（2）注意电源的电压不要超过要求的最大电压，接线前要调到 1V 以下。实验中，一定要用电压表监测。正弦波信号发生器作为信号源时，采用对称输出方式。

（3）所有元件的参数需要准确测量。

（4）注意信号发生器和示波表的正确使用方法。

（5）用示波表观察波形时，要考虑接地点的选择，正确记录显示的波形。

六、思考与总结

（1）回转器是用运算放大器构成的，理论上回转器是一个无源二端口网络，试写出其 Z 参数矩阵，该矩阵是否满足互易性？为什么？怎样解释这个结果？

（2）若在回转器电路中将负载换成电感 L，对输入端而言等效阻抗和等效元件各是什么？试推导说明。

（3）你还可以用回转器的特性设计出其他电路吗？

七、实验报告要求

（1）叙述设计过程中各元件参数选取的依据。

（2）调试制作过程中遇到的问题和解决的方法。

（3）测量回转器的回转电阻 r，与理论值进行比较，计算误差并分析误差产生的原因。

（4）用示波表测量波形，观察回转器"回转"阻抗的功能，完成设计要求中的（4）和（5），并正确表示计算过程和结果。

（5）尽量完成"设计要求"中的（6）。要选择合理的参数，设计实验的测量电路，科学规范地进行测量，确保回转器不受损坏。

（6）列出实验所用仪器设备的型号和规格。

（7）总结收获和体会，提出对实验的改进和建议。

（8）回答思考与总结中的问题。

第二十一节　电阻温度计的制作（设计性实验）

一、实验目的

（1）熟悉和掌握直流单电桥的测量电路。

（2）了解非电量转变为电量的一种实现方法。

（3）培养自行设计电路、调试和工程制作的能力。

二、设计要求

用直流单电桥制作电阻温度计时，接线如图 4-99 所示。其中电阻 R_x 选用热敏电阻 R_t。

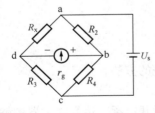

图 4-99　直流单电桥的测量电路

（1）用 $100\mu A$ 的电流表头做温度显示，使表头的"0"表示温度是 $0℃$，"100"表示温度是 $100℃$。

（2）根据热敏电阻 R_t 与温度的对应关系和设计要求，设计电路、选择电路中的元件参数、进行调试和改进。

（3）在表头上标定温度表刻度，制作电阻温度计。

（4）用水银温度计作标准，用一杯开水逐渐冷却的温度作被测对象，逐点校验自制的温度计。

（5）进一步改进自制的温度计，提高测量的准确度。

三、设计提示

（一）直流单电桥

直流单电桥的测量电路如图 4-99 所示。检流计 G 两端的电压 U 为

$$U = \frac{U_s(R_xR_4 - R_2R_3)r_g}{r_g(R_x+R_3)(R_2+R_4) + R_2R_4(R_x+R_3) + R_xR_3(R_2+R_4)}$$

式中：r_g 是检流计 G 的内阻。

若 r_g 远远大于电桥的各个桥臂电阻，上式可近似为

$$U = \frac{R_x R_4 - R_2 R_3}{(R_x + R_3)(R_2 + R_4)} U_s$$

当 $R_x R_4 = R_2 R_3$ 时，电桥达到平衡，检流计 G 的指示是零值。令电桥平衡时的 $R_x = R_{x0}$，则当 $R_x \neq R_{x0}$ 时，电桥的平衡状态被破坏，就会有电流 I_g 通过检流计 G，显然，电流 I_g 的大小会随着电阻 R_x 的阻值变化而变化，利用电桥的这一特性可以制作电阻温度计。

（二）电阻温度计

电阻温度计是根据电阻的温度特性制作的，电阻 R_x 选择热敏电阻 R_t，其阻值随温度的变化而变化。热敏电阻 R_t 值随温度的变化有两种情况：

（1）阻值随温度的升高而变小，通常称为负阻性热敏电阻。

（2）阻值随温度的升高而变大，称为正阻性热敏电阻。

制作电阻温度计应选择负阻性热敏电阻，将温度的高低转换为检流计电流 I_g 的大小，也就是用电流表示温度。此外，当电阻 R_x 分别为光敏电阻、压敏电阻、湿敏电阻时，也可以基于同样的原理制作成温度计、压力计、湿度计等测量仪器或传感器。

四、预习要求

（1）阅读实验原理与说明，完成电阻温度计的设计任务。

（2）列出所需要的元件和参数，并说明理由。

（3）选择实验所需的仪器设备。

（4）确定实验步骤、校验方法和制作过程，画好所需的数据表格。

（5）进一步改进设想。

五、实验注意事项

（1）注意选择直流电源 U_s，确保热敏电阻 R_t 在额定工作电压和工作电流范围内工作。

（2）注意合理选择电桥电路中各元件参数，保证满足其平衡条件。

（3）注意电流表头满量程是 $100\mu A$，而且要对应表示温度是 $100℃$。

（4）做温度计的刻度时，要按测量误差合理选择温度的分度。

六、思考与总结

（1）制作电阻温度计为什么应选择负阻性热敏电阻？说明其理由。

（2）能否用正阻性热敏电阻制作电阻温度计？如果可行，试说明制作的方法。

（3）使用热敏电阻要注意什么问题？

（4）总结实验过程，累积实验设计经验。

七、实验报告要求

（1）简述设计过程中各元件参数选取的依据。

（2）调试制作过程中遇到的问题和解决的思路及方法。

（3）画出自制温度计的温度修正曲线。

（4）列出实验所用的仪器设备的型号和规格。

（5）总结实验的收获和体会。

（6）思考实验的改进方法并提出自己的建议。

（7）回答思考与总结中的问题。

本 章 小 结

（1）任何一个二端元件的特性都可用该元件上的端电压 u 与该元件的电流 i 之间的函数关系 $i=f(u)$ 来表征，也就是用 u-i 平面上的一条曲线表示，该曲线称为元件的伏安特性。

元件的电压、电流关系（VAR）和 KCL、KVL 是对集总参数电路电压、电流的两个约束，表现了电路结构和元件的特性，是电路分析的依据。

电路中某点的电位是该点对参考点的电压。参考点的选择是任意的，选择不同的参考点，电路中各点电位随着参考点的不同而改变，但是任意两点间的电位差是不变的。

（2）对外部等效而言，任何线性有源网络可以用一个理想电压源与电阻的串联支路来代替，这种替代的电路称为戴维南等效电路。戴维南等效电路是对其外部而言的，不管外部电路或负载是线性的还是非线性的，负载元件是定常的还是时变的，只要被变换的有源一端口网络是线性的，上述等效电路就都是正确的。

叠加原理在应用时应注意，某一独立电源单独作用时，其他独立电源应置零，即电压源要短路，电流源要开路。独立电源单独作用时，均应保留受控电源。叠加时要注意电压、电流的参考方向，功率不能用叠加原理来计算。

（3）正弦电流电路中，元件可以是电阻、电感或电容，也可以是它们的组合。负载可以用阻抗或导纳来等效。若用阻抗 $Z=R+jX$ 表示其电路负载，负载可以看成电阻 R 与电抗 X 的串联；若用导纳 $Y=G+jB$ 表示其电路负载，则将负载看成电导 G 与电纳 B 的并联。

无源二端网络，若端口电压、电流的参考方向选择关联参考方向，则电压相量 $\dot{U}$ 和电流相量 $\dot{I}$ 之间的关系为 $\dot{U}=Z\dot{I}$ 或 $\dot{I}=Y\dot{U}$，Z 和 Y 为无源二端网络的阻抗和导纳。

功率因数较低的感性负载，并联适量的电容器可以提高电路的功率因数。

一个含电感 L 和电容 C 的一端口网络，当它的端口电压 u 与电流 i 同相位时，称电路达到谐振状态。判别电路是否发生谐振的常用方法有相位判别法和电流判别法。

（4）同名端测量的常用判别方法有直流法、交流三电压表法。自感系数 L 的测量方法有：①将被测的自感线圈看成复阻抗 $|Z|e^{j\varphi}$，测量 $|Z|e^{j\varphi}$ 就可以计算出自感系数 L 值。②用"谐振法"测量互感线圈的自感系数 L_1、L_2。

互感系数 M 的测量有两种方法：①分别测量 I_1、U_2，$M=U_2/2\pi f I_1$；②分别测量两线圈同名端相接和异名端相接、串联时的等值电感 L_1、L_2，$M=(L_1 L_2)/4$。

耦合系数 k 的测量方法：分别测量两线圈自感系数 L_1、L_2，互感系数 M，则 $k=M/\sqrt{L_1 L_2}$。

耦合电感线圈的串联有顺接与反接两种方式。顺接等效电感为 $L_e=L_1+L_2+2M$，反接等效电感 $L_e'=L_1+L_2-2M$。

（5）在三相电路中，负载的连接方式有星形和三角形连接两种方式。星形连接时根据需要可以采用三相三线制或三相四线制供电，而三角形连接时只能用三相三线制供电。星形连接的三相负载对称时，由于中性线电流 $I_N=0$，三相四线制电路的中性线可省去。星形连接的三相负载不对称时，中性线电流 $I_N\neq0$，必须采用三相四线制供电，否则，会导致三相负载电压的不对称，负载不能正常工作。不对称负载三角形连接时，只要电源的线电压对称，加在三相负载上的电压仍是对称的，对各相负载工作没有影响。

单相功率表不仅可以用来测量单相交流电路中负载所消耗的功率，而且也可用来测量三相电路的功率，只是各功率表应采取适当的连接方法。

（6）非正弦周期电压和电流的有效值可分别写成

$$U = \sqrt{U_0^2 + U_1^2 + U_2^2 + \cdots}, \quad I = \sqrt{I_0^2 + I_1^2 + I_2^2 + \cdots}$$

非正弦周期电流电路平均功率为

$$P = U_0 I_0 + \sum_{k=1}^{\infty} U_k I_k \cos\varphi_k = P_0 + \sum_{k=1}^{\infty} P_k$$

（7）RC 电路属于一阶电路，如果没有激励输入，响应是由储能元件的初始储能产生的，该响应称为零输入响应。如果储能元件的初始储能为零，由激励输入引起响应，此种响应称为零状态响应。

时间常数 τ 是反映电路动态过程快慢的物理量。τ 越大，动态响应所持续的时间越长；反之 τ 越小，动态过程所持续的时间越短。工程上，当 $t = (3 \sim 5)\tau$ 时，即可以认为动态过程结束。RC 电路的时间常数 τ 可以从充电或放电曲线上估算。

含有两个独立储能元件的电路，建立的微分方程为二阶微分方程，其相应的电路称为二阶电路。无论是零输入响应还是零状态响应，电路动态过程的性质，完全由特征方程和特征根来决定，而特征根又是由参数 R、L、C 确定的。

（8）回转器是一种有源非互易的二端口网络元件，若在输出端接负载电容 C，则从输入端看进去就相当于电感，即回转器能把电容元件"回转"成电感元件；相反也可以把电感元件"回转"成电容元件，所以回转器也称为阻抗逆变器。由于回转器有阻抗逆变的作用，在集成电路中得到了广泛应用。

负阻抗变换器是二端口元件，当取不同性质的负载阻抗 Z_L 时，可以得到负电阻、负电容和负电感元件。这些负阻抗元件在电路补偿中得到了广泛应用。

习　　题

4-1　什么是线性电阻、非线性电阻？电阻器与二极管的伏安特性有何区别？

4-2　设某器件伏安特性曲线的函数式为 $I = f(U)$，试问在逐点绘制曲线时，其坐标变量应如何设置？

4-3　测量电路中的电压、电流时，如何判定测量值的正负？

4-4　叠加定理是否适用于功率计算？在实验中如何证明？

4-5　在戴维南定理的实验中，在测量短路电流 I_{sc} 时，测量条件是什么？

4-6　说出测量有源二端网络开路电压和等效电阻的几种方法，并比较其特点。

4-7　受控电源和独立电源在特点上有哪些不同？在电路的分析中又有哪些不同？

4-8　测量 R、L、C 单个元件的频率特性时，为什么要在实验电路中串联一个小电阻？

4-9　如果被测负载的阻抗性质不知道，举出两种或两种以上的实验判别方法。

4-10　提高接有感性负载的线路的功率因数，能否改变感性负载本身的功率因数？为什么？

4-11　在感性负载的电路中串联适当的电容能够改变电压与电流之间的相位关系，但为什么不用串联电容的方法来提高功率因数？

4-12　如果仅有一块电压表，如何应用"电流判别法"判断电路是否发生谐振？

4-13　直流、交流法测量感性无源二端网络参数时，若线圈为铁心线圈，这种方法是否还适用？为什么？

4-14　谐振法测量无源二端口网络参数时，选择什么类型的电压表测量使得误差最小？

4-15　若耦合电感顺接时，其等效电感为 L_e，反接串联时，其等效电感为 L_e'，求该耦合电感的互感系数 M。

4-16　具有耦合电感的两个线圈反接串联时，其中一个线圈的电压可能滞后该线圈的电流吗？为什么？

4-17　耦合电感 $L_1=6H$，$L_2=4H$，$M=3H$，试计算耦合电感在串联、并联时的各等效电感值。

4-18　耦合电感 $L_1=6H$，$L_2=4H$，$M=3H$，若 L_2 短路，L_1 中的电流是变大还是变小？

4-19　依据什么条件将三相负载连接成星形或三角形？电源线电压分别为 380V 和 220V 时，若使负载额定电压为 220V，应采用何种连接？画出电路接线图。

4-20　在三角形连接的对称负载实验中，如两相灯变暗，另一相灯正常，是什么原因？如果两相灯正常，一相灯不亮，又是什么原因？

4-21　为什么两瓦特表法可以测量三相三线制电路中负载所消耗的功率？解释其中一只功率表可能反转的原因。

4-22　测量基波与 3 次谐波电流均用交流电流表吗？为什么？

4-23　测量非正弦周期电流电路的平均功率可以用单相功率表吗？为什么？

4-24　RL 串联电路能否构成微分电路和积分电路？若能构成，其构成条件是什么？

4-25　根据实验做出的 RC 充放电压 $u_C(t)$，说明改变 R 值对充放电过程的影响。

4-26　如何实测二阶电路的临界电阻 R_0 值？

4-27　根据特征根的不同，对于二阶电路的零输入响应的各种情况作分析比较，并说明各种情况下能量的转化过程。

4-28　切断 RL 串联电路的电源时，开关两端产生火花是什么原因？为什么在开关两端并联一个电容就可以消除火花？

4-29　测量有源元件的输入电流时，为什么要在电路中串联一个小电阻？

4-30　在实验过程中，电源、运算放大器电路与仪器如何正确接地？

第三篇 电路的仿真实验

第五章 EWB 电路仿真软件的应用

电子设计自动化（EDA—Electronics Design Automation）技术是以计算机科学和微电子技术的发展为先导，汇集了计算机图形学、拓扑逻辑学、微电子工艺与结构等学科的先进技术，在计算机工作平台上产生的电子系统设计的应用技术。

EDA 技术的发展，使得电子线路的设计人员能在计算机上完成电路的功能设计、逻辑设计、性能分析、时序测试直至印制电路板的自动设计。

当今 EDA 软件工具繁多，如 Multisim、Protel、PSpice、Max＋plusⅡ和 Foudations Series 等，本章重点介绍常用的基于 EWB 软件的 EDA 技术。

电子工作平台 EWB（Electronics Workbench）软件是加拿大交换图像技术（Interactive Image Technologies）有限公司在 20 世纪 90 年代初推出的 EDA 软件，它是一种在计算机上运行电路仿真软件来模拟硬件实验的工作平台。由于软件可以逼真地模拟各种电子元器件以及仪器仪表，从而不需要任何真实的元器件与仪器就可以进行电路、数字电路和模拟电路课程中的各种实验。

电路实验仿真教学是电路教学的一种重要方式和手段，仿真实验与传统实验方式相比，具有以下特点：

（1）功能强大。由于 EWB 提供的仪器、元器件齐全，可以解决因设备仪器价格昂贵，暂时无法实现的传统实验，这些实验用软件仿真则是轻而易举的。

（2）效率高。EWB 软件易学易用，便于自学，只需一台计算机便可以完成电路课程中的所有实验。

（3）效果好。由于 EWB 元件库含有丰富的元器件和仪器仪表，从根本上克服了实验室仪器仪表在品种、规格、数量上的限制，可以实现验证型、测试型、设计型、纠错型、创新型等多种类型的实验和实践。

（4）工程实用性强。由于 EWB 软件系统模型科学、准确，仿真结果可以满足工程需要，实用性强。

EWB 的特点使其非常适合电路、电子类课程的教学和实验。本章主要介绍与电路实验有关的 EWB5.0 的基本界面和基本使用方法。

第一节 EWB5.0 软件介绍

EWB5.0 以其界面形象直观、操作方便、分析功能强大、易学易用等突出优点，引起广

注：为方便学生理解，本篇参数的文字符号和器件的图形符号与软件中的保持一致。

大电子设计工作者的关注，并且在使用中得到了迅速的发展。该公司近期又推出了最新电子电路设计仿真软件 EWB6.0 版本。

在众多的电路模拟 EDA 软件中，Electronics Workbench 5.0（EWB5.0）相对于其他的 EDA 软件具有体积小、功能强大的特点。EWB5.0 是一个只有 16MB 的小巧 EDA 软件，但是它的仿真功能却是十分强大的。

与实验相似，EWB5.0 也提供了示波器、信号发生器、扫频仪、逻辑分析仪、数字信号发生器、逻辑转换器、万用表等作为电路设计、检测与维护必备的仪器、仪表工具。软件的器件库中则包含了许多国内外大公司的晶体管元器件、集成电路和数字门电路芯片，即使器件库没有的元器件，也可以由外部模块导入。

一、EWB5.0 的基本功能

EWB5.0 的仿真对象包括模拟电路、数字电路、模拟数字混合器（如 A/D 转换器、D/A 转换器、555 电路等）、原理性电源（如电流控制电压源、电压控制电压源等）、分立元器件（如电阻器、电容器、电感器、晶体管等）、显示元件（如 LED、逻辑测试笔 Probe、灯泡等）。EWB 的仿真测试仪器仪表种类齐全，不仅有一般实验室的通用仪器，如万用表、函数信号发生器、双踪示波器、直流电源等，而且有一般实验室少有或没有的仪器，如波特图仪、数字信号发生器、逻辑分析仪、逻辑转换器等。EWB 的元器件库不仅提供了数千种电路元器件供选用，而且建库所需的元器件参数可以从生产厂商的产品使用手册查到，因此也很方便工程技术人员使用。

EWB5.0 具有较为详细的电路分析功能，不仅可以完成电路的稳态分析和暂态分析、时域和频域分析、器件的线性和非线性分析、电路的噪声分析和失真分析等常规电路分析方法，还提供了离散傅里叶分析、电路零极点分析、交直流灵敏度分析和电路容差分析等共计 14 种电路分析方法，以帮助设计人员分析电路的性能。

EWB5.0 还可以对仿真电路中的元器件设置各种故障，如开路、短路和不同程度的漏电等，从而观察不同故障情况下的电路工作状况。在进行工作的同时，软件还可以储存测试点的所有数据，列出被仿真电路的所有元器件清单，以及存储测试仪器的工作状态、显示波形和具体数据等。

EWB5.0 具有丰富的 Help 功能，其 Help 系统不仅包括软件本身的操作指南，更重要的是包含有元器件的功能解说，这种功能有利于使用 EWB 进行 CAI 教学。

EWB5.0 提供了与印制电路板设计自动化软件 Protel 及电路仿真软件 PSpice 之间的文件接口，也能通过 Windows 的剪贴板把电路图送往文字处理系统中进行编辑排版。

二、EWB5.0 的电路图输入方式

EWB5.0 软件采用了图形化的电路图输入方式，操作十分方便。

EWB5.0 软件的元器件都分类置于元器件模型库内，在选择元器件时，打开相应的元器件模型库，将其中的元器件用鼠标拖到工作平台上即可。

EWB5.0 软件采用自动布线系统，从元器件模型库中选择元器件，只要按照鼠标从连线起点拉到终点后放开，在这两点之间便画出一条连线，就会完成自动布线。如果接线有严重错误，软件会自动报警，但不会有烧坏元器件的后顾之忧。

EWB5.0 软件为方便快速作图，还提供了一个名为 Favorites（常用的）的元件盒。它位于电子元器件平台工具栏的左侧，可以将一些常用的元器件模型添加至 Favorites 内，在以后应用这些元器件时，可直接从元件盒里拖出，而不必再打开元器件模型库，使用操作极为方便。

EWB5.0 软件实际上是一个电路仿真模拟程序，输出包含有分析结果的数据文件。EWB5.0 软件可对电路作不同环境下的分析、计算。例如，电路中各支路电压和电流值计算、直流工作点计算、非线性器件小信号模拟计算、直流转移特性分析、直流传输曲线与直流灵敏度分析、频率响应的计算和分析、设备电路噪声分析、大信号瞬态分析、离散傅里叶分析、蒙特—卡罗（Monte‐Carlo）统计分析等。

三、EWB5.0 的元器件模型库

EWB5.0 软件拥有庞大的元器件模型库，主要包括电源、电阻器、电容器、电感器、二极管、双极性晶体管、FET、VMOS、传输线、控制开关、DAC 与 ADC、运算放大器与电压比较器、TTL74 系列与 CMOS4000 系列数字电路、时基电路等，元器件总数近万种，其中二极管（含 FET 和 VMOS 管）2900 种，运算放大器 2000 种。

EWB5.0 软件所有的元器件参数均可改变，方法是在元器件上双击鼠标左键，便可以改变元器件的参数。例如，电阻、电感、电容数值大小，电压源电压、电流源电流的幅值。对于可操作元器件，如开关、可变电阻器等，在元器件上方的中括号内均有操作提示。例如，可变电阻器为 R，开关是 SPACE，可变电容器为 C 等。如果不懂某些元器件的用法，可在元器件上单击鼠标右键，选 Help 即可。

EWB5.0 软件还提供熔断器、继电器、控制开关等器件模型，当流过熔断器的电流超过额定值时将被熔断，继电器也会随着工作状况的变化吸合、释放，使模型更为真实。

四、EWB5.0 软件的仪器、仪表库

在电路设计、检测与维护中，配置精密、先进、完备的电子测量仪器仪表是必需的技术手段。如果没有这些必要的仪表设备，要完成先进、大规模而又复杂的电路设计与检测、维护，几乎是不可能的。一般的实验室配置齐全这些价格贵重的电子仪器如高频示波器、逻辑分析仪等也是不现实的，EWB5.0 软件就可以解决这个问题。例如，对于模拟电路，软件提供了仿真的万用表、函数发生器、示波器等，提供的扫频仪可分析电路的幅频特性及其电路的直流转移特性、交流特性与瞬态特性；对于数字电路，可使用数字信号发生器、逻辑分析仪、逻辑转换器等分析电路的时序和逻辑关系。

EWB5.0 软件提供的内部图表编辑器，可以将仪器、仪表显示的波形进行必要的粘贴复制，编辑制作成标准的图表，并可以在打印电路图时，将元件列表、电路描述等信息一起打印出来。

EWB5.0 还提供了一些方便测试的指示器，例如电压表、电流表、指示灯、测试球、蜂鸣器、七段数码显示器和长条图显示器等。这些指示器的基本功能如下：

（1）电压表或电流表以数字形式直观地显示所在电路中的电压或电流。

（2）测试球可用来指示被测点电平的高低。

（3）蜂鸣器的两端加上一定电压时会发出声响。

（4）指示灯的两端加上一定电压时将被点亮。

（5）七段数码显示器可以验证七段数码电路工作的正确性。

（6）长条图显示器能以条图的形式显示被测点电压。

合理使用这些指示器，可以进一步提高电路的设计效率，提高实验人员的电路分析能力。

五、EWB5.0 软件的兼容性

EWB5.0 软件可以读入 PSpice 格式的电路图表文件，进行模拟分析，可以很方便地转换成 PSpice、Protel 和 OrCAD 等格式的电路图表文件，供其他电路软件使用。

EWB5.0 软件使用的器件模型格式也与 PSpice 软件兼容，这是因为 PSpice 软件发展至今，已被并入 OrCAD 公司，成为 OrCAD-PSpice。新推出的版本，支持在 Windows 平台上工作。OrCAD 软件世纪集成版集成了电路原理图绘制、印制电路板设计、模拟与数字电路混合仿真等功能。尤其是它的电路仿真元器件库达到了 8500 个，收入了几乎所有的通用型电路元器件模块。它的强大功能使得 EWB5.0 软件只要将库文件稍加修改，就可以调用品种异常丰富的 OrCAD 软件与 PSpice 软件元器件模块型库；同时，也可使 PSpice 软件与 OrCAD软件的使用者直接进入 EWB5.0 软件的图形操作界面，不会造成不必要的损失。

第二节　EWB5.0 软件界面与基本操作

一、EWB5.0 软件界面

1. EWB5.0 的用户界面

启动 EWB5.0，可以看到其用户界面，如图 5-1 所示。

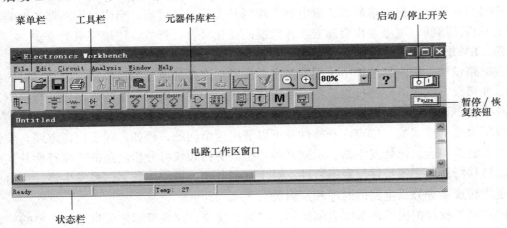

图 5-1　EWB5.0 的用户界面

从图中可以看出，EWB5.0 模仿了一个元器件丰富、仪器设备齐全、电路连接方便的虚拟仿真电子实验台。主窗口中最大的区域是电路工作区，在这里可以进行电路的连接测试。在电路工作区的下方是阐述区，可用来对电路进行注释和说明。工作区的上面是菜单栏、工具栏和元器件库栏。

从菜单栏可以选择电路连接、实验所需的各种命令。工具栏包含了常用的操作命令按钮。元器件库栏包含了电路实验所需各种元器件与测试仪器，通过鼠标操作即可方便地使用各种命令和实验设备。按下"启动/停止"开关或"暂停/恢复"按钮可以方便地控制实验的进程。

2. EWB5.0 的工具栏

EWB5.0 的工具栏如图 5-2 所示，图中标注了各个按钮的名称。

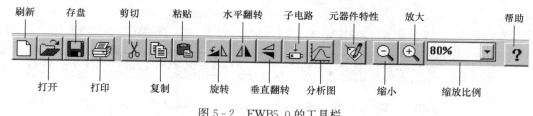

图 5-2　EWB5.0 的工具栏

工具栏中各个按钮的功能如下：

刷新：清除电路工作区，准备生成新电路（与热键 Ctrl＋N 或 File 菜单中的 New 命令具有相同功能）。

打开：打开一个先前创建的电路文件（Ctrl＋O 键或 File/Open 命令）。

存盘：存储当前电路文件，存盘后系统自动添加 .ewb 文件名后缀（Ctrl＋S 键或 File/Save 命令）。

打印：打印电路文件（Ctrl＋P 键或 File/Print 命令）。

剪切：将所选定的元器件、电路或电路说明剪切至剪切板（Ctrl＋X 键或 File/Cut 命令）。此功能可用于元器件或电路的搬移，但不适用于仪器的搬移。仪器搬移时，可用鼠标点击该仪器，按住左键拖动即可。

复制：将所选元器件、电路或电路说明复制，放置剪切板中，以供粘贴至其他位置。其功能可用于元器件、电路的复制，但不能用于仪器复制的（Ctrl＋C 键或 Edit/Copy 命令）。

粘贴：将剪切板中的内容放置活动窗口（Ctrl＋V 键或 Edit/Paste 命令）。

旋转：将选中的元器件顺时针旋转 90°；与元器件有关的描述，如标识、数值和模型等信息，位置可以跟着改变，但不能旋转（Ctrl＋R 键或 Circuit/Rotate 命令）。

水平翻转：将选中的元器件水平翻转（Circuit/Flip Horizontal 命令）。

垂直翻转：将选中的元器件垂直翻转（Circuit/Flip Vertical 命令）。

子电路：创建子电路（Circuit/Create Subcircuit 命令）。

分析图：调出分析图。

元器件特性：调出元器件特性对话框。

缩小：将电路图缩小一定的比例（Ctrl＋"＋"键或 Circuit/Zoom In 命令）。

放大：将电路图放大一定的比例（Ctrl＋"－"键或 Circuit/Zoom Out 命令）。

缩放比例：显示电路图的当前缩放比例，并可下拉出缩放比例选择框，选择不同的比例。

帮助：调出与选中内容有关的帮助内容（Help/Help 命令）。

3. EWB5.0 的元器件库栏

EWB5.0 提供了非常丰富的元器件库及各种常用测试仪器，为电路仿真实验带来了极大的方便。图 5-3 是 EWB5.0 的元器件库栏。

EWB5.0 的元器件库栏中含有 14 个元器件分类库，每个库又含有 5～23 个元件箱，各种电路仿真元器件分门别类地放在这些元件箱中供用户调用。

自定义元件库，可以自行定义逻辑器件。

信号源库，包括 23 个电源器件，有为电路提供电能的功率电源，有为电路提供输入信

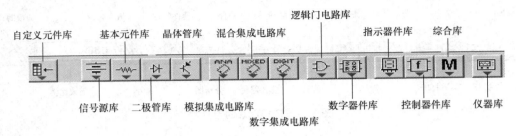

图 5 - 3　EWB5.0 的元器件库栏

号的信号源和产生电信号转变的控制电源，还有 1 个接地端。EWB 把电源类器件视为虚拟器件，可通过自身属性对话框进行参数设置。

　　基本元件库，包括现实元件 20 个，供直接调用，再通过自身属性对话框进行参数设置。

　　二极管库，包括现实二极管元件 8 个。

　　晶体管库，包括现实元件模型 14 个，供选用，可通过自身属性对话框进行参数设置。

　　模拟集成电路库，包括运算放大器等 6 个器件。

　　混合集成电路库，包括 DAC、ADC 与 555 等集成电路 5 个，可通过自身属性对话框进行参数设置。

　　数字集成电路库，元件包括 74 系列的 TTL 数字集成逻辑器件 6 个，可通过自身属性对话框进行参数设置。

　　逻辑门电路库，包括 74 系列等 CMOS 数字集成逻辑器件 18 个，可通过自身属性对话框进行参数设置。

　　数字器件库，包括 7 个数字逻辑电路的 14 个数字器件。

　　指示器件库，包括电压、电流表等 9 种显示电路仿真结果的显示器件。

　　控制器件库，包括 12 个常用的控制模块。

　　综合库，包括不便归类的元件，又称为杂件库。

　　仪器库，包括 7 个元件箱器件，如一些电工类器件。

二、基本操作技巧

（一）创建电路

1. 选取或取消元器件

　　取元器件时，首先在元器件库栏中单击含有该元器件的元器件库图标，打开元器件库，移动鼠标到需要的元件图形上，按下左键，将元件符号拖曳到工作区。可通过双击元器件弹出的对话框进行元器件的各种特性参数设置。

　　在连接电路时，常常需要对元器件进行必要的操作，如移动、旋转、删除以及参数设置等，这就需要先选中该元器件。要选中某个元器件可使用鼠标左键单击该元器件图标即可，如要连续选中多个元器件时，可以使用 Ctrl＋单击选中这些元器件。被选中的元器件以红色显示，便于识别。

　　如果要同时选中一组相邻的元器件，可以在电路工作区的适当位置拖曳画出一个矩形区域，包含在该矩形区域内的一组元器件即被同时选中。

　　要取消某一个元器件的选中状态，可以使用 Ctrl＋单击。要取消所有被选中元器件的选中状态，只需单击电路工作区的空白部分。

2. 元器件的移动、旋转与翻转

要移动一个元器件，只要拖曳该元器件即可。要移动一组元器件，必须先用前述的方法选中这些元器件，然后用鼠标左键拖曳其中的任意一个元器件，则所有选中的部分就会一起移动。元器件被移动后，与其相连接的导线就会自动重新排列。选中元器件后，也可使用箭头键使之做微小的移动。

为了使电路便于连接、布局合理，常常需要对元器件进行旋转或翻转操作，可在选中该元器件后，单击工具栏的"旋转、垂直翻转、水平翻转"等按钮，或选择 Circuit/Rotate（电路/旋转）、Circuit/Flip vertical（电路/垂直翻转）、Circuit/Flip horizontal（电路/水平翻转）等菜单栏中的命令；也可使用热键 Ctrl＋R 或用鼠标右键单击所选元器件，出现一个如图 5-4 所示的菜单，在其中选择合适的命令来实现旋转操作。

3. 元器件互连、复制与删除

元器件互连的操作主要包括导线的连接、弯曲导线的调整、导线颜色的改变及连接点的使用。连接点是一个小圆点，存放在无源元件库中，一个连接点最多可以连接来自四个方向的导线，连接点还可以赋予标识。

图 5-4　元件操作菜单

元件之间连接时，用鼠标指向一元件的端点，出现小圆点后，按下左键并拖曳导线到另一个元件的端点，出现小圆点后松开鼠标左键，导线便连接在两个元件之间；也可以直接将元器件拖曳放置在导线上，然后释放即可插入电路中。

对选中的元器件，使用 Edit/Cut（编辑/剪切）、Edit/Copy（编辑/复制）和 Edit/Paste（编辑/粘贴）、Edit/Delete（编辑/删除）等菜单命令可以分别实现元器件的复制、移动、删除等操作。此外，直接将元器件拖曳回其元器件库（打开状态）也可实现删除操作。

4. 元器件参数的设置

双击要设置参数的元器件图标，此时会弹出相应的器件特性对话框，可供输入数据。器件特性对话框具有多种选项可供设置，包括 Label（标识）、Models（模型）、value（数值）、Fault（故障设置）、Display（显示）、Analysis Setup（分析设置）等内容。

Label（标识）选项用于设置元器件的 Label（标识）和 Reference ID（编号）。其对话框如图 5-5 所示。Reference ID（编号）通常由系统自动分配，必要时可以修改，但必须保证编号的唯一性。有些元器件没有编号，如连接点、接地、电压表、电流表等。在电路图上是否显示标识和编号可由 Circuit/Schematic Options（电路/电路图选项）的对话框设置。

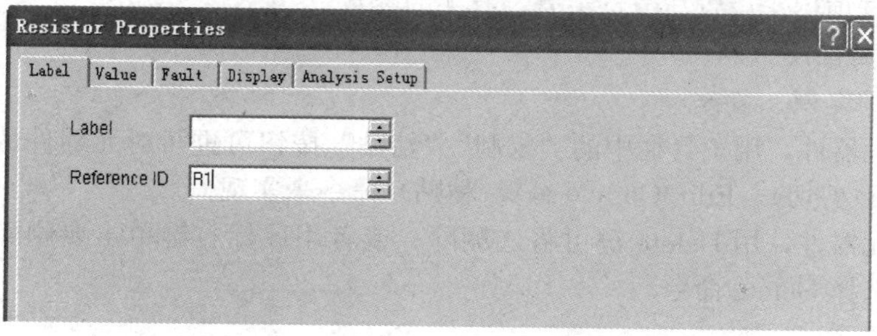

图 5-5　Label 选项对话框

当元器件比较简单时，会出现 Value（数值）选项，其对话框如图 5-6 所示，可以设置元器件的数值。

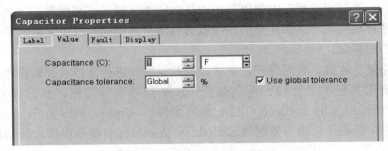

图 5-6 Value 选项对话框

当元器件比较复杂时，会出现 Models（模型）选项，其对话框如图 5-7 所示。模型的缺省设置（Default）通常为 Ideal（理想），这有利于加快分析速度，也能够满足多数情况下的分析要求。如果对分析精度有特殊要求，可以考虑选择具有具体型号的器件模型。

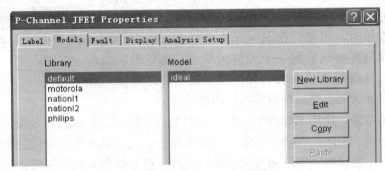

图 5-7 Models 选项对话框

Fault（故障）选项可供人为设置元器件的隐含故障，例如可以对元件的某个脚设置开路、漏电或短路之类的故障。

Display（显示）选项用于设置 Label、Models、Reference ID 的显示方式，该对话框的设置与 Circuit/Schematic Option（电路/电路图选项）对话框的设置有关。如果遵循电路图选项的设置，则 Label、Models、Reference ID 的显示方式由电路图选项的设置决定，否则可由对话框下面的三个选项确定。

此外，还有 Analysis Setup（分析设置）选项，用于设置电路的工作温度等有关参数；Node（节点）选项用于设置与节点编号等有关的参数。

（二）电路的修改

1. 元器件的复制、修改

对选中的元器件，用工具栏中的"复制""粘贴"按钮可进行对元器件的复制，也可用 Edit/Cut（编辑/剪切）、Edit/Copy（编辑/粘贴）命令来实现。

对选中的元器件，用 Delete 键可将之删除；或者用鼠标右键单击要删除的元器件，弹出快捷菜单，选择 Delete 命令。

2. 导线的删除

将鼠标指向元器件与导线的连接点，使之出现一个圆点，按下鼠标左键拖曳该圆点使导线离开元器件端点，释放左键，导线自动消失；或者用鼠标右键单击要删除的导线，弹出快捷菜单，选择 Delete 命令。

3. 电路中插入元器件

将元器件直接拖曳放置在导线上释放，即可插入电路中。

4. 调整弯曲的导线

如果元件位置与导线不在一条直线上，可以选中该元件，然后用四个箭头微调该元件的位置。这种微调方法也可用于一组选中元器件的位置调整。

如果导线接入端点的方向不合适，也会造成不必要的弯曲，可以将导线接入端点的方向予以调整。

（三）常用仪器的操作

EWB5.0 除了提供存放在指示器件库（Indicators）中的电压表和电流表外，还提供了七种虚拟仪器，它们分别是万用表（Multimeter）、函数信号发生器（Function Generator）、示波器（Oscilloscope）、波特图仪（Bode Plotter）、字信号发生器（Word Generator）、逻辑分析仪（Logic Analyzer）和逻辑转换仪（Logic Converter）。

选用仪器可以从仪器库中将相应的仪器图标拖曳至电路工作区。仪器图标上有连接端用于将仪器连入电路。拖曳仪器图标可以移动仪器的位置。不使用的仪器可以拖曳回仪器栏存放，与该仪器相连的导线会自动消失。

连接电路时，仪器以图标方式存在。需要观察测试数据与波形或者需要设置参数时，可以双击仪器图标打开仪器面板，每种仪器面板上的各个按钮均可用单击来控制。

1. 电压表和电流表

EWB5.0 提供了电压表和电流表两种基本测量仪表，如图 5-8 所示。应用时从指示器件库中，选定电压表或电流表，用鼠标拖曳到电路工作区中，通过旋转操作可以改变其引出线的方向。这两种表在指示器件库中，使用时没有数量的限制，可重复选用。

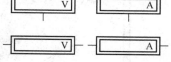

图 5-8　电压表和电流表

双击电压表或电流表可以在弹出对话框中设置工作参数，其中可以设置表计的内阻（电压表为 Ω～MΩ、电流表为 pΩ～Ω），用于测量直流（DC）和交流（AC）信号，还可以设置标号（Label）、故障（Fault）或显示选项（Display）。

2. 数字万用表

如图 5-9 所示的是数字万用表的面板。它是一种自动调整量程的数字万用表，可以用来测量电阻、交直流电压和交直流电流以及电路中两个节点之间的电压值。数字万用表的电压挡、电流挡的内阻都可以根据需要进行设置，但数值必须大于零。方法是单击面板上的"Settings"按钮，弹出数字万用表内部参数设置对话框，然后输入相应数据。

3. 函数信号发生器

函数信号发生器可以产生方波、三角波和正弦波三种基本波形，其面板如图 5-10 所示。信号发生器可设置的参数有频率（Frequency），调整范围为

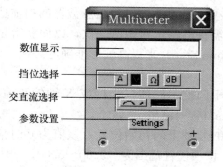

图 5-9　数字万用表

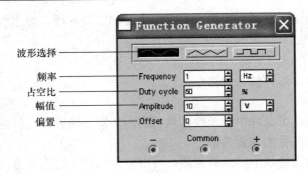

波形选择
频率
占空比
幅值
偏置

图 5-10　函数信号发生器

0.1Hz～999MHz；占空比（Duty cycle），调整范围为 1%～99%，用于改变三角波和方波正负半周的比率，对正弦波不起作用；幅值（Amplitude），调整范围为 0.001μV～999kV，用于改变波形的峰值；偏置（Offset），调整范围为 -999～999kV，用于给输出波形加上一个直流偏置电平。输出信号可以从三个接线端的任意两个端口输出，"Common"端为接地端；"+""-"接线端与"Common"输出的是幅值相等、相位相反的两路信号，信号的峰峰值为幅值的 2 倍。如果信号由"+"端和"-"端引出，则其峰峰值是幅值的 4 倍。

4. 示波器

示波器为双踪模拟式，示波器的面板如图 5-11 所示。示波器用于测量电信号幅度大小和频率的变化，也可用于两个波形的比较。当电路被激活后，若将示波器的探头移至别的测试点时不需要重新激活该电路，屏幕上的显示将被自动刷新为新测试点的波形。为了便于清楚地观察波形，建议将连接到通道 A 和通道 B 的导线设置为不同的颜色。无论是在仿真过程中还是仿真结束后都可以改变示波器的设置，屏幕显示将被自动刷新。

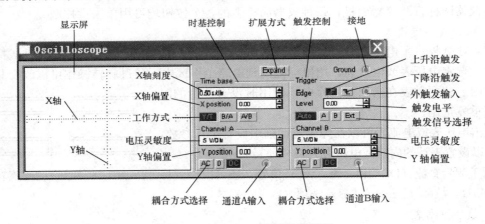

图 5-11　EWB5.0 的示波器面板

如果示波器的设置或分析选项发生改变，需要提供更多的数据（如降低示波器的扫描速率等），则波形可能会出现突变或不均匀的现象，这时需将电路重新激活一次，以便获得更多的数据。也可通过增加仿真时间步长（Simulation Time Step）来提高波形准确度。

示波器面板上可设置的参数主要有以下几项：

（1）时基控制（Time Base）。时基控制的设置用于调整示波器横坐标或 X 轴的数值，输入信号频率越高，时基就应越小，设置范围为 0.10ns/格～1s/格。

（2）X 轴偏置（X-Podtion）。该设置可改变信号在 X 轴上的初始位置；该值为 0 时信号将从屏幕的基边缘开始显示，正值从起始点往右移。该项设置范围为 -5.00～5.00。

（3）工作方式（Y/T，A/B，B/A）。Y/T 工作方式用于显示以时间（T）为横坐标的波形；A/B 和 B/A 工作方式用于显示频率和相位差。

（4）接地（Ground）。如果被测电路已经接地，那么示波器可以不再接地。

（5）电压灵敏度（Volts per Division）。该设置决定了纵坐标的比例尺，若在 A/B 或 B/A 工作方式时也可以决定横坐标的比例尺。该项设置范围为 0.01mV/格～5kV/格。

（6）Y 轴偏置（Y Position）。该设置可改变 Y 轴起始点的位置，相当于给信号叠加了直流电平，当该值设为 0.00 时，Y 轴的起始点位于原点。该项设置范围为－3.00～3.00。

（7）耦合方式选择（Input Coupling）。当置于 AC 耦合方式时，仅显示信号中的交流分量。

（8）触发控制（Trigger）。若要首先显示正斜率波形或上升信号，可单击上升沿触发按钮；若要首先显示负斜率波形或下降信号，可单击下降沿触发按钮。

（9）触发电平（Trigger Level）。触发电平是指显示波形的起点电平值，它必须小于被测信号的幅值，否则屏幕上将没有波形显示。该项设置范围为－5.00～5.00。

（10）触发信号。分内、外触发信号两种。内触发是由通道 A 或 B 的信号来触发示波器内部的锯齿波扫描电路；外触发是由示波器面板上的外触发输入口输入一个触发信号。如果需要显示扫描基线，则应选择 AUTO 触发方式。

（11）面板展开按钮（Expand）。按下面板上的 Expand 按钮可将示波器的屏幕扩大。若要记录波形的准确数值，可将面板上的游标 1（通道 A）或游标 2（通道 B）拖到所需的位置，时间和电压的具体测量数值将显示在屏幕下面的方框里。

5. 波特图仪

波特图仪类似于实验室的扫频仪，可以用来测量和显示电路的幅度频率特性和相位频率特性。

在使用波特图仪时，必须在电路的输入端输入交流信号，但对其信号频率的设定并无特殊要求，频率测量的范围由波特图仪的参数设置决定。其中 Magnitude（Phase）为幅频（相频）特性选择按钮，Vertical（Horizontal）Log/Lin 为垂直（水平）坐标类型选择按钮（对数/线性），F(I) 为坐标终点（起点）。

波特图仪有 IN 和 OUT 两对端口，分别接电路的输入端和输出端。每对端口从左到右分别为＋V 端和－V 端，其中 IN 端口的＋V 端和－V 端分别接电路输入端的正端和负端，OUT 端口的＋V 端和－V 端分别接电路输出端的正端和负端。

（四）电路实验常用元件

EWB5.0 中的电路实验常用元件的符号，与国内电路教材中元件符号有些不同，例如电压符号一般常用 U 表示，但在 EWB5.0 中却用 V 表示；在量纲的表达中，电阻常用 Ω 表示，在 EWB5.0 中却用 ohm 表示；在电路图中电阻元件的符号也有明显的不同，这是需要在使用中注意的。

EWB5.0 带有丰富的元器件模型库，在电路仿真实验中要用到的元件及其参数的意义说明如下。

1. 电源元件

EWB5.0 中电路实验经常用到的电源元件有直流电压源、直流电流源、交流电压源、交流电流源、电压控制电压源、电压控制电流源、电流控制电压源和电流控制电流源，各种电源的默认设置值和设置值范围见表 5-1。

表 5 - 1   **EWB 中 的 常 用 电 源**

元件名称	参数	默认设置值	设置范围
直流电压源	电压 V	12V	$\mu F \sim kV$
直流电流源	电流 I	1A	$\mu A \sim kA$
交流电压源	电压 V	120V	$\mu F \sim kV$
	频率 I	60Hz	$Hz \sim MHz$
	相位 φ	0	Deg
交流电流源	电流 I	1A	$\mu A \sim kA$
	频率 f	1Hz	$Hz \sim MHz$
	相位 φ	0	Deg
电压控制电压源	电压增益 E	1V/V	$mV/V \sim kV/V$
电压控制电流源	互导 G	1S	$mS \sim MS$
电流控制电压源	互阻 R	1Ω	$m\Omega \sim M\Omega$
电流控制电流源	电流增益 F	1A/A	$mA/A \sim kA/A$

2. 基本元件

EWB5.0 中电路实验经常用到的基本元件有电阻器、电容器、电感器、线性变压器、按键和延迟开关。各种元件的默认设置值和设置值范围见表 5 - 2。

表 5 - 2   **EWB 中电路实验常用元件**

元件名称	参数	默认设置值	设置范围
电阻器	电阻值 R	$1k\Omega$	$\Omega \sim M\Omega$
电感器	电感值 L	1mH	$\mu H \sim H$
电容器	电容值 C	$1\mu F$	$pF \sim F$
线性变压器	励磁电感 L_M	5H	$1mH \sim 10H$
	一次绕组电阻 R_P	0	$0.01\Omega \sim 10\Omega$
	二次绕组电阻 R_S	0	$0.01\Omega \sim 10\Omega$
开关	键	Space	A～Z, 0～9, Enter, Space
延迟开关	导通时间 T_{on}	0.5s	$ps \sim s$
	断开时间 T_{off}	0s	$ps \sim s$

3. 元器件的创建与删除

一些没有包括在元器件库内的元器件，可以采用自己设定的方法，自建元器件库和相应元器件。EWB5.0 自建元器件有两种方法：一种方法是将多个基本元器件组合在一起，作为"模块"使用；另一种方法是以库中的基本元器件为模板，对其内部参数作适当改动来得到。

如若删除所创建的库名，可到 EWB5.0 的元器件库子目录名 Model 下，找出所需删除的库名，然后将它删除。

（五）EWB5.0 的六种基本分析功能

1. 直流工作点分析（DC Operating Point Analysis）

计算 DC 工作点并报告每个节点的电压。在进行 DC 工作点分析时，电路中的数字器件对地将呈高阻态。

2. 交流频率分析（AC Frequency Analysis）

在给定的频率范围内，计算电路中任意节点的小信号增益及相位随频率的变化关系。可用线性或对数（十倍频或二倍频）坐标，并以一定的分辨率完成上述频率扫描分析。在对模拟电路中的小信号电路进行 AC 频率分析时，数字器件对地呈高阻态。

3. 瞬态分析（Transient Analysis）

在给定的起始与终止时间内，计算电路中任意节点上电压随时间的变化关系。

4. 傅里叶分析（Fourier Analysis）

在给定的频率范围内，对电路的瞬态响应进行傅里叶分析，计算出该瞬态响应的 DC 分量、基波分量以及各次谐波分量的幅值与相位。

5. 噪声分析（Noise Analysis）

对指定的电路输出节点、输入噪声源以及扫描频率范围，计算所有电阻与半导体器件所产生的噪声的均方根值。

6. 失真分析（Distortion Analysis）

对给定的任意节点以及扫频范围、扫频类型（线性或对数）与分辨率，计算总的小信号稳态谐波失真以及互调失真。

第三节 基尔霍夫定律的仿真实验

一、实验目的

（1）加深对基尔霍夫定律的理解并验证其正确性。

（2）掌握线性电路参数的测量方法。

（3）掌握 EWB5.0 的基本操作。

二、原理与说明

原理与说明可以参考第四章第三节基尔霍夫定理与特勒根定理中有关基尔霍夫电流定律（KCL）与基尔霍夫电压定律（KVL）的内容。

三、实验任务

创建如图 5 - 12 所示的实验电路，分别设置好参数值，应用 KCL、KVL 分别做四次实验，测量电流、电压值。用 KCL 求节点电流的代数和，验证 KCL 的正确性。对于 KVL 求回路电压的代数和，相互比较从而验证 KVL 的正确性。

实验步骤与操作如下：

（1）按图 5 - 12 所示的实验电路连接，按照表 5 - 3 的数据设置好参数。

（2）选择电压表、电流表并设置好参数。

（3）分别测量各支路的电压、电流值并填入表 5 - 3。

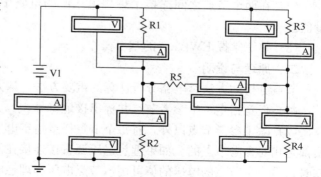

图 5 - 12 实验电路的接线

（4）分析每个节点的电流、每个回路的电压，验证定律。

表 5 - 3 　　　　　　　　　　　**KCL、KVL 的 测 量 数 据**

	项目	电源	R1	R2	R3	R4	R5	结论
第一次	参数	6V	120Ω	680Ω	200Ω	270Ω	120Ω	
	支路电压数据/V							
	支路电流数据/A							
第二次	参数	10V	100Ω	200Ω	150Ω	240Ω	350Ω	
	支路电压数据/V							
	支路电流数据/A							
第三次	参数	15V	150Ω	50Ω	200Ω	300Ω	280Ω	
	支路电压数据/V							
	支路电流数据/A							
第四次	参数	20V	250Ω	120Ω	240Ω	300Ω	150Ω	
	支路电压数据/V							
	支路电流数据/A							

四、实验要求

（1）复习与本实验有关的理论，预习 EWB5.0 元件库的使用。

（2）熟悉实验电路的接线，搞清楚实验的过程。

（3）掌握实验电路的电压、电流的测量方法，要注意其真实方向。

（4）分析数据结果，验证 KCL、KVL 的正确性。

第四节　直流电路节点分析法的仿真实验（综合性实验）

一、实验目的

（1）在三个独立节点的电路中求解节点电位，并比较计算值与测量值。

（2）在两个节点之间连接了理想电压源的电路中，求解节点电位，并比较计算值与测量值。

（3）熟练掌握 EWB5.0 的基本操作。

二、原理与说明

节点分析的方法是电路分析计算的重要方法，该方法求解节点电位的步骤如下：

（1）任意指定一个参考节点并标出接地符号。

（2）除了参考节点以外，对每个节点任意指定电压符号 V1,V2,…,VN，每个节点电压值都是相对参考节点的。如果理想电压源直接连接在两个节点之间，当其中一个节点电压已知时，另一个节点的电压的值可用该节点电压和理想电压源电压来确定。如果理想电压源直接连接在节点和参考节点之间时，则这个节点的电压就等于理想电压源的电压。

（3）对于 $N-1$ 个独立节点，利用电路结构以节点自电导、两个节点之间的互电导的节点方程列写方式，列写节点分析法方程。

（4）解节点分析法方程，即可求出各节点的电位数值。

本实验将分析图 5-13 所示的含有理想电压源的电路。

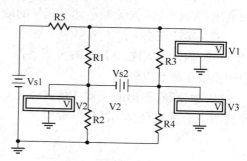

图 5-13　节点法分析电路

三、实验任务

（1）在 EWB5.0 电子工作平台建立如图 5-13 所示的实验电路。

（2）单击启动/停止开关，激活电路。

（3）按照表 5-4 给出的电路元件数值，改变电路元件的参数。

（4）将两次测量到的节点电压数值填入表 5-5 中，并与计算值比较。

表 5-4　两次实验电路不同的元件参数值

	Vs1	Vs2	R1	R2	R3	R4	R5
第一次	20V	6V	120Ω	680Ω	200Ω	270Ω	20Ω
	Vs1	Vs2	R1	R2	R3	R4	R5
第二次	10V	15V	100Ω	240Ω	500Ω	150Ω	10Ω

表 5-5　两次实验的节点电压计算和测量值

	节点电压计算值			节点电压测量值		
	V1	V2	V3	V1	V2	V3
第一次	V1	V2	V3	V1	V2	V3
第二次	V1	V2	V3	V1	V2	V3

四、实验要求

（1）复习与本实验有关的理论，预习 EWB5.0 元器件库的使用。

（2）掌握实验电路的电压、电流的测量方法，要注意电压表、电流表的极性。

（3）注意电路、电压表连接时，接地线的作用。

（4）掌握 EWB5.0 仿真实验中，电路连接和电压测量的操作过程。

第五节　戴维南定理仿真实验

一、实验目的

（1）加深对戴维南定理的理解，验证其正确性。

（2）掌握线性有源一端口网络等效电路参数的测量方法。

（3）掌握 EWB5.0 的万用表的使用。

二、原理与说明

任何一个如图 4-16（a）所示的有源一端口网络，对外电路而言都可以用一个理想电压源和一个电阻串联来等效表示，如图 4-16（b）所示。等效电路的电压源电压为有源一端口网络的开路电压 U_{oc}，等效电路的内阻 R_i 等于一端口网络中，将电压源短路、电流源开路后的无源网络 a、b 两端的输入电阻。R_i 可以从原网络计算得出，也可以用实验手段测出，有如下两种方法。

1. 短路电流法

由戴维南定理等效电路可得出有源一端口网络的等效电阻为 $R_i = U_{oc}/I_{sc}$。其中 U_{oc} 为有源一端口网络的开路电压；I_{sc}为有源一端口网络的短路电流。

2. 外加电压法

把有源一端口网络中独立电压源短路、独立电流源开路，在无源一端口网络的端口处外加电压 U，测出流入无源一端口网络的端口电流 I，则等效电阻为 $R_i = U/I$。

三、实验任务

（1）启动 EWB5.0 后，在元器件库栏中的基本元件库中调出 5 个电阻，再从信号源库中调出电压源和电流源。

（2）将所有调出的元器件排列好，按照图 5-14（a）线性有源单口网络实验电路接线，并按图中的参数设置元器件的参数。

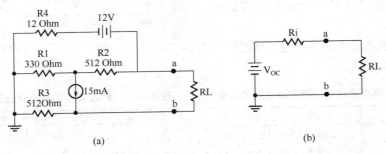

图 5-14　实验电路及其等效电路

（a）实验电路；（b）等效电路

（3）先将负载 R_L 的阻值设置为 200Ω，如图 5-15（a）所示在 R_L 两端并联接入电压表，测出负载电压 U_L；然后再依次将 R_L 的电阻值按照表 5-6 中的数值改变，并测出对应的负载两端的电压值。

（4）将负载 R_L 的阻值设置为 200Ω，按照图 5-15（b）所示，与负载电阻相串联接入直流电流表，测量负载电流 I_L；然后依次按照表 5-6 中的数值改变 R_L，并测出负载改变后的对应电流值 I_L。

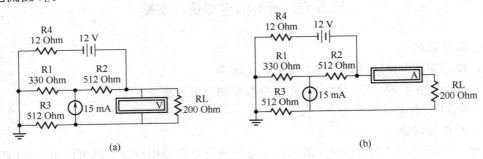

图 5-15　实验电路

（a）R_L 并联电压表；（b）R_L 串联电流表

（5）将负载电阻 R_L 断开，串入万用表［如图 5-16（a）所示］，用万用表的直流电压挡测量 a、b 两端电压，该电压就是开路电压 U_{oc}。

（6）将直流电压源和电流源除去，即将电压源短路、电流源开路［如图 5-16（b）所示］，用万用表欧姆挡测量 a、b 两端的等效电阻，即为等效内阻 R_i。

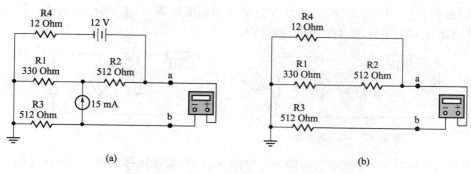

图 5-16　测量开路电压和等效电阻的电路
(a) 测开路电压；(b) 测等效电阻

（7）按照上面测量的开路电压 U_{oc} 和等效电阻 R_i 的数据形成如图 5-14（b）所示的等效电路。在等效电路中接入电压表和电流表，然后用表 5-6 中的数值改变负载电阻 R_L 值，测量不同 R_L 时的负载电流 I_L 和负载电压 U_L，将数据记入表 5-6 中。

（8）计算两种不同方法测量时负载 R_L 上的功率 P_L。

表 5-6　　　　　　　　　　原网络及其等效电路外特性实验数据

负载电阻 R_L	R_L/Ω	0	200	400	800	1600	1800	2000	∞
原网络	I/mA								
	U/V								
戴维南等效电路	I/mA								
	U/V								
负载功率消耗	原网络/W	$P_L=$							
	等效电路/W	$P_L=$							

四、实验要求

（1）复习与本实验有关的理论，预习 EWB5.0 元件库的使用。

（2）预习并掌握实验步骤及电路的电压、电流的测量方法，要注意其极性。

（3）注意万用表、电压表连接时的接地线的作用。

（4）比较原电路与等效电路测量数据是否相同？

（5）分别画出原电路与等效电路的电压、电流关系曲线，并进行比较。

第六节　含有受控电源的电路测量

一、实验目的

（1）掌握利用 EWB5.0 进行电路的创建和常用仪器的使用。

（2）掌握电压表和电流表的测量方法，研究表的内阻对电路测量的影响。

（3）学会用 EWB5.0 分析含有受控电源的电阻电路。

二、原理与说明

本实验通过含有电压控制电压源（VCVS）和电流控制电压源（CCVS）两个电路来分

析受控电源的特性。图5-17所示的是含有电压控制电压源（VCVS）的电路。图5-18所示的是含有电流控制电压源（CCVS）的电路。

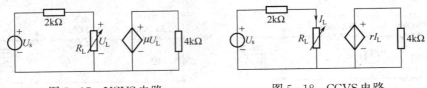

图5-17　VCVS电路　　　　　　图5-18　CCVS电路

在图5-17和图5-18所示的电路中，电阻R_L的调节范围都是在$1\sim2k\Omega$之间，电压源电压$U_s=20V$，电压控制电压源的控制系数$\mu=5$，电流控制电压源的控制系数$r=4$。

三、实验任务

（一）电压控制的电压源（VCVS）电路分析

图5-17所示含有电压控制电压源（VCVS）的电路，其EWB5.0的仿真实验电路如图5-19所示。实验步骤如下：

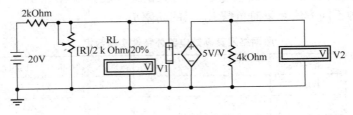

图5-19　VCVS电路的仿真电路

（1）改变可调电阻R_L的数值，观察受控电源的电压变化。

（2）改变电压源方向和数值，观察受控电源的电压变化。

（3）改变受控电压源的控制系数μ，观察受控电源的电压变化。

（4）将实验结果记录在表5-7中。

表5-7　　　　　　　　　　　　　　**VCVS电路的实验结果记录表**

电路参数 测量值	R_L电阻值/kΩ			电压源数值/V			受控电源的控制系数μ		
电压表值 V1/V									
电压表值 V2/V									

（二）电流控制电压源（CCVS）电路分析

图5-18所示含有电流控制电压源（CCVS）的电路，其EWB5.0的仿真实验电路如图5-20所示。实验步骤如下：

（1）改变可调电阻R_L的数值，观察受控电源的电压变化。

（2）改变电源方向，观察受控电源的电压变化。

（3）改变受控电压源的控制系数r，观察受控电源的电压变化。

（4）将实验结果记录在表5-8中。

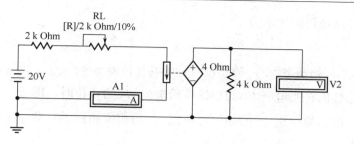

图 5 - 20　CCVS 电路的仿真电路

表 5 - 8　　　　　　　　　　　CCVS 电路的实验结果记录表

测量值＼电路参数	R_L 电阻值/kΩ			电压源数值/V			受控电源的控制系数 r		
电流表值 A1/A									
电压表值 V2/V									

四、实验要求

（1）改变实验电路中元件的参数，并进行测试，写出测量结果。

（2）设计一个含有电压控制电流源的电阻电路，用电压表、电流表进行测量，写出测量结果，并与理论计算结果进行比较。

（3）设计一个含有电流控制电流源的电阻电路，用电压表、电流表进行测量，写出测量结果，并与理论计算结果进行比较。

第七节　交流电路的测量

一、实验目的

（1）熟悉、掌握用 EWB5.0 软件建立交流电路及其分析电路的方法。

（2）掌握交流电路频率特性的分析方法。

（3）熟悉交流电路中电压表的使用特点。

二、原理与说明

在正弦交流电路中，当电压、电流选择关联参考方向时，电阻、电感和电容上的电压、电流关系为

$$\dot{U}_R = R\dot{I}_R, \quad \dot{I}_R = G\dot{U}_R$$
$$\dot{U}_L = \mathrm{j}X_L\dot{I}_L, \quad \dot{I}_L = -\mathrm{j}B_L\dot{U}_L$$
$$\dot{U}_C = -\mathrm{j}X_C\dot{I}_C, \quad \dot{I}_C = \mathrm{j}B_C\dot{U}_C$$

线性直流电路中所有的定理和计算方法都可以推广到正弦交流电路，推广时把电压、电流、电压源和电流源用它们的相量 $\dot{U}$、$\dot{I}$、$\dot{U}_s$ 和 $\dot{I}_s$ 来代替。

无源二端网络或元件，在电压、电流关联参考方向下，两者关系的相量形式为

$$\dot{U} = Z\dot{I} \quad \text{或} \quad \dot{I} = Y\dot{U}$$

式中：Z、Y 分别为无源二端网络的复阻抗和复导纳。

复阻抗与复导纳还可以表示为

$$Z = \dot{U}/\dot{I} = z\angle\varphi \text{ 或 } Y = \dot{I}/\dot{U} = y\angle\varphi$$

当电压 $\dot{U}$ 的相位超前电流 $\dot{I}$ 的相位时，则其相位差 $\varphi = \varphi_u - \varphi_i$，当 $\varphi > 0$，则称无源二端网络或阻抗是感性的；当电压 $\dot{U}$ 的相位滞后电流 $\dot{I}$ 的相位时；即 $\varphi < 0$，则称无源二端网络或阻抗是容性的；当电压 $\dot{U}$ 的相位与电流 $\dot{I}$ 的相位相同时，即 $\varphi = 0$，无源二端网络的阻抗是电阻性的。

三、实验任务

正弦交流测量电路如图 5-21 所示，按照下列步骤对该电路进行分析。

（一）建立实验电路

启动 EWB5.0，按图 5-21 所示创建实验电路。

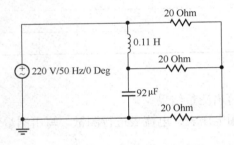

图 5-21　交流电路测量实验电路

（1）选取元器件时，单击元件库栏的信号源库（Sources），将交流电压源（AC Voltage Source）、接地（Ground）拖曳到电路工作区。

单击元器件库栏的基本元件库（Basic），同样方法选取电阻器（Resistor）、电容器（Capacitor）、电感器（Inductor）到电路工作区，如图 5-21 所示。图中电容器、电感器的旋转方法为先选中该元器件，然后单击工具栏上的旋转按钮（Rotate），电容器、电感器图标逆时针旋转 90°。

（2）元器件参数的设置。双击交流电压源图标，弹出对话框［如图 5-22 所示］，标识（Label）设置为 V1。单击 Value 标签［如图 5-23 所示］，将数值（Value）设置为 220V，频率设置为 50Hz。

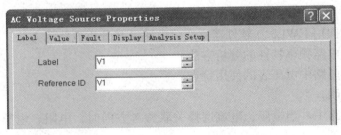

图 5-22　交流电压源的 Label 对话框

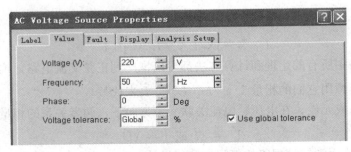

图 5-23　交流电压源 Value 选项对话框

　　双击电阻器图标，弹出的参数设置对话框与交流电压源参数设置对话框相似。三个电阻器的标识（Label）、数值（Value）分别设置为 R1，20Ω；R2，20Ω；R3，20Ω。电容的标识（Label）、数值（Value）设置为 C，92μF。电感器的标识（Label）、数值（Value）设置为 L，0.11H。节点符号的设置为双击该节点，弹出对话框如图 5-24 所示。

　　（3）导线的连接及删除。首先将鼠标指向某个元器件的端点使其出现一个小圆点，按下鼠标左键并拖曳出一根导线，拉住导线并指向另一个元器件的端点使其出现小圆点，释放鼠标左键即可完成导线的连接。

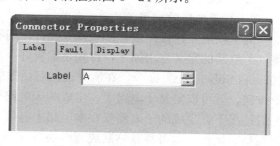

　　要删除一根导线，只需将鼠标指向元器件与导线的连接点使其出现圆点，按下左键拖曳该圆点，使导线离开元器件的端点，释放鼠标左键，导线自动消失。

图 5-24　节点 Lable 选项对话框

　　（二）仪表的调用和连接

　　（1）单击元器件库的指示器库（Indicators），将电压表（Voltmeter）图标拖曳至电路工作区，如图 5-25 所示。双击其图标，弹出相应对话框设置其参数，将电压表设置为交流仪表，即 Value/Mode 为 AC。如电路需串接电流表，不需将该支路的连接线断开，只要拖曳电流表，将其放置在该支路的导线上，则电流表将自动串入电路中。

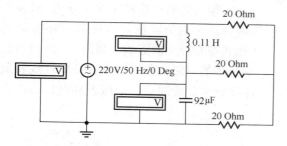

　　（2）将电压表并联接入到电路中，根据电路结构，将电压表旋转至合适状态，其连接方法与电阻器等的连接方法相同。

　　（三）启动模拟程序

　　按下屏幕右上角的启动/停止按钮，启动模拟程序，读取各电压表上的数值。

四、实验要求

　　（1）复习与本实验有关的理论，预习 EWB5.0 元件库的使用。

图 5-25　实验电路的仪表连接图

　　（2）计算图 5-21 所示实验电路的节点电压值。

　　（3）注意交流电压源、交流电压表的设置和接地线的连接。

　　（4）把图 5-21 所示实验电路的节点电压值的计算结果和测量结果相比较，分析产生误差的原因。

第八节　三相电路分析

一、实验目的

（1）巩固三相电路的基本理论及测量方法。

（2）掌握 EWB5.0 子电路的应用。

（3）掌握使用 EWB5.0 测量三相电路中的相电压、线电压、相电流和线电流的关系。

（4）理解在三相四线制供电系统中，中性线的作用。

二、原理与说明

原理与说明可以参考第四章第十二节三相电路中电压、电流的测量中的有关三相负载星形（Y形）和三角形（△形）连接的内容。

三、实验任务

（一）子电路的应用

为了使电路连接简洁，EWB5.0允许使用子电路模块代表被其他电路经常调用的电路模型。子电路的定义方法如下：首先是编辑好一个电路，然后通过单击工具栏上生成子电路的"Creats Subcircuit"命令，在所弹出的对话框中填入子电路名称，并根据需要单击其中的命令按钮，就可以定义子电路了。生成的子电路模块，存储在元器件库栏的自定义元件库中。一般情况下，生成的子电路仅在本电路中有效，要应用到其他电路中，可使用剪贴板进行复制与粘贴操作，也可将其粘贴或直接编辑到 Default.ewb 中。

EWB5.0元器件库中没有三相电源，需要用3个相同电压、不同相位的交流电压源组合成Y形来实现，三相电源如图5-26（a）所示，按照子电路的操作步骤建立一个子电路模块如图5-26（b）所示，供其他电路调用。

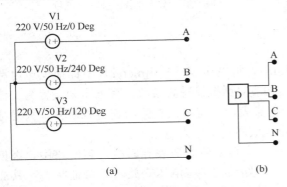

图 5-26　三相电源及其子电路模块
(a) 三相电源；(b) 子电路模块

（二）观察中性线对三相负载电压的影响

三相电路的负载连接方式分为Y形和△形两种。三相负载的对称性对三相电路的工作状态有较大的影响。如图5-27所示是Y形连接的电路，通过适当设置中性线和负载的数值（负载可以选择电感、电容），进行以下各项的测量或观察。电压表和电流表应设置成 AC 模式，显示的读数为有效值。

各项测量要求如下：

（1）有中性线时，电路的电流和电压。

（2）无中性线时，电路的电流和电压。

（3）有中性线时，将其中的一相负载断开，测量电路的电流和电压。

（4）无中性线时，将其中的一相负载断开，观察电路出现的现象。

（5）有中性线时，将其中的一个负载短路，测量电路的电流和电压。

（6）无中性线时，将其中的一个负载短路，观察电路出现的现象。

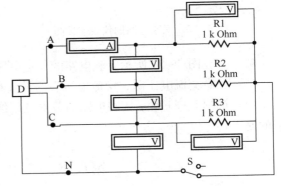

图 5-27　Y形连接的三相负载电路

（7）有中性线时，将其中的一相负载再并联同样的电阻，观察电压、电流现象。

（8）无中性线时，将其中的一相负载再并联同样的电阻，观察电压、电流现象。

四、实验要求

（1）复习与本实验有关的三相电路理论。

（2）预习 EWB5.0 子电路的生成方法。

（3）注意交流电压源、交流电压表的设置和接地线的连接。

（4）注意在负载对称的星形连接中，若负载一相开路或短路，在有中性线和无中性线两种情况下的电路现象。

第九节　一阶电路三要素分析法（综合性实验）

一、实验目的

（1）掌握一阶电路三要素分析方法。

（2）掌握一阶电路三要素的测量方法。

（3）掌握 EWB5.0 指示器件库中示波器的使用和操作。

二、原理与说明

分析动态电路在直流和阶跃激励下的一阶电路时，可以直接应用三要素公式

$$f(t) = f(\infty) + [f(0_+) - f(\infty)]e^{-t/\tau} \qquad (t \geqslant 0)$$

式中：$f(0_+)$ 为求解变量的初始值；$f(\infty)$ 为求解变量的稳态值；τ 为电路的时间常数。

只要求出三个要素，无需列写和求解电路的微分方程，就可以直接写出一阶电路求解变量的全响应。

求解变量的初始值 $f(0_+)$，一般要用换路定律或用换路后瞬间的等值电路解出；求解变量的稳态值 $f(\infty)$，则要在换路后的电路中，将电容元件开路，按电阻电路分析方法求解开路电压；电感元件短路，用同样的方法求出短路电流。电路的时间常数，对于 RC 电路有 $\tau = RC$，对于 RL 电路有 $\tau = L/R$，其中 R 为换路后的戴维南等效电路中的等效电阻。

三、实验任务

RC 一阶实验电路如图 5-28 所示。按照下列步骤求该电路的三要素，测量电容电压 $u_C(t)$ 的波形。

（一）三要素的测量

（1）测量电容两端的初始电压值 $u_C(0_+)$。在计算机上启动 EWB5.0 电子工作平台，在元器件库栏的信号源库中调出直流电压源，在基本元件库中取出电阻和电容元件，建立如图 5-28 所示的实验电路。换路前（$t<0$）开关 S 与"1"端接通，如图 5-29（a）所示。此时，电路处于稳定状态，电容是开路的，直流电压表的读数就是电容两端的初始电压值 $u_C(0_+)$。

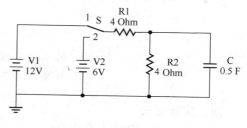

图 5-28　一阶 RC 实验电路

（2）测量电容两端的稳态电压值 $u_C(\infty)$。在 $t=0$ 时换路，将开关 S 与"2"端接通，换路后的电路如图 5-29（b）所示。当电路稳定后，直流电压表的读数就是电容两端的稳态电压值 $u_C(\infty)$。

（3）测量电路的等效内阻 R 及求时间常数 τ。在图 5-29（b）所示电路中，将直流电压源短路，断开电容元件，在断开处接入万用表，电路如图 5-29（c）所示，这时万用表

的读数就是电路的等效内阻 R。电路的时间常数 $\tau = RC$。

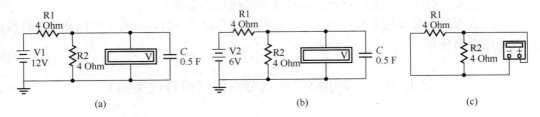

图 5-29　一阶 RC 实验电路三要素的求解电路
(a) 测初始电压值 $u_C(0_+)$；(b) 测稳态电压值 $u_C(\infty)$；(c) 测等效电阻

（4）按照三要素公式，写出电路电容电压响应 $u_C(t)$ 的表达式。

（5）将电路中的电容元件改为电感元件 $L = 2\mathrm{H}$，再按照上述步骤求解 RL 电路的三要素，值得注意的是稳定时电感是短路的，$i_L(0_+)$ 和 $i_L(\infty)$ 通过在电感短路的支路串联电流表测出，最后按照三要素写出电路电感电流响应 $i_L(t)$ 的表达式。

（二）RC、RL 电路响应 $u_C(t)$ 和 $i_L(t)$ 的波形测量

（1）测量 RC 一阶电路响应 $u_C(t)$ 的波形。测量 RC 一阶电路的波形的电路如图 5-30（a）所示，单击仿真电源开关，激活电路进行动态分析。当 $t = 0$ 时，开关 S 由 "1" 端转向 "2" 端换路，观察示波器显示的 $u_C(t)$ 波形，并把 $u_C(t)$ 波形保存下来。

（2）测量 RL 一阶电路响应 $i_L(t)$ 的波形。测量 RL 一阶电路的波形的电路如图 5-30（b）所示，单击仿真电源开关，激活电路进行动态分析。当 $t = 0$ 时，开关 S 由 "1" 端转向 "2" 端换路，观察示波器显示的 $i_L(t)$ 波形，并把 $i_L(t)$ 波形保存下来。

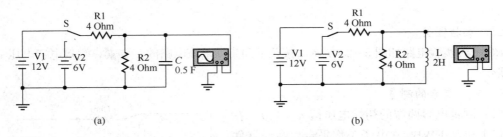

图 5-30　测量 RC、RL 电路的波形
(a) 测 RC 电路波形；(b) 测 RL 电路波形

四、实验要求

（1）复习与本实验有关的理论，预习 EWB5.0 元件库的使用。

（2）分别计算图 5-28 所示 RC 一阶电路和将电容改为电感的 RL 一阶电路的三要素。

（3）注意电路电压表、示波器连接时的接地线的作用。

（4）把 RC、RL 一阶电路的三要素的计算值与测量值进行比较，分别计算它们的相对误差，并分析产生误差的原因。

（5）分别写出 $u_C(t)$ 和 $i_L(t)$ 的表达式。

第十节　二阶电路响应的测量

一、实验目的

（1）研究 RLC 串联二阶电路响应的类型特点及其与元件参数的关系，测量电路的固有频率。

（2）掌握信号发生器及示波器的使用和测量方法。

（3）了解测量 ω 和 δ 值的方法（见第四章第十八节）。

二、原理与说明

RLC 串联电路在矩形脉冲激励 $u_s(t)$ 作用下，电路响应周期性地充、放电。以电容电压 $u_C(t)$ 为变量时的电路方程为

$$LC\,\frac{\mathrm{d}^2 u_C(t)}{\mathrm{d}t^2} + RC\,\frac{\mathrm{d}u_C(t)}{\mathrm{d}t} + u_C(t) = u_s(t)$$

上述二阶微分方程的特征方程的特征根有两个

$$P_{1,2} = -\frac{R}{2L} \pm \sqrt{\left(\frac{R}{2L}\right)^2 - \frac{1}{LC}}$$

当电路参数满足下列关系时，有三种不同形式的响应：

（1）当 $R > 2\sqrt{L/C}$ 时，电路中响应的过程是非振荡衰减的，称为过阻尼状态；

（2）当 $R < 2\sqrt{L/C}$ 时，电路中响应的过程是振荡衰减的，称为欠阻尼状态；

（3）当 $R = 2\sqrt{L/C}$ 时，电路中响应的过程是临界的衰减过程，称为临界阻尼状态。

在欠阻尼和矩形脉冲激励 $u_s(t)$ 作用下，RLC 串联电路中电容电压 $u_C(t)$ 为衰减振荡。其频率为

$$\omega = \sqrt{\left(\frac{R}{2L}\right)^2 - \frac{1}{LC}}$$

电路的衰减系数 $\delta = R/2L$。

三、实验任务

RLC 二阶实验电路如图 5-31 所示，按照下列步骤对该电路进行分析。

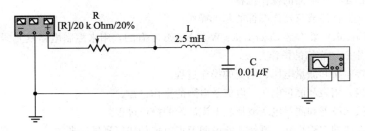

图 5-31　RLC 二阶实验电路

（1）在 EWB5.0 电子工作平台上，建立如图 5-31 所示的实验电路图，单击启动/停止开关，进行电路分析。

（2）设置图 5-31 所示参数为：$L = 2.5\mathrm{mH}$，$C = 0.01\mu\mathrm{F}$，电阻 R 是 $20\mathrm{k}\Omega$ 的电位器；信号发生器输出频率为 $1\mathrm{kHz}$，$V_{pi} = 4\mathrm{V}$ 的矩形波，用示波器测量信号发生器输出波形，分析电路处于振荡和非振荡状态的波形变化。

（3）根据实验电路的输入，用示波器观察电容器两端波形，改变电阻 R 的数值，分别绘出电路在振荡和非振荡状态下的波形，分析电路参数对响应过程的影响。

（4）测量在振荡状态下的 ω 和 δ 值，并与理论值进行比较。

（5）计算相关的数据和记录有关波形。

四、实验要求

（1）计算图 5-31 所示 RLC 二阶电路的 ω 和 δ 值。

（2）注意信号发生器和示波器的连接，特别是接地线的作用。

（3）按照实验得到的过阻尼、临界阻尼和欠阻尼三种波形，测试各项参数。

（4）将计算得到的二阶电路的 ω 和 δ 值与实测值比较，分析产生误差的原因。

本 章 小 结

（1）仿真电路实验是用软件逼真地模拟各种电子元器件以及仪器仪表，从而不需要任何真实的元器件与仪器就可以进行电路、数字电路和模拟电路课程中的各种实验。因此，电路仿真实验教学是电路教学的一种重要方式和手段。

（2）EWB5.0 的基本操作包括工具栏、元器件库栏的基本操作、窗口的基本操作、文件（File）菜单的基本操作、编辑（Edit）菜单的基本操作、电路（Circuit）菜单的基本操作和帮助功能。

（3）基于 EWB5.0 开发了基尔霍夫定律（KCL、KVL）、直流电路的节点电压分析、直流电路的戴维南定理、交流电路的电压测量、一阶电路三要素分析法和二阶电路响应的测量仿真实验项目。

习 题

5-1 电路的仿真实验与传统实验方式相比，有哪些显著的特点？

5-2 EWB5.0 软件对运行环境有哪些基本要求？

5-3 试叙述创建一个电路的操作过程。

5-4 试叙述元器件库或仪器库图标的基本操作。

5-5 电路（Circuit）菜单是 Electronics Workbench 专有的，用来控制电路及元器件功能。该菜单有几个功能选项，分别叙述它们的操作方法。

5-6 总结连接电路和测量电压、电流的操作过程。

5-7 总结连接万用表和测量电压、电流及电阻的操作过程。

5-8 总结连接示波器和测量电压波形、电流波形的操作过程。

5-9 总结节点法的实验步骤与操作，并说明节点电位是如何测量出来的。

5-10 确定无源一端口网络 a、b 两端之间的等效电阻有几种测量方法？试叙述这些测量方法的基本操作过程。

5-11 试叙述测量有源一端口网络 a、b 两端之间的开路电压的基本操作。

5-12 试叙述测量有源一端口网络 a、b 两端之间的短路电流的基本操作。

5-13 三要素分析法适应什么电路？总结测量三要素的操作过程。

5-14 总结测量二阶电路在振荡状态下的 ω 和 δ 值的操作过程。

第六章　PSPICE 电路仿真软件的应用

PSPICE 电路仿真软件（简称 PSPICE 软件）是面向 PC 机的通用电路仿真软件。它不仅可以计算模拟电路的直流工作点、增益、频率特性等，还可以仿真数字电路的逻辑功能，更为突出的是它还拥有傅里叶分析、蒙特卡罗分析、最坏情况分析等特殊功能。软件还具有强大的电路图绘制功能、电路模拟仿真功能、图形后处理功能和元器件符号制作功能，而且模拟仿真快速准确，并提供了良好的人机交互环境，操作方便，易学易用。软件的用途非常广泛，不仅可用于电路分析和优化设计，还可用于电子线路、信号与系统等课程的计算机辅助教学。PSPICE 软件的这些特点使得它受到广大电子设计工作者、科研人员和高校师生的热烈欢迎。在大学里，它是工科类学生必会的分析与设计电路的工具；在企业中，它是产品从设计、实验到定型过程中不可缺少的设计工具。

本章以学习 PSPICE 软件的应用入手，使读者能在尽可能短的时间内掌握 PSPICE 软件的使用。因学时的限制，本章不可能作更深入的探讨，感兴趣者可以参考有关资料。

第一节　PSPICE 软件介绍

作为电路、电子课程的实验仿真软件，PSPICE 软件几乎完全取代了电路和电子电路实验中的元件、面板、信号源、示波器和万用表。有了 PSPICE 软件就相当于有了电路和电子学实验室。

一、PSPICE 软件的基本功能

PSPICE 软件用于模拟电路、数字电路及模数混合电路的分析及电路的优化设计。PSPICE 软件的分析功能主要体现在以下几方面：

（1）直流分析，包括直流工作点分析、直流小信号传输函数分析、直流扫描分析和直流小信号灵敏度分析。

（2）交流小信号分析，包括交流频响特性分析和交流噪声分析。

（3）瞬态分析，包括时域响应特性分析和傅里叶分析。

（4）温度特性分析。

（5）蒙特卡罗分析/最坏情况分析。

（6）参数扫描分析。

在电路设计方面，PSPICE 软件提供了电路设计过程中所需要的各种元器件符号和绘图手段，可以直接在 PSPICE 软件的电路图编辑器中设计电路图。利用 PSPICE 软件的电路分析功能，可以测试电路的各项性能指标，测试电路在高温、高压等极端条件下的承受能力。利用 PSPICE 软件中提供的各种观测标识符，可以观测电路图中任意点、任何变量以及各种函数表达式的波形和数据。利用 PSPICE 软件可以对电路进行优化设计，将多个设计方案进行比较；从电路方案的选型、分析、修改、优化设计及最终确定，整个设计过程中不涉及任何硬件和纸笔，不仅能节省开支，简化设计手段，而且大大缩短了设计周期，提高了设计准确度。

二、PSPICE 软件的电路分析原理

用 PSPICE 软件分析电路的过程可用以下的流程来描述:

(1) 绘制电路图。

(2) 输入元器件及模型参数。

(3) 定义分析类型和输出变量。

(4) 保存电路图文件。

(5) 运行电路分析程序。

(6) 检查分析是否出错。如果出错,检查电路输出文件,查明出错原因、修改电路图文件后,再运行电路分析程序。

(7) 若没有出错,查看电路分析结果,包括输出波形和输出文件。

(8) 确定电路是否需要进一步修改。如果需要,可以在修改电路图文件后,再运行电路分析程序,直到认为分析结果满意为止。

整个电路分析过程大致可以分为以下两个阶段:

第一阶段:绘制电路图,保存电路图文件。在这个过程中将产生电路图文件 ∗.sch。∗.sch 文件包含电路拓扑结构、元器件参数、输出变量以及分析类型信息。

第二阶段:运行电路分析程序。启动分析后自动生成以下文件:

(1) ∗.net:电路连接网表文件,包含元器件之间的连接信息。

(2) ∗.ais:电路各节点的别名信息文件。

(3) ∗.lib:包含元器件模型和子电路信息的局部模型库文件。

(4) ∗.ind:为加快模型库搜寻而产生的库索引文件。

由这些文件生成供分析用的电路输入信息文件 ∗.cir。分析完毕将自动生成以下两种文件:

(1) ∗.dat:供图形后处理显示波形用的二进制数据文件。

(2) ∗.out:电路输出文件,其中包含 ∗.cir 文件的内容和部分分析的输出结果。

三、PSPICE 软件的运行环境

电路实验一般使用的是 PSpice for Windows (V8.0),它是一个名为 MicroSim Evall8.0 的软件包,简称 PSPICE。软件包中包括 Parts、Probe、PSpice、PSpice Optimizer、Stimulus Editor 和 Schematics 等应用程序,它们的功能分别如下所述:

(1) Parts:用来提取元器件参数。它可以根据实验测得的元器件外部电特性参数,提取建立元器件模型所必需的各种模型参数,但仅适用于对二极管的模型参数提取。

(2) Probe:为图形后处理软件。它根据分析得到的二进制数据文件 ∗.dat,输出电路分析结果的波形。

(3) PSpice:用来进行电路分析。它根据电路的输入信息文件 ∗.cir,对电路进行分析和模拟,并将分析数据存入 ∗.dat 文件中。

(4) PSpice Optimizer:它根据用户指定的参数、性能指标和全局函数,对电路进行优化设计。

(5) Stimulus Editor:用来产生用户自定义的正弦信号源模型。

(6) Schematics:除用来绘制电路图外,还同时集 PSpice、Probe、Stimulus Editor 和 PSpice Optimizer 于一体,是一个功能强大的集成环境。

第二节　绘制电路图

一、Schematics 编辑环境

启动 Schematics 编辑环境后界面如图 6-1 所示。

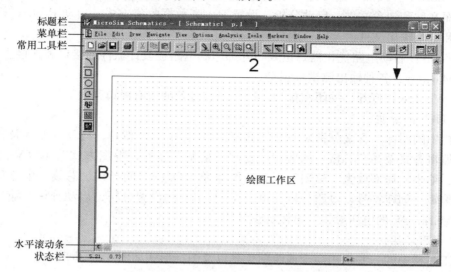

图 6-1　Schematics 编辑环境界面

（一）标题栏

标题栏用来指明当前电路图文件名及页号。新建电路图必须以某个名称保存以后才有文件名。

（二）菜单栏

菜单栏如图 6-2 所示，用以提供绘制电路图的各种工具、管理电路文件、分析电路及配置 Schematics 工作环境的各种命令，并集成了调用 PSpice、Probe、Stimulus Editor 及 PSpice Optimizer 等应用程序的命令。

图 6-2　菜单栏

菜单栏中的每个菜单项功能如下所述：

（1）File：新建、打开、关闭、保存及打印电路图文件，启动符号编辑器，由电路块制作符号，操作过程中的错误列表，最近打开过的四个电路图文件列表。

（2）Edit：撤销、重复、剪切、复制、粘贴元器件或子电路到当前电路图或剪贴板，删除、修改或添加元器件属性、导线标号、编辑模型、符号或信号源，定义电路块的视图，对电路符号进行旋转、对折、对齐等操作，搜寻、替换元器件。

（3）Draw：取出元件，设置元件及其连线，取电路块，加文字注释，重绘电路图或重新连线。

（4）Navigate：从分层式电路图的子电路图回到上一层子电路图或主电路图，从主电路

图或上一层子电路图进入下一层子电路图，选择、创造、删除、复制层等对层的操作。

（5）View：电路图缩放，整图显示，重新定位电路图中心等操作。

（6）Options：绘图工作区及绘图方式配置，显示级别，图形缩放因子，自动滚动功能及自动重复功能。

（7）Analysis：按照电路理论对电路进行规则检查，生成电路连接网表，定义分析类型，设置库文件和包含文件，启动分析，设置 Probe 数据收集方式，启动 Probe，检查电路连接网表和电路输出文件。

（8）Tools：启动电路优化器，设置与外部印制电路板设计软件的接口和连接。

（9）Markers：各种输出测试标识符。

（10）Window：打开、关闭和排列窗口，当前打开的所有窗口列表。

（11）Help：帮助。

菜单栏中的图标的含义分别对应文件管理菜单（File）的新建、打开、保存及打印电路图文件，编辑方式菜单（Edit）的剪切、复制、粘贴元器件，视图方式菜单（View）的刷新、放大、缩小、局部放大、整图显示，绘图菜单（Draw）的导线、总线、电路块、取元件、属性编辑、创建符号，电路分析菜单（Analysis）的设置分析、启动分析，输出测试标识菜单（Markers）的电压标识、电流标识等。

（三）常用工具栏

常用工具栏中的一些常用命令或绘图工具以及图标形式如图 6 - 3 所示。

图 6 - 3　常用工具栏

（四）绘图工作区

绘图工作区是绘制电路图的区域，是一块均匀划分的网格区域，网点之间的默认间隔为 0.10in（1in＝0.0254m）。可以选择"Options"⇒"Dsplay Options"，显示方式设置如图 6 - 4

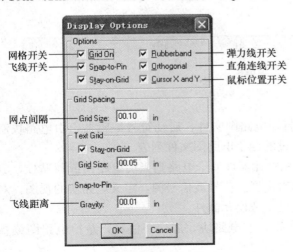

图 6 - 4　显示方式对话框

所示。设置方式可以打开或关闭网格开关，也可重新设置网点之间的间隔。

由于屏幕尺寸的限制，屏幕上显示的只是绘图工作区的一部分，如果电路图的大小超过屏幕显示范围，就要借助电路图编辑器中提供的各种视图工具来观看整幅电路。

移动垂直滚动条和水平滚动条中的滑块可以移动画面，采用自动滚屏方法图也可以移动画面。自动滚屏设置可以选择"Options"⇒"Pan&Zoom"，如图 6 - 5 所示。利用菜单命令或工具栏中的图标直接显示整幅电路图。

（五）状态栏

状态栏被划分为三个部分：第一部分显示鼠标所在位置的横坐标和纵坐标；第二部分显示当前电路图所处状态，当鼠标置于常用工具栏中的某一图标上时，还可显示该图标的提示信息；第三部分显示当前执行的菜单命令。

二、绘制单页式电路图

（一）单页式电路图组成

图 6-6 所示电路是典型的单页式电路。单页式电路主要由下面五个基本部分组成。

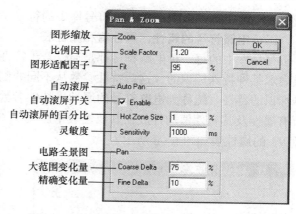

图 6-5 图形缩放、整图浏览参数设置对话框

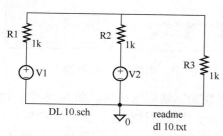

图 6-6 典型的单页式电路

（1）元器件符号，即模拟实际电路元器件的符号，如电阻符号 R1、R2、R3 和电压源符号 V1、V2。

（2）I/O 端口符号，即在不同的电路模块之间或不同电路图之间起电气连接作用的符号，如图中的接地符号。

（3）特殊用途符号，即在电路图中起指示或标识作用的符号，如电路图帮助文件指示符 readme。

（4）导线（或总线），用于在电路各元件之间起连接作用。

（5）注释文字，用于标注电路图，如电路图文件名 DL10.sch。

在绘图工作区中，元器件符号、导线和某些特殊用途符号的颜色为绿色，I/O 端口符号、另外一些特殊用途符号、注释文字和符号属性的颜色为蓝色。

（二）电路符号和符号库

PSPICE 中的电路实验常用元件符号与 EWB5.0 中的常用元件的符号也不相同，它与国内电路教材中元件符号也有很大区别。例如在电路图中电阻元件的量纲仅表示 kΩ 以上的数量级，低于 kΩ 的数值，在电路图中根本不做量纲标识。这些差异在软件的使用中一定要注意。

PSPICE 中共有 350 种符号，每种符号都有其特定的符号名，这些符号按照功能的不同，分门别类地存放在 8 个符号库中。这 8 个符号库分别如下所述：

（1）ABM.SLB：扩展元器件模型符号库。

（2）ANALOG.SLB：模拟电路元器件符号库。

（3）BREAKOUT.SLB：自定义模型元器件符号库。

（4）CONNECT.SLB：电路连接器符号库。

（5）EVAL.SLB：常用模/数电路元器件符号库。

（6）PORT.SLB：电路接口符号库。

（7）SOURCE.SLB：激励源符号库。

（8）SPECIAL.LIB：特殊用途符号库。

进行电路模拟时，凡是可以在这 8 个符号库中找到的符号，都可以直接从库中取出。由于所有电路图都可以引用这 8 个符号库中的符号，因此这 8 个符号库又称为全局符号库。

三、电路符号的属性、属性值和属性表

符号库中的每一种电路符号都是通过若干特性参数来模拟实际的电子元器件、I/O 端口或表示某种特殊标识的。这些特性参数从不同的侧面反映了电子元器件、I/O 端口或表示特殊标识的特性，统称为电路符号的属性，特性参数的值称为电路符号的属性值。电路符号的所有属性及其属性值均存放在其属性表中。图 6-6 中电阻 R1 的属性表如图 6-7 所示，电压源 V1 的属性表如图 6-8 所示。

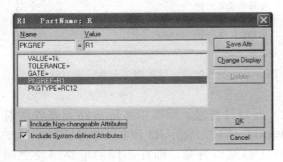
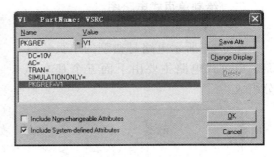

图 6-7 电阻 R1 的属性表　　　　　图 6-8 电压源 V1 的属性表

属性表是由若干属性项组成的，而属性项又是由属性和属性值组成的。图 6-8 中，DC＝10V 是电压源 V1 的一个属性项，其中 DC 为属性，10V 为其属性值。从这两个图中可以看出，不同的电路符号包含自身所特有的一些属性，同时又包含有一些共同属性。各种电路符号一般都包含以下几个共有的属性：

（1）PKGREF：符号的参考编号。

（2）PART：符号名。

（3）REFDES：由符号参数编号和符号封装决定的独特属性。

（4）TEMPLATE：包含符号创建时的各种信息，电路分析时对符号作识别和模拟。

电路图中通常不显示符号的所有属性，只显示出符号的部分属性，如符号的编号值及所代表的元器件的值。单击属性表中的"Changs Display"按钮可以改变该属性是否在电路图中显示。在属性表中，前面标有"＊"号的属性项，其属性值在 Schematics 中是不可见的。不同的电路符号从其外形及符号名加以区分，而同一种电路符号在电路图中主要通过不同的编号加以区分。

I/O 端口符号的属性指的是 I/O 端口的标号，导线及总线的属性指的是导线及总线的标号，导线不一定要有标号值，而总线及总线分支则必须定义标号值。

四、绘图方法

绘制一幅单页式电路图步骤如下：

（1）从符号库中提取元器件符号或 I/O 端口符号；

（2）摆放符号；

（3）连线；

（4）定义或修改元器件符号及属性；

（5）根据电路分析需要，在图中加入特殊用途符号和注释文字；

（6）命名存盘。

下面以图 6-6 电路为例，介绍单页式电路图的基本绘制方法。

（一）电路元件的选取

单击常用工具栏中的取元件按钮，打开符号提取对话框如图 6-9 所示。该对话框列出了全局符号库中的所有符号，可以在"Part Name"文本框中键入需要的元件符号名，对于不熟悉的元件也可以通过符号名列表的滚动条浏览，单击"<<Basic"按钮可以选择是否显示符号图形。

找到所需的电路符号后，单击该符号，则该符号的名称便显示在"Part Name"文本框中，同时"Description"文本框中出现一行文字，说明该符号的含义。单击"Place"按钮可将元件取出但不关闭符号提取对话框，单击"Place & close"按钮可将元件取出并关闭符号提取对话框，也可通过双击符号名列表中的某一符号名将其取出。

图 6-9 中电阻的符号名为 R，电压源的符号名为 VSRC，接地符号的符号名为 AGND。

注意：在任何电路图中都必须有接地符号，否则电路分析无法进行。接地符号有两种：模拟地 AGND 和实际地 EGND。绘图时可采用其中的任意一种。

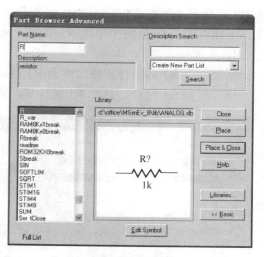

图 6-9　符号提取对话框

（二）元件的摆放

1. 电路符号的选择与调整

取出电路符号后，鼠标将自动指向符号的一个端子，连成电路后，这个端子代表符号的正节点，因此这个端子又称为符号的正端子。水平摆放符号时，通常使符号的正端子位于左侧，垂直摆放符号时，通常使符号的正端子在上。因此，在摆放符号前通常需要将符号旋转一个角度。"Ctrl+R"可以将符号逆时针旋转 90°。"Ctrl+F"可以将符号沿垂直方向对折。

2. 电路符号的摆放及调整

取出符号后，单击绘图工作区中的某一点，符号将沿该点摆放一次，鼠标恢复到摆放前的状态，可以继续摆放符号。

电路中有多个同种元件，可以单击鼠标多次，连续摆放。单击鼠标右键可以结束摆放操作。摆放好符号后，还可以重新调整符号的位置，或对其进行其他操作。单击某符号并拖动，可以将其移动到其他位置。如果要对符号进行拖动、删除、拷贝及旋转等操作，则先选中相应的符号，按住"Shift"键可同时选择多个符号，选中的符号为红色。

（三）元件的连线

按电路要求摆放好符号后，便可以在连接目标之间连线。连接目标为电路符号的端子或导线。PSPICE 有两种连线方式：水平和垂直折线连接、斜线连接。采用哪种方式连线取决于直角连线开关的设置情况。连线的方法如下：

（1）单击常用工具栏中的导线按钮，鼠标呈铅笔状。

（2）单击起点连接目标，将导线一端固定在该目标上，然后朝终点方向拖动。

（3）转折时，在转折点处单击鼠标，固定该条导线，然后朝终点方向拖动鼠标。

（4）到达终点时，单击终点连接目标，完成此次连接操作。鼠标仍呈铅笔状，可继续连接下一条导线。

（5）单击右键可以结束连线操作。

（四）元件属性值的修改

在电路各元件之间连线完成后，电路基本成型。但此时电路中各元件符号的属性值均为PSPICE 预定义的默认值，不能代表实际元器件，这就需要对符号的属性值进行修改或定义。下面以图 6-6 电路中电阻 R1 为例，介绍修改符号属性值的方法。

1. 方法一

利用电阻 R1 的属性表修改电阻 R1 的属性值，步骤如下：

（1）双击 R1 符号，打开 R1 属性表，如图 6-10 所示。

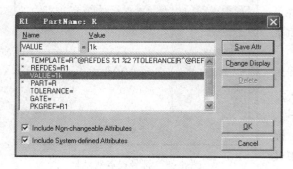

图 6-10　电阻 R1 的属性表

（2）单击属性项"VALUE＝1k"，使其高亮度显示，属性名 VALUE 和属性值 1k 分别出现在"Name"和"Value"文本框中。

（3）将"Value"文本框中的 1k 改为 100，并单击"Save Attr"按钮，保存新的属性。

（4）单击"OK"按钮确认退出。

2. 方法二

单独修改 R1 的各属性值，步骤如下：

（1）双击电阻 R1 的编号 R1，打开图 6-11 所示符号参考编号对话框。

（2）将对话框中的 R1 改为需要的编号，并按"OK"按钮。

（3）用同样的方法，双击电阻 R1 的阻值 1k，可以将阻值改为 100。

（4）用上述方法修改其他符号，修改后的电路如图 6-12 所示。

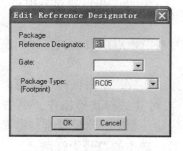

图 6-11　参考编号对话框

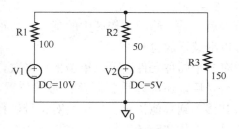

图 6-12　修改后的电路

在定义元件值时，可以不写单位。元件值既可以用一般的十进制数表示，也可以用科学记数法表示。为了简化元件值的表示方法，PSPICE 中还定义了一些特殊的符号作为比例因子，代表一定的数值大小，如 F＝1E－15，P＝1E－12，N＝1E－9，U＝1E－6，MIL＝25.4E－6，M＝1E－3，K＝1E3，MEG＝1E6，G＝1E9，T＝1E12。

这些符号大小写不限。输入元件值时，可以直接引用这些符号。比如，若电容的容量为

0.0001F，则可表示为 0.1mF。

五、电路常用元件及其属性

（一）互感（XFRM_LINEAR）

互感由两个电感线性耦合而成，如果已知两个相互耦合电感的感抗和耦合系数，可以确定一个互感。互感在 PSPICE 中用符号 XFRM_LINEAR 来表示，如图 6-13（a）所示，属性表如图 6-13（b）所示。

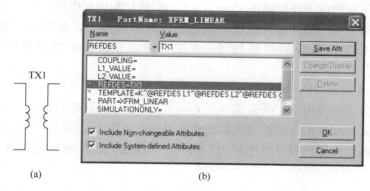

（a）　　　　　　　（b）

图 6-13　互感符号及属性表

（a）互感符号；（b）属性表

L1_VALUE 和 L2_VALUE 分别代表两个耦合电感的感抗，COUPLING 代表耦合系数，$-1 \leqslant \text{COUPLING} \leqslant 1$。COUPLING 取正值时，代表正向耦合器，反之代表反向耦合器。互感系数 M 的计算公式为

$$M = \text{COUPLING} \times \sqrt{\text{L1\_VALUE} \times \text{L2\_VALUE}}$$

（二）受控电源

1. 电压控制电压源（E，EPOLY）

电压控制电压源的输出为受控电压 $V_0 = f(V_i)$，其中 V_i 为控制电压，若 f 是线性函数，表示电压控制电压源是线性的。线性电压控制电压源的符号为 E，属性表中 GAIN 表示控制系数，GAIN 的值可以修改，$V_0 = \text{GAIN} \times V_i$。线性电压控制电压源的符号及属性表如图 6-14 所示。非线性电压控制电压源的符号用 EPOLY 表示。

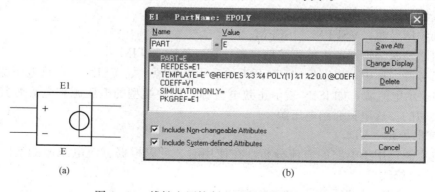

（a）　　　　　　　（b）

图 6-14　线性电压控制电压源的符号及属性表

（a）线性电压控制电压源的符号；（b）属性表

2. 电压控制电流源（G，GPOLY）

电压控制电流源的输出为受控电流 $I_0 = f(V_i)$，其中 V_i 为控制电压，若 f 是线性函数，表示电压控制电流源是线性的。线性电压控制电流源的符号为 G，属性表与电压控制电压源类似，线性电压控制电流源的符号如图 6-15 所示。非线性电压控制电流源的符号用 GPOLY 表示。

3. 电流控制电压源（H，HPOLY）

电流控制电压源的输出受控电压 $V_0 = f(I_i)$，其中 I_i 为控制电流，若 f 是线性函数，表示电流控制电压源是线性的。线性电流控制电压源的符号为 H，属性表与电压控制电压源类似，线性电流控制电压源的符号如图 6-16 所示。非线性电流控制电压源的符号用 HPOLY 表示。

4. 电流控制电流源（F，FPOLY）

电流控制电流源的输出受控电流 $I_0 = f(I_i)$，其中 I_i 为控制电流，若 f 是线性函数，表示电流控制电流源是线性的。线性电流控制电流源的符号为 F，属性表与电压控制电压源类似，线性电流控制电流源的符号如图 6-17 所示。非线性电流控制电流源的符号用 FPOLY 表示。

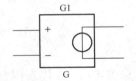　　　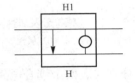　　　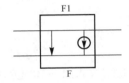

图 6-15　压控电流源的符号　　　图 6-16　流控电压源的符号　　　图 6-17　流控电流源的符号

（三）独立信号源

独立信号源包括电压源和电流源，根据产生的信号及应用的场合不同可分为：

(1) 直流信号源：VDC、IDC。

(2) 交流信号源：VAC、IAC。

(3) 通用信号源：VSRC、ISRC。

(4) 正弦信号源：VSIN、ISIN。

(5) 指数信号源：VEXP、IEXP。

(6) 脉冲信号源：VPULSE、IPULSE。

(7) 线性分段信号源：VPWL、IPWL。

(8) 调频信号源：VSFFM、ISFFM。

(9) 由激励源编辑器产生的正弦信号源：VSTIM、ISTIM。

上述信号源名称中，以字母"V"开头的表示电压源，如 VSIN 为正弦电压源；以字母"I"开头的表示电流源，如 ISIN 表示正弦电流源。同种类型的电压源和电流源其属性和使用方法是类似的。这里只介绍电压源。

1. 直流电压源（VDC）

直流电压源仅用于电路的直流分析。在使用时，可以根据直流电压源的实际电压值对 DC 属性值进行修改。

2. 交流电压源（VAC）

交流电压源主要用于电路的交流小信号分析，也可用于直流分析。PSPICE 在进行交流分析之前，首先计算电路的直流工作点，这就是属性表中 DC 的作用。在使用时，可根据交流电压源的实际取值，对交流电压的幅度 ACMAG 和相位 ACPHASE 进行设置。交流电压源的属性表如图 6-18 所示。

3. 通用电压源（VSRC）

通用电压源可用于电路的直流、交流和瞬态分析。根据不同的需要，分别设定 DC、AC 和 TRAN 的值。通用电压源的属性表如图 6-19 所示。

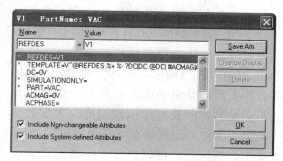
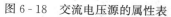
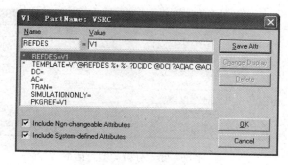

图 6-18　交流电压源的属性表　　　　　图 6-19　通用电压源的属性表

4. 正弦电压源（VSIN）

正弦电压源产生的激励信号是以指数形式衰减的正弦波，电压值计算式为

$$V(t) = VOFF + VAMPL \times e^{-DF(t-TD)} \times \sin[2\pi FREQ(t-TD) - PHASE]$$

式中：漂移电压 VOFF、峰值电压 VAMPL 和信号源频率 FREQ 的值必须由用户输入；衰减因子 DF、延迟时间 TD 和延迟相位 PHASE 可采用默认值。

这几个参数决定了正弦电压源的瞬态特性，主要用于电路的瞬态分析。

通过设定 DC 和 AC 的值，正弦电压源同样可用于直流分析和交流分析，这时同样需要设置 VOFF、VAMPL 和 FREQ 的参数值，否则 PSPICE 会出现错误提示，可以将这些参数值均设置为 0。

5. 脉冲电压源（VPULSE）

脉冲电压源常用来产生周期矩形脉冲信号、周期三角脉冲信号以及锯齿波等周期信号。无论脉冲电压源用于何种分析，用户都必须输入起始电压 V_1 和峰值电压 V_2 的值。延迟时间 TD 的默认值为 0，其他参数的值由 PSPICE 在瞬态分析中自动设定。

第三节　电路分析和性能测试

对电路的性能进行分析和测试，必须先指定分析类型，并定义相关的分析参数。在启动分析程序 PSPICE 后，才能对电路进行分析，并从分析结果中判断电路的性能。

一、电路分析类型

对电路进行分析和求解，PSPICE 有以下几种类型：

（1）直流工作点分析：Bias Point Detail。

（2）直流扫描分析：DC Sweep。

（3）直流灵敏度分析：Sensitivity。

（4）直流小信号传输函数：Transfer Function。

（5）交流扫描分析（包括噪声分析）：AC Sweep。

（6）瞬态分析（包括傅里叶分析）：Transient。

（7）参数扫描分析：Parametric。

（8）温度特性分析：Temperature。

（9）蒙特卡罗/最坏情况分析：Monte Carlo/Worst Case。

（10）数字电路分析：Digital Setup。

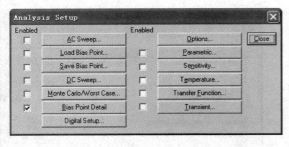

图 6 - 20　分析类型对话框

在 Schematics 环境中，选择"Analysis"⇒"Setup…"工具栏中相应的按钮，可以打开分析类型对话框，如图 6 - 20 所示。图中除"Digital Setup"命令外，其他分析类型都是由一个选择框和一个标有分析类型名称的长方形按钮组成。大多数分析类型名称后面都带有省略号"…"，表示单击该按钮后，可以打开下一级对话框设置具体的分析参数。

二、分析参数的设置

单击选中的分析类型按钮，可以打开分析参数设置对话框进行参数设置。

（一）直流工作点分析（Bias Point Detail）

直流工作点分析是 PSPICE 中的默认分析类型，在任何时候都处于选中状态，而且不需要设置分析参数。通过直流工作点分析，可以求出模拟电路中所有节点的直流电压值、所有电压源支路的电流值和功率损耗、所有非线性器件的线性化模型、数字节点的逻辑电平。所有这些信息都保存在相应电路的输出文件（＊.out）中。

（二）直流扫描分析（DC Sweep）

直流扫描分析是使电路中的扫描变量按一定方式变化，从而分析电路直流工作点的变化情况。单击"DC Sweep…"按钮，可以打开直流扫描分析参数表，进行参数设置。

扫描变量分为直流电压源（Voltage Source）、直流电流源（Current Source）、温度（Temperature）、模型参数（Model Parameter）和全局参数（Global Parameter）五种情况。全局参数指的是用符号 PARAM 定义的参数。

扫描方式分为线性扫描（Linear）、八分贝扫描（Octave）、十分贝扫描（De - cade）和取值表扫描（Value List）四种情况。

通过单击直流扫描分析参数表中的扫描变量和扫描方式旁的圆形按钮，可进行选择。选择不同的扫描变量和扫描方式，参数表中不同的选择项被激活。

直流扫描分析还可以嵌套，可以对两个不同的扫描变量进行两种不同方式的扫描，其中的一个变量为主扫描变量，另一个变量为嵌套扫描变量。对于主扫描变量的每一次取值，嵌套扫描变量都在自己的扫描范围内变化一次。

（三）交流扫描分析（AC Sweep）

交流扫描分析包括交流频率扫描分析和噪声分析，单击分析类型对话框中的"AC Sweep…"按钮，可以打开交流扫描分析参数表。

交流频率扫描分析用来分析电路的频率特性，包括输出变量的幅频响应特性和相频响应特性，所有变量都被当作复变量。在进行交流频率扫描分析时，电路中的所有交流信号源的频率都按一定方式变化。

频率变化方式分为三种：线性、八分贝扫描和十分贝扫描，单击交流扫描分析参数表中扫描方式旁的单选按钮可进行选择。

采用线性扫描时，频率初值（Start Freq.）和终值（End Freq.）之间，按取样点数（Total Pts.）被等间隔地划分成若干个频段。

噪声分析用来计算电路中的噪声源所产生的噪声大小。噪声源主要是电阻和半导体器件。噪声的大小是通过电路输出节点的噪声电压 V（ONOISE）、输入电压源处的等效输入噪声电压 V（INOISE）或输入电流源处的等效输入噪声电流 I（INOISE）来反映的。由于噪声的大小与频率有关，所以噪声分析包含在交流扫描分析中，必须先定义交流频率扫描分析的参数，才能进行噪声分析。

噪声分析时，在每一个频率取样点处都将计算所有噪声源所产生的噪声电压值，这些噪声电压值传送到输出节点后，经均方根相加就得到 V（ONOISE）；再根据输入信号源到输出节点的电压增益或电流增益，将 V（ONOISE）折算到输入电压源或电流源处，得到 V（INOISE）或（INOISE）。分析完毕，在所有频率取样点处计算出来的各噪声源所产生的噪声电压值 V（ONOISE）、V（INOISE）或噪声电流值 I（INOISE）等噪声分析记录，全部保存在电路输出文件（＊.out）中。

（四）瞬态分析（Transient）

瞬态分析包括时域特性分析和傅里叶分析。单击分析类型对话框中的"Transient…"按钮，可以打开瞬态分析参数表。

瞬态分析的对象是动态电路。动态电路的输出信号不仅与输入信号有关，还与电路的初始状态有关。在 PSPICE 中，电感元件符号的 IC 属性表示流经电感的初始电流，电容元件的 IC 属性表示电容两端的初始电压。

在对动态电路进行时域特性分析时，电感的初始电流和电容的初始电压将影响到电路的直流工作点和非线性器件的小信号参数计算。在默认状态下，PSPICE 自动地利用电感或电容的初始条件计算电路的直流工作点及非线性器件的小信号参数，瞬态分析参数表中的"Skip initial transient solution"项，处于未选中状态。

傅里叶分析用来分析电路的频域特性。打开傅里叶分析开关，即选中"Enable Fourier"，才能对电路输出变量进行频谱分析。傅里叶分析以基频（Center Frequency）为中心，对电路输出变量（Output Vars.）进行谐波分析，求出输出变量的各次谐波的幅值和相位、归一化幅值和归一化相位以及总的谐波失真，分析结果保存在电路的输出文件（＊.out）中。

傅里叶分析可以同时对多个输出变量进行谐波分析，变量之间用空格进行分隔。谐波分解的次数（Number of harmonics）最多为 9 次，如果傅里叶分析的基频为 F，则瞬态分析时间最短为 $1/F$。

（五）启动分析

设置好电路分析所需的各种参数后，便可以启动分析程序 PSpice 对电路进行分析。选择"Analysis"⇒"Simulate"，也可单击常用工具栏中相应的按钮或按热键 F11 启动PSpice。

在分析过程中，会显示出 PSpice 程序的运行窗口，窗口中会显示正在分析的电路图的文件名、分析运行状态及分析起止时间等信息。

如果 PSpice 在电路分析中发现错误，会在运行中用红色的文字加以显示，提示用户在电路输出文件中查看错误原因。选择"Analysis"⇒"Examine Output"可查看错误原因。若在"Analysis"⇒"Probe Setup…"中选定"Automatically Run Probe After Simulation"，在分析没有错误后，将自动进入 Probe 图形处理模块，显示波形。

下面仍以图 6-6 所示的电路，说明如何设定电路分析参数。

假设图 6-6 所示的电路中的负载电阻 R_L 的阻值以 10Ω 为间隔，从 1Ω 线性增大到 $1k\Omega$ 时，分析电阻 R_L 上的电压变化情况。

本实验是以电阻 R_L 的阻值为扫描变量的例子，电阻的阻值必须用符号 PARAM 定义为全局变量。图 6-21 所示 PARAM 的属性表中，代表电阻 R_L 阻值的变量名 var 定义为 PARAM 的一个参数名，阻值定义为 1k 的参数值（必须定义参数值）。一个 PARAM 符号最多可以定义三个全局参数。

首先在 Schematics 中绘制电路图，定义各符号的参数后，最终的电路如图 6-22 所示。电路中，电阻 R_L 的阻值是变化的，因此，用一变量名 var 来表示，注意要加大括号。定义分析类型为直流分析，扫描变量为全局参数 var，参数设置方法如图 6-23 所示。

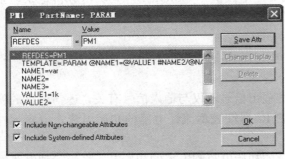

图 6-21　PRARAM 符号属性表　　　　　　　图 6-22　Schematics 中的电路

启动分析程序，对电阻取不同阻值时的电路进行分析。分析结束后自动进入 Probe 窗口显示分析结果，如图 6-24 所示。

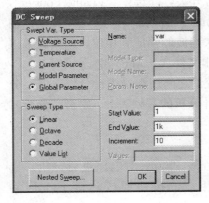
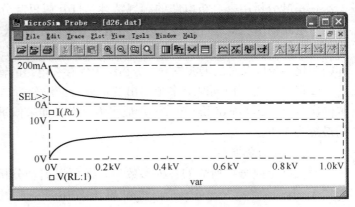

图 6-23　分析参数设置对话框　　　　　图 6-24　Probe 窗口显示的负载电压、电流分析结果

第四节　电路仿真实验举例

一、实验目的

（1）学习利用 PSPICE 软件绘制电路图，初步掌握符号参数、分析类型的设置，学习 Probe 窗口的简单设置。

（2）加深对戴维南定理和诺顿定理的理解。

二、原理与说明

戴维南定理指出：任何一个线性有源一端口网络，对外电路而言，可用一个理想电压源与电阻的串联支路来代替。其理想电压源的电压等于线性有源一端口网络的开路电压 V_{oc}，其电阻等于线性有源一端口网络中所有独立电源为零值时的入端电阻 R_i。

诺顿定理是戴维南定理的对偶形式。诺顿定理指出：任何一个线性有源一端口网络，对外电路而言，可用一个理想电流源和电阻并联的电路来代替。其电流源的电流等于线性有源一端口网络的短路电流 I_{sc}，其电阻等于线性有源一端口网络中所有独立电源为零值时的入端电阻 R_i。

有源一端口网络等效内阻 R_i 的测量方法，最简便的是开路、短路实验法。由戴维南、诺顿定理可知 $R_i = V_{oc}/I_{sc}$。因此只要直接测出线性有源一端口网络的开路电压 V_{oc} 和短路电流 I_{sc}，R_i 即可得出。

三、实验任务

（1）测量图 6-25 所示的有源一端口网络的等效输入电阻 R_i 和对外电路的伏安特性。其中 $V_{s1} = 100\text{V}$，$V_{s2} = 10\text{V}$，$R_1 = 60\Omega$，$R_2 = 30\Omega$。

（2）测量图 6-25 所示的有源一端口网络的开路电压 U_{oc}、等效输入电阻 R_i，组成戴维南等效电路，测量其对外电路的伏安特性。

（3）测量图 6-25 所示的有源一端口网络的短路电流 I_{sc}，等效输入电导 G_i，组成诺顿等效电路，测量其对外电路的伏安特性。

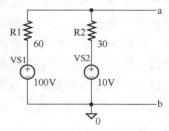

图 6-25　线性有源一端口网络

四、实验步骤

（1）绘制电路如图 6-26 所示。为测量网络的伏安特性，在输出原端口 a、b 处加一负载电阻 RL，测量其伏安特性时 RL 为变量，因此在 PARAM 中定义一全局变量 var，其参数值为 1k，并定义 RL 的阻值为变量{var}。

（2）为测电路的开路电压 V_{oc} 及短路电流 I_{sc}，设定分析类型为 DC Sweep，扫描变量为全局变量 var，线性扫描的起点为 1P，终点为 1G，步长为 1MEG，如图 6-27 所示。因需要测短路电流，故起点电阻要尽量小，但不能是 0。欲测开路电压，终点电阻要尽量大，此时不需要中间数据，为了缩短分析时间，步长可以设置大一些。

（3）电路启动分析后，系统进入 Probe 窗口。选择 "Plot" ⇒ "Add Plot" 增加一坐标轴，选择 "Trace" ⇒

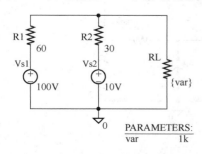

图 6-26　PSPICE 中绘制的电路图

"Add…" 分别在两轴上加 I（RL）和 V（RL：1）变量。激活显示电流的坐标轴，选择 "Tools" $\Rightarrow$ "Cursor" $\Rightarrow$ "Display" 显示电流的坐标值列表，选择 "Tools" $\Rightarrow$ "Cursor" $\Rightarrow$ "Max" 显示电流的最大值。测得 I（RL）最大值即短路电流 $I_{sc}=2A$，测得 V（RL：1）最大值即 V_{oc} 为 40V，则输入电阻 $R_i=40/2=20\Omega$，如图 6-28 所示。

图 6-27 设置分析参数

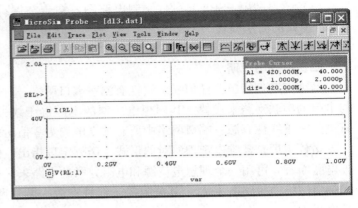

图 6-28 Probe 窗口

第五节 应用 PSPICE 软件的电路分析

一、直流电路分析和直流扫描分析

在电路分析时，可以根据电路的结构及其参数，直观地用支路电流法、节点电压法和回路电流法列写电路方程，求解电路中各个电压和电流。PSPICE 软件则是采用节点电压法对电路进行分析的。

使用 PSPICE 软件对电路进行分析时，要在 Schematics 环境下编辑电路，用 PSPICE 软件的元件符号库绘制电路图并进行编辑、存盘，然后调用分析模块、选择分析类型，软件就可以对电路进行分析了。由于 PSPICE 软件是采用节点电压法分析电路的，因此，在绘制电路图时，一定要有接地点。此外，要注意支路的参考方向，对于二端元件参考方向定义为正端子指向负端子。

为了说明使用 PSPICE 软件进行电路分析的步骤，这里以图 6-29（a）所示的直流电路为例，进行直流电路工作点分析，即求各节点电压。

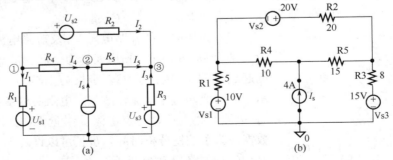

图 6-29 直流电路分析

（a）通常的实验电路；（b）Schematics 环境下的实验电路

在 PSPICE 软件的 Schematics 环境下编辑电路，应包括取元件、连线、输入参数和设置参考节点。在编辑电路时，必须在参考节点上设置接地符号，表示该点电位为零。在 Schematics 环境下编辑的电路如图 6-29（b）所示。Schematics 环境下编辑的电路与电路教科书中的电路元件符号类似，但不完全相同。

单击"Analysis"⇒"Electrical Rule Check"，对已编辑的电路做"电学规则"检查。常见的错误有：元件名称属性错误或重复定义、元件放置方向错误、无参考节点、有多余的连线等。若已编辑的电路存在"电学规则"错误，在屏幕上会显示错误信息，并显示"ERC errors——netlist not create"，说明发生"电学规则"错误，不能创建电路的连接网表。这时，必须按提示错误的性质来修改电路，重新存盘，再进行"电路规则"检查，如果没有错误，就可以进行电路分析了。

直流电路分析，即求各节点的电压，其仿真分析的步骤如下：

（1）单击"Analysis"⇒"Setup"，打开分析类型对话框，建立分析类型，对直流电路的工作点分析要选择"Bias Point Detail"。

（2）单击"Analysis"⇒"Simulate"，运行 PSPICE 的仿真计算程序，运行结果如图 6-30 所示。图中标明了图 6-29（a）电路中各节点电压值。

二、正弦稳态电路的频率特性分析

学习利用 PSPICE 软件进行正弦电路的稳态分析和正弦稳态电路的交流扫描分析。

正弦交流电路的稳态分析，应用相量方法依据支路电流法、节点电压法、回路电流法列写电路方程，求解电路中各个电压和电流的有效值和初相位。PSPICE 软件是用相量形式的节点电压法对正弦稳态电路进行分析的。

利用 PSPICE 软件对正弦交流电路进行稳态分析时，应注意的问题与直流电路分析类似，不再重复。

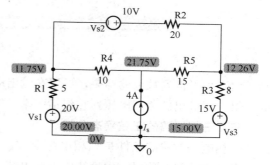

图 6-30　直流电路分析的各节点电压

以图 6-31（a）所示的正弦交流电路为例，进行正弦稳态电路的频率特性分析，其中正弦交流电源 u_s 的频率范围为 1～150Hz，有效值为 1V。

（1）在 Schematics 环境下编辑电路，如图 6-31（b）所示。

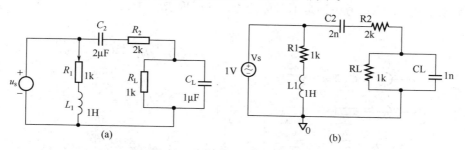

（a）

（b）

图 6-31　频率特性分析的例子

（a）交流电路；（b）Schematics 环境下编辑的交流电路

（2）单击"Analysis"⇒"Setup"，打开分析类型对话框。选择"AC Sweep…"，单击该按钮，打开下一级对话框交流扫描分析参数表，设置分析参数。本例的设置为：

"AC Sweep Type" 选择 "Linear"；

"Sweep Parameters" 设置为 "Total Pts." （扫描点数）输入 "75"，"Start Freq." （起始频率）输入 "1"，"End Freq." （终止频率）输入 "150"。

（3）单击 "Analysis" ⇒ "Simulate"，运行 PSPICE 的仿真计算程序，可以得到交流扫描分析的结果如图 6-32 所示。由该曲线可以求出在频率为 79.527Hz 时，负载获得最大电压，电压的有效值为 285.712mV。

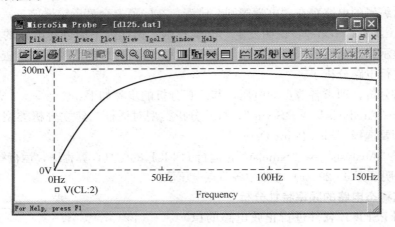

图 6-32　负载电压的幅频特性

（4）为了得到数值的结果，可以在输出端设置负载电压、打印机标识符，得到仿真计算的结果，即输出的负载电压，它包括频率、振幅、初相角、实部和虚部。

三、三相电路的正弦稳态分析

三相电路对称的条件是三相电源对称、三相负载相等、电源和负载之间的连接线路相同。在三相电路对称时，中性线中没有电流，因此可以省去。但是，由于三相负载不相等所引起的三相电路不对称，则中性线必须存在，且要确保它不能断开。这里以图 6-33（a）所示电路为例来分析三相电路中性线的作用。

图 6-33（a）所示的三相电路的三相电源是对称的，电源的频率为 50Hz，电源和负载间的连接线路相同，假设线路电阻为 2Ω。三相负载则分为两种情况：一种是对称情况，此时取负载电阻为 24.2Ω；另一种是不对称情况，此时取 $R_6 = 1\Omega$。

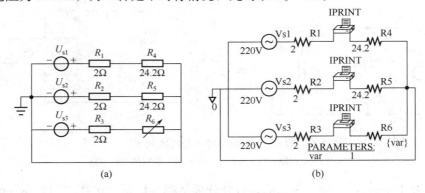

(a)　　　　　　　　　　　　　　(b)

图 6-33　三相电路的例子

（a）三相电路；（b）Schematics 环境下编辑的三相电路

（1）在 Schematics 环境下编辑的电路如图 6-33（b）所示。其中 R6 为可变电阻，其设置的方法是先在元件符号库中取出"PARAM"放置在 R6 附近，然后再单击 PARAM 以设置其参数。对称时设置为 NAME1＝var，VALUE1＝24.2；不对称时设置为 NAME1＝var，VALUE1＝1，其余项可以默认，PARAM 的符号属性设置如图 6-34 所示。

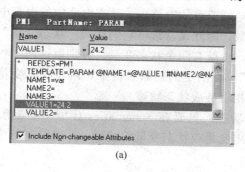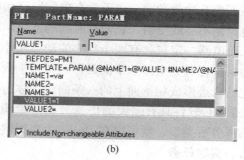

(a)　　　　　　　　　　　　(b)

图 6-34　PARAM 的符号属性设置
（a）负载对称时 $R_6＝24.2\Omega$；（b）负载不对称时 $R_6＝1\Omega$

（2）单击"Analysis"⇒"Setup"，打开分析类型对话框。单击"AC Sweep…"按钮后，可以打开下一级对话框即交流扫描分析参数表，设置分析参数。对于图 6-33（a）电路的例子，设置为：

"AC Sweep Type"选择"Linear"；

"Sweep Parameters"设置为"Total Pts."（扫描点数）输入"1"，"Start Freq."（起始频率）输入"5"，"End Freq."（终止频率）也输入"5"。

（3）单击"Analysis"⇒"Simulate"，运行 PSPICE 的仿真计算程序，就可以得到交流扫描分析的结果波形。

（4）为了得到数值的结果，可以在电路中分别设置电流打印机标识符，如图 6-33（b）所示。

第六节　二阶电路的仿真实验

一、实验目的

（1）进一步熟悉 PSPICE 软件的使用方法，即绘制电路图、符号参数和分析类型的设置、Probe 窗口的设置等。

（2）用 PSPICE 软件对一般二阶电路进行仿真，加深对二阶电路动态过程的理解。

（3）了解相平面图的绘制方法，并以相平面图为依据判断二阶电路动态过程。

二、原理与说明

RLC 串联电路的动态过程分析，其电路的数学模型为二阶微分方程

$$LC\frac{d^2 u_C(t)}{dt^2}+RC\frac{du_C(t)}{dt}+u_C(t)=u_s(t)$$

由微分方程理论可知，一般线性常系数微分方程的通解为

$$u_C(t)=原方程的一个特解＋齐次方程的通解$$

对于一般的二阶电路，齐次方程的通解包含有非振荡衰减、非振荡临界和振荡衰减三种情

况。代入电路的初始条件 $u_C(0_+)$ 和 $i_L(0_+)$，就可以求得上述的二阶微分方程的解。

RLC 串联电路的动态过程，其响应与参数之间有一定的关系，响应有以下三种形式：非振荡衰减动态过程（过阻尼）、非振荡临界动态过程（临界阻尼）和振荡衰减动态过程（欠阻尼）。

在不含有冲激激励、也不含有电容回路和电感节点的电路中，动态电路中的电容电压和电感电流是不会跃变的，它们是时间的连续函数，因此又常常将它们作为"状态变量"来处理。二阶电路一定包含有两个独立的动态元件，也就有两个状态变量，分别以这两个状态变量作为横坐标和纵坐标的平面常称为"相平面"。在给定的初始条件下，两个状态变量随时间变化的轨迹形成相平面上的一条曲线，称为相轨迹或状态轨迹。

PSPICE 软件具有强大的仿真分析和绘图功能，只要在 Schematics 环境下绘制编辑电路、选择分析类型，就可以在 Probe 中观测输出变量或状态变量的波形，并可以进行测量。

三、实验任务

（一）仿真实验的要求

试用 PSPICE 软件分析图 6-35（a）所示的 RLC 串联电路，要求如下：

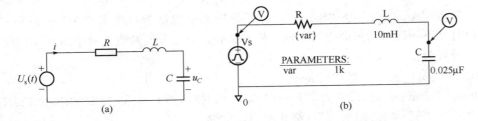

图 6-35　二阶电路的例子

(a) RLC 串联二阶电路；(b) Schematics 环境下绘制的二阶电路

（1）观察 RLC 串联电路的方波响应，实验电路参数为：$f=1\text{kH}$，$R=5\text{k}\Omega$，$L=10\text{mH}$，$C=0.025\mu\text{F}$。改变电阻 R 值，观察电路在欠阻尼、过阻尼和临界阻尼时，$u_C(t)$ 波形的变化，大致找出临界阻尼时的电阻值。

（2）测出欠阻尼情况下的振荡周期 T 和电容两端相邻的两个峰值电压 u_{C1m}、u_{C2m}，计算出此时的振荡周期 ω 和衰减常数 δ，并与电路实际参数比较。

（3）画出欠阻尼、过阻尼和临界阻尼三种情况的状态轨迹。

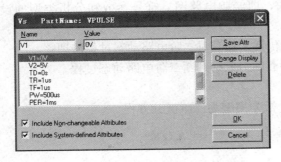

图 6-36　脉冲型电压源的参数设置

（二）仿真实验的步骤

（1）绘制如图 6-35（b）所示的电路并设置参数，设定文件名并存盘。为了观察 u_s 和 $u_C(t)$ 波形的数值，选择"Markers"⇒"Mark Voltage/Level"，取出电压输出标识，如图 6-35（b）电路所示。信号源 u_s 采用 VPULSE 脉冲型电压源，该电压源的参数意义及设置如图 6-36 所示。

（2）分析类型选"Transient"（瞬时分析）和"Parametric"（参数扫描分析），瞬时分析的参数设置如图 6-37 所示。

　　参数扫描分析通常与其他分析类型如直流分析、交流分析和瞬态分析等配合使用。参数扫描分析可以使电路中的某一元件的值按一定方式变化，目的是分析电路参数发生变化时，输出特性曲线或特性参数如何变化。参数扫描分析的参数表与直流扫描分析的参数表基本类似，各参数的含义也与直流扫描分析相同。参数扫描分析的参数设置如图 6-38 所示，其中的扫描变量类型选"Global parameter"（全局变量）、选择扫描类型为"Linear"（线性扫描），通过设定"Start Value"（初值）、"End Value"（终值）和"Increment"（步长），取不同的电阻值，观察该二阶电路在无阻尼、欠阻尼、过阻尼和临界阻尼状态下响应的各种波形。

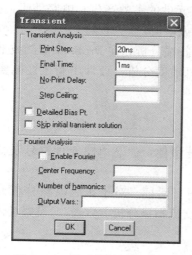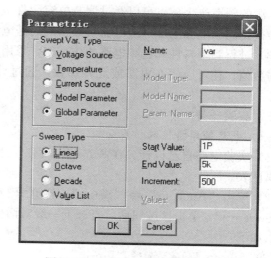

图 6-37　瞬时分析的参数设置　　　　　　图 6-38　参数扫描分析的参数设置

　　（3）启动分析后，在 Probe 窗口观察波形，并按实验要求，求出振荡周期 T 和 u_{C1m}、u_{C2m}，振荡周期 ω 和衰减常数 δ。

　　观察状态轨迹时，电路中应去掉指向 u_s 的电压观测标识。参数扫描分析中扫描变量类型仍选"Global parameter"（全局变量），扫描类型选择"Value List"（定值），取不同的电阻值，观察过阻尼、欠阻尼和临界阻尼三种情况下的状态轨迹，此时应选 I（L）作 X 轴。

四、实验要求

　　（1）复习 PSPICE 软件的有关内容。

　　（2）按本次实验要求，设计使用 PSPICE 软件的操作步骤。

　　（3）对实验所用的电路作理论分析计算，用以检验 PSPICE 软件仿真计算的结果。

　　（4）在实验任务中，若 $u_s(t)=0, u_C(t)=1V$，分析状态轨迹随电阻变化的规律，从状态轨迹判断电路是过阻尼还是欠阻尼工作状态。

第七节　电路的频率特性和选频电路的仿真实验

一、实验目的

　　（1）掌握使用 PSPICE 软件仿真分析电路的频率特性。

　　（2）掌握使用 PSPICE 软件进行电路的谐振分析方法。

（3）了解耦合谐振的电路特点。

二、原理与说明

（1）在用相量法作电路的正弦稳态分析时，元件用复阻抗 Z 表示，复阻抗 Z 不仅与元件参数有关，还与电源的频率有关。电路的电压、电流不仅与电源的有效值有关，还与电源的频率有关。输出电压、电流的傅氏变换与输入电压源、电流源的傅氏变换之比称为电路的频率特性。

（2）在正弦稳态电路中，对于含有电感 L 和电容 C 的无源一端口网络，若端口电压和端口电流同相位，则称该网络发生了谐振，无源一端口网络称为谐振网络。谐振既可以通过调节电源的频率产生，也可以通过调节电容元件或电感元件的参数产生，电路处于谐振时，局部会得到高于电源电压（或电流）数倍的局部电压（或电流）。

（3）进行频率特性和选频电路的仿真时，采用交流扫描分析，在 Probe 中观测波形，测量所需数值；还可以改变电路或元件参数，通过计算机辅助分析，设计出满足性能要求的电路。

三、实验任务

（一）电路频率特性的仿真分析

（1）实验电路自己设计，在 Schematics 环境下创建电路，注意电路元件符号及其属性值、属性表。

（2）单击"Analysis"⇒"Setup"，打开分析类型对话框。对于正弦电路分析要选择"AC Sweep…"，单击该按钮后，打开下一级对话框"交流扫描分析参数表"。设置具体的分析参数如下：

"AC Sweep Type"选择"Linear"；

"Sweep Parameters"下的"Total Pts."、"Start Freq."、"End Freq."根据情况具体设置。

因为频率特性就是要研究输入与输出和电源频率的关系，因此扫描参数的设置要多次反复设定和运行比较，才能寻找到最佳输出波形。

（3）单击"Analysis"⇒"Simulate"，运行 PSPICE 的仿真计算程序，可以得到交流扫描分析的结果波形。

（4）为了得到数值结果，可以在 Probe 窗口中选择"Tools"⇒"Cursor"⇒"Display"，以显示"十字交叉点"所在位置的坐标数据；还可以选择"Tools"⇒"Label"，打开标注工具子菜单，单击其中的所需菜单项，可取出所需的标注工具，例如标注最大值、最小值等。

（二）电路谐振的研究

（1）在 Schematics 环境下编辑电路。

（2）通过调节电源的频率产生谐振。单击"Analysis"⇒"Setup"，打开分析类型对话框。单击"AC Sweep…"，打开下一级对话框"交流扫描分析参数表"，设置为：

"AC Sweep Type"选择"Linear"；

"Sweep Parameters"下的"Total Pts."、"Start Freq."、"End Freq."根据情况具体设置。

因为要调节电源的频率发生谐振，因此扫描参数的设置要多次反复调整和运行，使电路发生谐振，才能获得谐振波形。

（3）单击"Analysis"⇒"Simulate"，运行 PSPICE 的仿真计算程序，可以得到分析结果的谐振波形。

（4）为了得到结果，同样可以在 Probe 窗口中，选择"Tools"⇒"Cursor"⇒"Display"，显示波形；也可以选择"Tools"⇒"Label"，使用标注工具，显示所需数据。

（5）也可以通过调节电容元件或电感元件的参数产生谐振，此时上述步骤的（1）、（3）、（4）均相同，步骤（2）的设置为：

"Sweep Type"选择"Liner"；

"Sweep Parameters"下的"Totd Pts."设置为"1""Start Freq."和"End Freq."都设置为电源频率 f，例如 50Hz。然后单击"Parametric…"按钮，打开下一级对话框"参数扫描参数表"，设置为：

"Swept Var. Type"选择"Global Parameter"；

"Sweep Type"选择"Liner"；

"NAME"设置为"var"，"Start Value""End Value"和"Increment"分别设置为变量的初值、终值和步长。

返回 Schematics 环境，将电容元件或电感元件的参数值设置为"{var}"。

在元件符号库中取出"PARAM"放置在电路附近，单击 PARAM，弹出其符号属性表，设置 NAME1＝var，VALUE1 等于某一个值，例如 $1\mu F$。

四、实验要求

（1）复习 PSPICE 软件的有关内容，总结正弦稳态电路分析时的操作步骤和方法。

（2）按本次实验要求，设计使用 PSPICE 软件的操作步骤。

（3）对本次实验电路预先作理论分析计算，将有利于谐振频率的确定。

（4）分析 RLC 串联电路发生谐振的条件，谐振时参数之间的基本关系。

第八节　负阻抗变换器电路的仿真实验（综合性实验）

一、实验目的

（1）掌握使用 PSPICE 软件进行电路的设计，培养用仿真软件设计、调试电路的能力。

（2）使用 PSPICE 软件进行负阻抗变换器的辅助设计。

（3）分析负阻抗变换器的输入阻抗和其负载阻抗的关系，了解用间接测量的方法测量负阻抗变换器的参数。

（4）加深对负阻抗变换器的理解，熟悉和掌握负阻抗变换器的基本应用。

二、原理与说明

负阻抗变换器（NIC）是一个有源二端口元件，一般用运算放大器组成，可分为电压反相型和电流反相型两种类型。

当负阻抗变换器的负载阻抗为 Z_L 时，从其输入端看进去的输入阻抗 Z_{in} 为负载阻抗的负值，即 $Z_{in}＝-Z_L$。

三、实验任务

（一）负阻抗变换器的电路设计

选用图 4-93 所示的电路。

（1）选择 $Z_L = R = 1k\Omega$，用 PSPICE 软件仿真分析，求出其输入阻抗 Z_{in}。

（2）选择频率为 100Hz 的正弦电源，其有效值可以自己选定，$R = 10\Omega$，$Z_L = (5 - j5)$ Ω，用 PSPICE 软件仿真分析，求出其输入阻抗 Z_{in}。

（3）选择正弦电源的频率 $f = 1000Hz$，$R = 100\Omega$，$Z_L = (3 + j4)\Omega$，用 PSPICE 软件仿真分析，求出其输入阻抗 Z_{in}。

（二）用负阻抗变换器仿真负电阻

用图 4 - 93 所示的负阻抗变换器电路实现一个等效负电阻。

（1）选择元件参数，用"Bias Point Detail"仿真分析该电路，求出该电路的节点电压和元件电流。

（2）从结果分析等效负电阻元件伏安特性，观察是否满足负电阻特性。

（3）设电源电压为扫描变量，用"DC Sweep…"仿真分析该电路，在 Probe 中观测用负阻抗变换器仿真的"负电阻"的电压和电流曲线，并确定两者之间的函数关系。

（三）用负阻抗变换器仿真电感

用图 4 - 93 所示的负阻抗变换器电路实现一个等效电感，将其与 R、C 元件串联，组成 RLC 串联电路。

（1）选择元件参数，用"AC Sweep…"仿真分析该电路，确定其谐振频率。

（2）将电阻设为扫描变量，并定义为 var，再仿真分析该电路，确定电阻为何值时发生串联谐振。

四、实验要求

（1）阅读原理与说明，设计实验中所用的相关电路和元件参数。

（2）预先设计好实验的电路，并确定用 PSPICE 进行仿真分析和设计的步骤和方法。

（3）分析理论和仿真分析结果之间的误差及产生的原因，寻找进一步改进的办法。

（4）思考负阻抗变换器的"负阻抗"特性有哪些应用。

（5）思考是否可以采用其他的电路制作负阻抗变换器。

第九节　回转器电路的设计仿真实验（设计性实验）

一、实验目的

（1）进一步熟悉使用 PSPICE 软件进行电路的计算机辅助设计。

（2）掌握使用 PSPICE 进行回转器的辅助设计。

（3）掌握使用间接测量的方法测量回转器的回转系数。

（4）加深对回转器的理解，熟悉和掌握回转器的基本应用。

二、原理与说明

回转器是一个二端口元件，一般用运算放大器组成，图形符号如图 4 - 88 所示。

回转器具有"回转"阻抗的功能，如果在回转器的输出端 $2 - 2'$ 接上负载阻抗 Z_L，如图 4 - 89 所示，回转器的输入端 $1 - 1'$ 的等效阻抗 Z_{in} 由其伏安特性推导可得

$$Z_{in} = r^2 / Z_L$$

（1）当 $Z_L = R_L$ 时，$Z_{in} = r^2 / R_L$ 为纯电阻，回转器的回转电阻为 $r = \sqrt{Z_{in}R_L}$。

（2）当 Z_L 为电容元件时，$Z_L = -j1/\omega C$，输入阻抗为

$$Z_{in} = \frac{r^2}{-j1/\omega C} = j\omega C r^2 = j\omega L_{eq}$$

式中：Z_{in} 为纯电感；等效电感 $L_{eq} = r^2 C$。

回转器可以将电容"回转"成为电感的这一特性非常有用，可以实现用集成电路制作电感。

（3）当 Z_L 为电感元件时，回转器同样可以将电感"回转"为电容。

三、实验任务

（一）回转器的电路设计

回转器的设计实现电路如图 4 - 98 所示。可以看出，该回转器电路是由两个负阻抗变换器电路组成的。因此，用类似的负阻抗变换器分析方法，可以推导出电路的回转电阻 $r = R$。

（1）取 $R_0 = R = Z_L = 1k\Omega$，用 PSPICE 软件仿真分析，求出其回转电阻 r。

（2）取 $R_0 = R = 100\Omega$，任意选择 Z_L 的值，用 PSPICE 软件分析，求出其回转电阻 r。

（二）用回转器实现电感

（1）取 $R = 100\Omega$，$Z_L = (-j5)\Omega$，频率 $f = 100Hz$ 的正弦波信号为回转器的输入端的输入信号；用 PSPICE 软件仿真分析，求出其输入阻抗 Z_{in}。

（2）用正弦波电压信号做回转器的输入电源，$f = 1000Hz$，$R_0 = R = 100\Omega$，负载阻抗 Z_L 用 300Ω 电阻和 $1\mu F$ 电容相串联；用 PSPICE 软件仿真分析，在电路的输入端设置"电流打印机标识符"，输出 1—1' 端口的电流相量；求出输入阻抗 Z_{in}，判断其性质。

（3）试设计一个 RLC 串联电路，其中的电感是用回转器将电容"回转"为电感的。用 PSPICE 软件对所设计的电路进行"AC Sweep…"分析，研究该电路的频率特性，并确定电路的谐振频率。

四、实验要求

（1）阅读 PSPICE 软件的相关内容和实验原理与说明，完成回转器电路的辅助设计任务。

（2）画出仿真分析和设计所需的具体电路、元件和参数。

（3）拟定本仿真分析和设计实验的步骤及需要采集的数据。

（4）研究理论与仿真分析和设计结果之间的误差及产生的原因，寻找改进的方法。

（5）思考能否用 PSPICE 软件的扫描分析方法，确定图 4 - 98 所示回转器的回转电阻 r 与图中的电阻 R_0 或电阻 R 的关系，试拟定操作步骤并进行仿真。

本　章　小　结

（1）PSPICE 软件是面向 PC 机的通用电路仿真软件。它不仅可以计算模拟电路的直流工作点、增益、频率特性等，还可以仿真数字电路的逻辑功能，更为突出的是它还拥有傅里叶分析、蒙特卡罗分析、最坏情况分析等特殊功能。

（2）PSPICE 软件提供了电路设计过程中所需要的各种元器件符号和绘图手段，可以直接在 PSPICE 软件的编辑器中设计电路图。利用 PSPICE 软件的电路分析功能，可以测试电路的各项性能指标，测试电路在高温、高压等极端条件下的承受能力。利用 PSPICE 软件中提供的各种观测标识符，可以观测电路图中任意点、任何变量以及各种函数表达式的波形和数据。

（3）使用 PSPICE 软件对电路进行分析时，要在 Schematics 环境下编辑电路，用 PSPICE 软件的元件符号库绘制电路图并进行编辑、存盘；然后调用分析模块、选择分析类型，软件就可以对电路进行分析了。

习　题

6-1　利用 PSPICE 软件做电路仿真实验与传统实验方式相比，有哪些显著的特点？

6-2　PSPICE 软件对运行环境有哪些基本要求？

6-3　试叙述用 PSPICE 软件创建一个电路的操作过程。

6-4　试叙述如何修改元件的属性表。

6-5　总结连接电路和测量电压、电流的操作过程。

6-6　总结节点法的实验步骤与操作，并说明节点电位是如何测量出来的。

6-7　确定无源一端口网络 a、b 两端之间的等效电阻有几种测量方法？试叙述用 PSPICE 软件测量方法的基本操作过程。

6-8　总结 Probe 的窗口设置和电压波形、电流波形显示的操作过程。

6-9　试叙述测量有源一端口网络 a、b 两端之间的开路电压的基本操作。

6-10　试叙述测量有源一端口网络 a、b 两端之间的短路电流的基本操作。

6-11　总结二阶动态电路的仿真中，瞬态分析的特点和操作过程。

6-12　总结电路的频率特性和选频电路的仿真实验的特点和操作过程。

6-13　总结负阻抗变换器电路的仿真实验的特点和操作过程。

参 考 文 献

［1］刘耀年 . 电路 . 2 版 . 北京：中国电力出版社，2013.

［2］孙玲，包志华 . Pspice 8.0 电路设计实例精粹 . 北京：高等教育出版社，2013.

［3］何道清，邸春芳 . 电气测量技术 . 北京：化学工业出版社，2015.

［4］刘东梅 . 电路实验教程，北京：高等教育出版社，2020.

［5］李翠英，许海 . 电路实验教程 . 2 版 . 北京：中国电力出版社，2019.

［6］吴雪，罗小娟 . 电路实验教程，北京：机械工业出版社，2017.

［7］骆雅琴，顾凌明 . 电工电路实验教程 . 3 版 . 北京：北京航空航天大学出版社，2017.

［8］姚缨英 . 电路实验教程 . 2 版 . 北京：高等教育出版社，2011.

［9］吕波，王敏 . Multisim 14 电路设计与仿真 . 北京：机械工业出版社，2016.

［10］于文波，俞俊民 . 电工测量技术 . 2 版 . 北京：中国电力出版社，2015.

［11］陈晓平，李长杰 . 电路实验与 Multisim 仿真设计 . 北京：机械工业出版社，2015.

［12］余佩琼，吴丽丽 . 电路实验与仿真 . 北京：电子工业出版社，2016.